本研究得到教育部人文社会科学研究《历代〈舆服志〉图释》项目资助（13YC760046）
上海高校服务国家重大战略出版工程资助
上海市设计学Ⅳ类高峰学科资助项目-服饰文化历史与传承研究团队（DD18004）

历代《舆服志》图释
后汉书卷

李 薇◎主编

孙晨阳◎著

东华大学出版社
·上海·

图书在版编目（CIP）数据

历代《舆服志》图释．后汉书卷 / 李薧主编；孙晨
阳著．-- 上海：东华大学出版社，2023.3
　　ISBN 978-7-5669-2140-6

　　Ⅰ．①历… Ⅱ．①李… ②孙… Ⅲ．①服饰—中国—
东汉时代—图解 Ⅳ．① TS941.742.2-64

　　中国版本图书馆 CIP 数据核字 (2022) 第 216281 号

责任编辑：马文娟
装帧设计：上海程远文化传播有限公司

历代《舆服志》图释·后汉书卷
LIDAI YUFUZHI TUSHI · HOUHANSHU JUAN

李　薧　主编

孙晨阳　著

出　　版：东华大学出版社（上海市延安西路 1882 号，200051）
网　　址：http://dhupress.dhu.edu.cn
天猫旗舰店：http://dhdx.tmall.com
营销中心：021-62193056　62373056　62379558
印　　刷：上海雅昌艺术印刷有限公司
开　　本：889mm×1194mm　1/16　印张：16.75
字　　数：480 千字
版　　次：2023 年 3 月第 1 版
印　　次：2023 年 3 月第 1 次印刷
书　　号：ISBN 978-7-5669-2140-6
定　　价：198.00 元

序

　　"历代《舆服志》图释"这个项目从开始启动，距今已经快十年了，虽然进展缓慢，但陆续还是出了一些成果。目前《辽金卷》和《元史卷》已经面世，《后汉书卷》也即将付梓。现在通行的《后汉书》分十纪、八十列传和八志，纪传部分由南朝宋时期的范晔撰写，而八志则取自西晋司马彪的《续汉书》，其中的《舆服志》记载了东汉时期的舆服典章。中国古代的车舆服制具有传承性，有很多名物几乎贯穿整个车舆服饰制度史，当然其名称、形制、穿戴人群和场合也会发生些许变化，例如进贤冠、武冠、朱衣等。只有了解其最初始的风貌，才能够把握它们在后世的发展和演变动态。舆服令的颁布始于东汉明帝永平二年（59 年），此后各代正史中都列入此项内容。对于舆服研究而言，《后汉书》在诸史书之中占有非常重要的位置，是探讨历代《舆服志》的基石。

　　《后汉书卷》的作者是孙晨阳博士，现就职于上海第二工业大学。与其他卷撰写者的学习背景不同，孙老师毕业于复旦大学中文系汉语言文字学专业，读博期间的主要研究方向是汉语语源学、汉语史，但他同时对中国古代服饰的研究表现出浓厚的兴趣。孙老师在读博之前就参与了我们团队的国家出版基金项目"中国北方古代少数民族服饰研究"，并承担了其中部分的撰写工作，随后又投入到"历代《舆服志》图释"项目中。由于自身的专业优势，除了服装史常用的文献、图像和实物三者互证的方法外，孙老师还结合语源学和训诂学的研究方法去考察《舆服志》中记载的名物。在名物的研究范围上，他也进行了拓展。《后汉书·舆服志》的篇幅虽短，但孙老师的文图释义详实，所释内容不限于车舆和服饰，还涉及其他品类的器物，例如祭祀的礼器等。

　　《后汉书卷》的出版离不开诸位师友的帮助和支持。这其中包括东华大学包铭新教授、华东师范大学古籍研究所的戴扬本教授，丛书的责任编辑马文娟老师等，在此一并致谢！

李薨

2022 年 10 月 13 日

‖目　录‖

凡　例

1. 本书以中华书局 1965 年版点校本《后汉书》为底本，文字方面完全依照校勘者的意见，不再保留各篇之后的《校勘记》。对于个别与底本不同的断句，则于注释中加以说明，原文不作更改。

2. 本书以图释为目的，对文中出现的一些舆服名物作了相应的解释。在图释的过程中，考虑到历史演变的因素，对汉以前的相关情况也有所涉及。汉代舆服受秦和楚的影响较多，因此，文中以一些出土的秦、楚的舆服形象作为参照。为方便读者理解，在图释之外，文中对一些文字、职官、制度等也作了相应的注释。

3. 对于刘昭的旧注尽可能保存，对其注中的疑难部分作简要的解释，其引文与今本文献不同者，引今本以作对比。

4. 注释引用书证时，对十三经、二十四史、字书、韵书、类书、常见古籍等一般不再标注作者，亦不加脚注或尾注。

5. 本文引用《说文解字》，段玉裁《说文解字注》，王筠《说文句读》《说文释例》，朱骏声《说文通训定声》，桂馥《说文解字义证》等书均直接引用，不出注释。其他《说文》研究著作多据《说文解字诂林》，仅注明作者、著作。

6. 底本为繁体中文，今依照《简化字总表》(1986 年新版) 统一改作简化字。为区别意义，个别文字保持了原有字形，未做简化。

7. 为方便阅读，在保持原文次序不变的情况下，将《舆服志》的内容相对集中分成了八个小节，每节名称为笔者自拟。

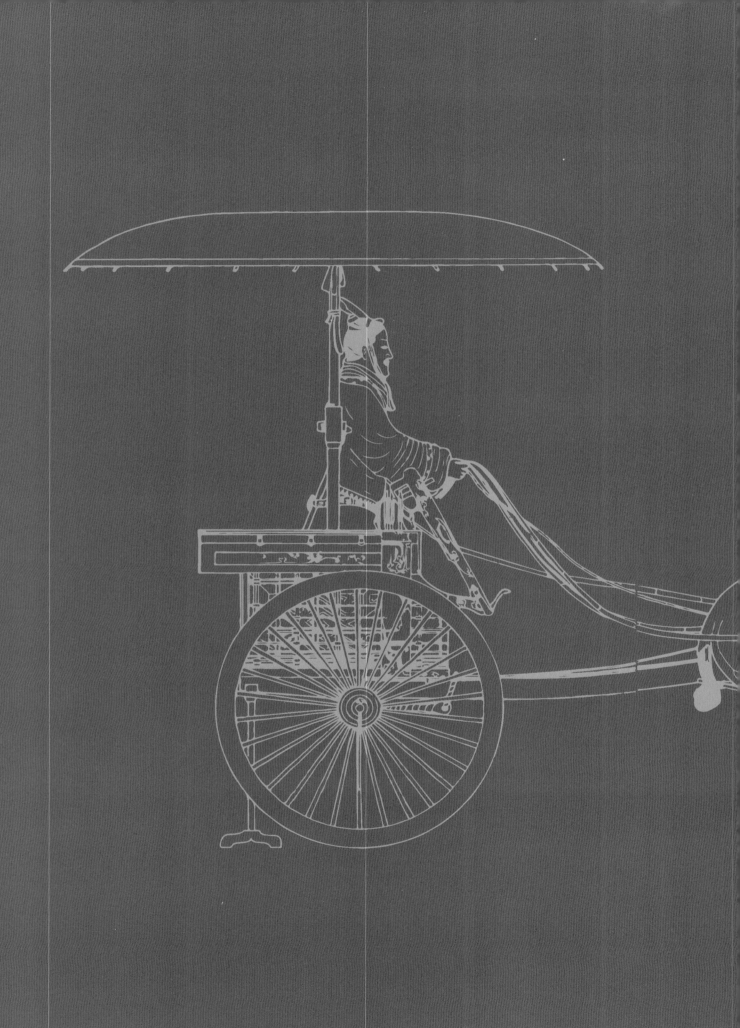

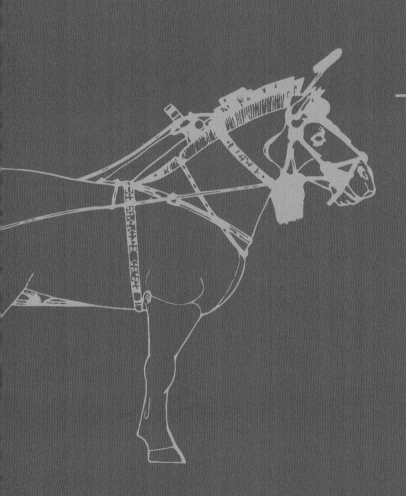

第一章

绪　论

舆服制度起源很早，据说夏商时代已经存在。作为一种礼仪制度，它具有非同寻常的象征意义，《左传·定公五年》记载："王（楚昭王）之在随也，子西为王舆服以保路，国于脾洩。"①说的是吴国军队侵入楚国时，楚王逃到了随这个地方。楚国大臣子西在脾洩（地名，在今湖北江陵附近），用了楚王的车舆、服饰等，造成楚王在脾洩的假象，以此来保安路人，也就是安抚人心。由此可见，舆服在古代政治生活中具有重要的作用。《尚书》有言"车服以庸"，即把车服当作彰显政治功绩和地位的重要手段。从考古发掘来看，自商代以来，贵族墓葬往往会有陪葬的车马，或者随葬大量的金玉饰品。这些随葬品的数量也被当作衡量墓主人身份、地位的一种标志。

|| 第一节　舆服制度的创立及影响 ||

从《周礼》等文献的记载来看，周代已经有了系统的舆服体制，但是从公元前771年周平王迁都洛阳，到公元前221年秦始皇统一六国，五百多年间"礼崩乐坏"，五霸、七雄各自为政，相互攻伐。为了满足各种势力的欲望、适应战争时代的需要，许多舆服的适用范围和形制都发生了巨大的变化。在论述佩饰的时候，《后汉书·舆服志》中说："五霸迭兴，战兵不息，佩非战器，韨非兵旗，于是解去韨佩，留其系璲，以为章表。"说的就是佩饰在战争的环境中发生了很大变化。战国以后，作战的方式已经从原来的车战逐渐向骑射发展，服饰也开始改用方便骑马的胡服，著名的赵武灵王胡服骑射事件就是这一潮流的典型代表。经过几个世纪的剧烈变革，周代的舆服制度到秦统一六国时基本荡然无存。秦统一六国之后，在政治制度上采用中央集权的郡县制，在服饰制度上也有改革，虽然没有秦代舆服著作流传，但从《后汉书·舆服志》来看，秦代舆服中有不少是前代所没有的，也有不少采纳了来自东方六国的舆服元素。

根据文献记载，现存最早的舆服制度是东汉孝明帝永平二年（59年）制定的，其中明确规定了帝、后、王、侯、百官的车舆、服饰、仪仗等制度。《后汉书·舆服志》称："孝明皇帝永平二年，初诏有司采《周官》《礼记》《尚书·皋陶篇》，乘舆服从欧阳氏说，公卿以下从大小夏侯氏说。"刘昭注释《后汉书·舆服志》时引用了《东观书》的记载："永平二年正月，公卿议春南北郊，东平王苍议曰：'孔子曰：行夏之时，乘殷之路，服周之冕。为汉制法。高皇帝始受命创业，制长冠以入宗庙。光武受命中兴，建明堂，立辟雍。陛下以圣明奉遵，以礼服龙衮，祭五帝。礼缺乐崩，久无祭天地冕服之制。按尊事神祇，

---

① 杨伯峻：《春秋左传注》，中华书局，1990，第1554页。

絜斋盛服，敬之至也。日月星辰，山龙华藻，天王衮冕十有二旒，以则天数；旗有龙章日月，以备其文。今祭明堂宗庙，圆以法天，方以则地，服以华文，象其物宜，以降神明，肃雍备思，博其类也。天地之礼，冕冠裳衣，宜如明堂之制。'"《后汉书·明帝纪》称："永平二年春正月辛末，宗祀光武皇帝于明堂，帝及公卿列侯始服冠冕、衣裳、玉佩、绚屦以行事。"李贤注引徐广《车服注》曰："汉明帝案古礼备其服章，天子郊庙衣皂上绛下，前三幅，后四幅，衣画而裳绣。"从这些记载可以看到，在制定舆服制度的时候，汉明帝和朝臣们更注重的是古礼，也就是孔子所说的"行夏之时，乘殷之路，服周之冕"。两汉经学昌盛，其重要的原因在于"经"对现实的政治生活有非同寻常的参照意义，因此对周代古礼的研究也影响了汉代舆服制度的形成。从《舆服志》的文字来看，其制度思想是从周礼而来，甚至有一些沿用了周代的旧制，如旒冕、委貌冠、爵弁等，因没有周代实物、图像对比，不知是否是周代原有形式。但如前所述，到了秦汉时期，周代礼制已是雪泥鸿爪，更多的服用器物只能依照当时社会的实际情况来安排。汉承秦制，《汉书·百官公卿表上》称："秦兼天下，建皇帝之号，立百官之职。汉因循而不革，明简易，随时宜也。"刘邦进入咸阳后，萧何首先做的是将秦丞相御史律令图书收而藏之，其中不知是否有秦代类似《舆服志》的文献。汉高祖建国后，叔孙通起礼乐，定朝仪，形成了一套礼仪制度。叔孙通为秦博士，其所制定的制度本身应该也带有不少秦代色彩。从《舆服志》中记载的各种服用器物来看，汉代沿袭秦制的不在少数，如远游冠、高山冠、武弁等。

　　根据汉代舆服制度形成的《舆服志》也对中国历史著作产生了深远的影响。历代的正史中一般都有舆服相关的内容，其中一些命名为《舆服志》，如《晋书》《南齐书》《旧唐书》《宋史》《金史》《元史》《明史》《清史稿》《新元史》等；有的称作《车服志》，如《新唐书》。而《辽史》中的《仪卫志》，《隋书》中《礼仪志》第五、第六和第七也主要是与舆服相关的内容，只是没有以舆服志为名。在内容上，各史书也都包含车舆和服饰，一些史书还会加上玺印等。撰写模式、体例，基本上遵循《后汉书·舆服志》，按照绪论、沿革、本朝制度的顺序叙述，其间略有革新，但大体相当。以至于有学者说："汉代以来各史虽多附有《舆服志》《仪卫志》《郊祀志》《五行志》，无不有涉及舆服的记载，内容重点多限于上层统治者朝会、郊祀、燕享和一个庞大官僚集团的朝服、官服。记载虽若十分详尽，其实多辗转沿袭，未必见于实用。"[①] 从实际使用情况看，舆服制度中很多措施可能并未真正落实，或者使用了却未能延续很久，但是舆服本身更重要的是其象征意义。舆服制度的传承，在某种程度上可以被认为是王朝合法性的传承。

---

① 沈从文：《中国古代服饰研究》，上海书店出版社，2002，第1页。

第二节　《后汉书·舆服志》的文献来源

在讨论汉代舆服的一些著作和文章中，经常会看到一些研究者引用"《续汉书·舆服志》"或者"司马彪《续汉志》"的内容，实际上这指的都是题名为"范晔撰"的《后汉书》的志的部分。翻开目前市面上常见的中华书局1965版的《后汉书》第十二册，会发现扉页与前几册写"后汉书"，题"宋范晔撰""李贤等注"不同，写的是"后汉书志"，题"晋司马彪撰""梁刘昭补注"。这是因为现在通行的《后汉书》是由范晔《后汉书》的纪传部分与司马彪《续汉书》的八篇志拼合而成的。

有关东汉历史的著作在魏晋南北朝时期曾经先后存在多种，已知的就有十二家之多。除了东汉时期官修的《东观汉记》外，据《隋书·经籍志》记载还有[①]：

《后汉书》一百三十卷（无帝纪，吴武陵太守谢承撰）。

《后汉记》六十五卷（本一百卷，梁有，今残缺。晋散骑常侍薛莹撰）。

《续汉书》八十三卷（晋秘书监司马彪撰）。

《后汉书》十七卷（本九十七卷，今残缺。晋少府卿华峤撰）。

《后汉书》八十五卷（本一百二十二卷，晋祠部郎谢沈撰）。

《后汉南记》四十五卷（本五十五卷，今残缺，晋江州从事张莹撰）。

《后汉书》九十五卷（本一百卷，晋秘书监袁山松撰）。

《后汉书》九十七卷（宋太子詹事范晔撰）。

此外，还有刘义庆的《后汉书》五十八卷，梁萧子显的《后汉书》一百卷，晋张璠《后汉纪》三十卷，晋袁宏的《后汉纪》三十卷。这些史书除范晔《后汉书》和袁宏《后汉纪》的大部分传世之外，其他的基本上都散佚了。今人周天游曾著有《八家后汉书辑注》，将谢承、薛莹、司马彪、华峤、谢沈、张莹、袁山松、张璠八人的著作，从类书和其他著作中辑出，汇编成书，嘉惠后学，厥功至伟。

范晔的《后汉书》虽然传世，但有纪传而无志。《宋书·范晔传》记载："（范晔）不得志，乃删众家《后汉书》为一家之作。"范晔在《狱中与诸甥侄书》中写道："吾杂传论，皆有精意深旨，既有裁味，故约其词句。至于《循吏》以下及《六夷》诸序论，笔势纵放，实天下之奇作。其中合者，往往不减《过秦篇》。尝共比方班氏所作，非但不愧之而已。欲遍作诸志，《前汉》所有者悉令备。虽事不必多，且使见文得尽。又欲因事就卷内发论，以正一代得失，意复未果。"[②] 可见，范晔对自己的作品非常满意，但是志的部分确实没有

---

① （唐）魏徵等：《隋书》，中华书局，1973，第954页。

② （梁）沈约：《宋书》，中华书局，1974，第1830—1831页。

写，后来范晔以谋反罪被诛杀，更没机会写了。也有一种说法认为当时范晔曾委托谢俨撰写志的部分，范晔谋反事发后，谢俨畏罪将其销毁了。《后汉书·皇后纪下》载："其职僚品秩，事在《百官志》。"李贤注引沈约《谢俨传》曰："范晔所撰十志，一皆托俨。搜撰垂毕，遇晔败，悉蜡以覆车。宋文帝令丹阳尹徐湛之就俨寻求，已不复得，一代以为恨。其志今阙。"① 无论这段记载真假与否，并不影响一个事实，那就是传世的范晔《后汉书》没有志的部分。

今本《后汉书》志的部分，是南朝梁时刘昭将司马彪的《续汉书》志的部分拿来补足的。刘昭在注《后汉书》的序中说："范晔《后汉》，良诚跨众氏，序或未周，志遂全阙。……晔遗书自序，应遍作诸志，《前汉》有者，悉欲备制。卷中发论，以正得失。……乃借旧志，注以补之……分为三十卷，以合《范史》。"② 这里所说的"旧志"就是司马彪所撰《续汉书》的志。上文提到司马彪曾经撰《续汉书》八十三卷。《晋书》卷八十二记载司马彪是晋朝宗室，笃学不倦，专精学习，故得博览群籍，终其缀集之务。他认为当时有关东汉的史书都不完善，"彪乃讨论众书，缀其所闻，起于世祖，终于孝献，编年二百，录世十二，通综上下，旁贯庶事，为纪、志、传凡八十篇，号曰《续汉书》。"③ 后来，司马彪的《续汉书》渐渐亡佚，但是八篇志却因为被刘昭补在范晔书中而保存下来。

刘昭在《后汉书注补志序》中曾对司马彪《续汉书》志部分的史料来源做过论述："司马（刘彪）续书总为八志，律历之篇仍乎洪（刘洪）、邕（蔡邕）所构，车服之本即依董（董巴）、蔡（蔡邕）所立，仪祀得于往制，百官就乎故簿，并籍据前修，以济一家者也。"④ 杨艳芳曾经对《后汉书·舆服志》的史料来源做过探析，对比《太平御览》所引董巴《汉舆服志》，发现司马彪引董巴28条，其中包括序文1段、车制两条、冠12条、帻1条、绶9条、佩玉1段、服两条等。引用时，司马彪都是在保持原文主旨的基础上，对文字进行一些增减，语序上进行微调。而司马彪在《舆服志》中对"大驾、小驾、法驾"的记载，与蔡邕基本一致。对于天子车饰、天子冠、通天冠、诸侯王冠、远游冠、公卿冠、进贤冠、巧士冠、却敌冠等的记述，多处有蔡邕《独断》的痕迹。⑤

宋真宗乾兴元年（1022年），在孙奭的建议下，范晔的《后汉书》与司马彪的《舆服志》合并刊刻。宋代陈振孙的《直斋书录解题》记载："今书（范晔《后汉书》）纪、传共九十卷，盖未尝有志也。刘昭所注，乃司马彪《续汉书》之八志尔。序文固云范志今阙，乃借旧志以补之，其与范氏纪、传自别为一书。其后纪、传孤行，而志不显。至本朝乾

① （宋）范晔：《后汉书》，中华书局，1965，第457-458页。
② （宋）范晔：《后汉书·后汉书注补志序》，中华书局，1965，第2页。
③ （唐）房玄龄等：《晋书》，中华书局，1974，第2141-2142页。
④ （宋）范晔：《后汉书·后汉书注补志序》，中华书局，1965，第1页。
⑤ 杨艳芳：《〈后汉书·舆服志〉探析》，河南师范大学硕士论文，2011，第15-28页。

兴初，判国子监孙奭始建议校勘，但云补亡补缺，而不著其为彪书也。"① 于是就有了现在通行的一百二十卷本的《后汉书》。

|| 第三节　《后汉书·舆服志》的注解 ||

南朝梁刘昭为范晔《后汉书》及司马彪《舆服志》所作注解是现存最早的注解。《梁书·文学传上》有刘昭传记，称："刘昭，字宣卿，平原高唐人……昭幼清警，七岁通《老》《庄》义。既长，勤学善属文，外兄江淹早相称赏。……初，昭伯父彤集众家《晋书》注干宝《晋纪》为四十卷，至昭又集《后汉》同异以注范晔书，世称博悉。迁通直郎，出为剡令，卒官。《集注后汉》一百八十卷，《幼童传》十卷，文集十卷。"②《隋书·经籍志》记载有 "《后汉书》一百二十五卷，范晔本，梁剡令刘昭注。" ③

到了唐代，章怀太子李贤注释范晔的《后汉书》后，刘昭的注释便也逐渐散佚了。《旧唐书·经籍志》《新唐书·艺文志》还有刘昭注补《后汉书》五十八卷的记录，但到了宋代，刘昭注的纪、传已经没有了，《宋史·艺文志》就只剩下刘昭补注《后汉志》三十卷了。因为范晔之书本没有志，所以李贤的注释并未涉及志的部分，刘昭有关志部分的注却因此保存了下来。清人钱大昕说："昭（刘昭）本注范史纪传，又取司马氏《续汉书志》兼注之，以补蔚宗（范晔）之阙。故于卷首特标注补，明非蔚宗原文也。厥后，章怀太子别注范史，而刘注遂废。惟志三十卷，则章怀以非范氏书，注不及焉。而司马、刘二家之书幸得传留至今。"④ 而且八篇志中《天文志》的下卷和《五行志》的第四卷完全没有注释，估计也亡佚了。

从现存的刘昭注来看，他博采众书，引用的很多书现在都已亡佚，如《东观汉记》、蔡邕的《独断》、薛综对张衡赋的注释、汉代经师卢植等人的经注。这些汉代的材料，一方面对我们理解《舆服志》有很大帮助，另一方面也为研究保留了很多珍贵的文献资料。

宋代以后，对《后汉书》的注解、研究并未中辍，到了清代达到一个高峰。《清史稿·艺文志》记录《后汉书》方面的研究著作有十多种⑤：

《两汉举正》五卷，陈景云撰。

---

① （宋）陈振孙：《直斋书录解题》，上海古籍出版社，1987，第 99 页。
② （唐）姚思廉：《梁书》，中华书局，1973，第 692 页。
③ （唐）魏征等：《隋书》，中华书局，1973，第 954 页。
④ （清）钱大昕：《十驾斋养新录》，上海书店，1983，第 127 页。
⑤ 赵尔巽等：《清史稿》，中华书局，1977，第 4268-4269 页。

《后汉书补注》二十四卷，惠栋撰。

《后汉书辨疑》十一卷、《续后汉书辨疑》九卷、《后汉书补表》八卷、《补续汉书艺文志》一卷、《后汉郡国令长考》一卷，钱大昭撰。

《后汉书疏证》三十卷，沈钦韩撰。

《后汉书补注续》一卷、《补后汉书艺文志》四卷，侯康撰。

《后汉书注补正》八卷，周寿昌撰。

《后汉书注又补》一卷，沈铭彝撰。

《后汉书儒林传补》二卷，李耒修撰。

《后汉书补逸》二十一卷，姚之骃撰。

《后汉书注刊误》一卷、《后汉公卿表》一卷，练恕撰。

《后汉三公年表》一卷，华湛恩撰。

《后汉书注考证》一卷，何若瑶撰。

根据戴蕃豫在《范晔与其〈后汉书〉》一书中对清人著述的整理，还可以补上如下著作[①]：

《后汉书辨体》，清昆山徐与乔撰。

《两汉书疏》六本，见濮阳蒲汀李先生家藏目录。

《(校定)前后汉书》，清华亭沈大成(1709—1771年)撰。

考异：清嘉定钱大昕(1728—1804年)撰，《二十二史考异》本，又氏著《三史拾遗》与《十驾斋养新录》；李贻德《十史考异》未刊本；清临海洪颐煊(1765—1833年)撰，《诸史考异》本。

商榷：清嘉定王鸣盛(1722—1797年)撰，《十七史商榷》本。

劄记：清阳湖赵翼(1727—1814年)撰，在《二十二史劄记》内，《陔余丛考》中论《后汉书》若干条，极精审，当参阅。

史论：《空山堂十七史论》，清滋阳牛运震(1706—1758年)撰。

《后汉书校勘记》：清吴寿畴撰，骞子，字虞炬，一字苏阁；清吴照春撰，二条见《海吕载文志》；近人合川张森楷撰，在所著二十四史校勘记内，原稿现藏成都科学馆大楼，极精审。

《两汉书辨疑》四十二卷，清嘉定钱大昭撰。

《四史发伏》清阳湖洪亮吉(1746—1809年)撰，又氏所撰《晓读书斋杂录》八卷，于范史考订甚多。

《两汉书注补正》，清长沙周寿昌(1814—1884年)撰。

---

① 戴蕃豫：《范晔与其〈后汉书〉》，商务印书馆，1933，第106-114页。

《后汉书注又补》一卷，清嘉定沈铭彝撰。

《后汉书疏证》，清吴县沈钦韩（1775—1881 年）撰，在《两汉疏证》内，浙局本。

《后汉书补注续》，清番禺侯康（1798？—1837？年）撰，初，康作惠氏《后汉书补注跋》，既乃用洪穉存采水经国志班史宋书仿惠书例，网罗群书碎事璅闻，以增益惠书之未及，盖于捃摭之中，仍寓别裁之义。

《后汉书校本》，清南汇张文虎（1808—1885 年）撰，又氏所著《舒艺室随笔》六卷，考订后汉书处甚多。

《后汉书琐言》三卷，清归安沈家本（1840—1913 年）撰，《沈寄簃先生遗书》第二九至三十册。氏所撰《日南随笔》，于后汉考订甚多。

《后汉书札记》六卷，清会稽李慈铭（1829—1894 年）撰，王重民自《越缦堂日记》暨李氏手披《后汉书》书眉上校语迻录。

《后汉书集解》一百三十卷，长沙王先谦（1842—1918 年）撰。

《后汉书新校注》，胶西柯昌泗撰，书未见，目载考古第一期。

王先谦的《后汉书集解》是历代《后汉书》注释的集大成者。在王先谦之前《后汉书》的重要注家是惠栋，王先谦的《集解》就是以惠栋的《后汉书补注》为蓝本而撰成的。"这就使《后汉书集解》本身就站在一个很高的起点之上，被众史家奉为《后汉书》研究的集大成之作。"[1]

清代对《后汉书》的注解、研究、整理、校订等工作，基本上廓清了《后汉书》文字、文本等方面的问题，为研究《后汉书·舆服志》奠定了基础，他们在名物、制度等方面的研究也为后世的研究提供了非常重要的资料。

‖第四节　《后汉书·舆服志》及汉代舆服的研究现状‖

进入 20 世纪以后，在西方学术思想的冲击下，学术研究的内容和方式逐渐开始转变，舆服的研究成为独立的课题。20 世纪 80 年代以后，以沈从文的《中国古代服饰研究》、孙机的《中国古舆服论丛》为代表的一批舆服研究著作的涌现，推动着这一课题向纵深发展。沈从文、孙机、杨泓、黄能馥、陈娟娟、高春明、扬之水等前辈的系列著作与文章都成为古舆服研究的必备参考资料。

---

① 　杨艳芳：《〈后汉书·舆服志〉探析》，河南师范大学硕士论文，2011，第 5 页。

在研究方法上也有了新的突破。20世纪以来随着国内现代考古学的发展，科学发掘的实物为古舆服研究提供了极佳的实证资料。20世纪初，王国维提出了"二重证据法"。在名物研究领域，沈从文提出了"名物新证"的概念，主要是希望结合文献和文物对古代的名物进行研究。这些方法迅速普及，研究者对于传世文献和出土文物资料的重视提到了一个新的高度。

主要的研究成果可以根据研究中心内容分为三大类：一类是总论类型的，一类是专论车舆马具的，一类是专论服饰的。

总论类型的成果是综合研究舆服，涉及车舆、服饰等多个方面，能够全面展现汉代舆服文化。比如孙机的《汉代物质文化资料图说》①堪称这方面的典范。虽然此书论述不止于舆服方面，但是其中一大部分内容都可以归入舆服范围之内。结合文献、传世和出土图像，作者对汉代舆服的形制、使用以及制度作了相当深入的考察，"在此过程中揭出人与物的关系，进而见出两汉社会的种种历史风貌"，竟好像是一部"汉代大百科"②。孙机的另一部大作《中国古舆服论丛》初版于1993年，很快即以其考校之精当、立论之坚实而成为专业领域的一部权威性著作，2001年所出增订版，更显示了这样一种力量。《论丛》谈车的一组，可作中国古车制度史来读。③专门研究《后汉书·舆服志》的有杨艳芳《〈后汉书·舆服志〉探析》④，文章对范晔的《后汉书》与司马彪《续汉书志》合并的渊源，《后汉书·舆服志》的文献资料来源，其本身体现的典制文化，作了较为详尽的考察。

车舆的研究主要是根据考古资料和文献资料考察车舆马具形制及其相关的制度，如孙机《始皇陵二号铜车马对车制研究的新启示》⑤《从胸式系驾法到鞍套式系驾法——我国古代车制略说》⑥，杨泓《战车与车战——中国古代军事装备札记之一》⑦《战车与车战二论》⑧，刘永华《中国古代车舆马具》⑨，汪少华《中国古车舆名物考辩》⑩，温乐平《制度安排与身份认同：秦汉舆服消费研究》⑪，赵海洲《东周秦汉时期车马埋葬研究》⑫。

---

① 孙机：《汉代物质文化资料图说》，文物出版社，1991。
② 扬之水：《以"常识"打底的专深之研究——孙机先生治学散记》，《美术观察》，2016年第9期，第132页。
③ 扬之水：《以"常识"打底的专深之研究——读孙机先生著作散记》，《南方文物》，2010年第3期，第41页。
④ 杨艳芳：《〈后汉书·舆服志〉探析》，河南师范大学硕士论文，2011。
⑤ 孙机：《始皇陵二号铜车马对车制研究的新启示》，《文物》，1983年第7期，第22-29页。
⑥ 孙机：《从胸式系驾法到鞍套式系驾法——我国古代车制略说》，《考古》，1980年第5期，第448-460页。
⑦ 杨泓：《战车与车战——中国古代军事装备札记之一》，《文物》，1977年第5期，第82-90，22页。
⑧ 杨泓：《战车与车战二论》，《故宫博物院院刊》，2000年第3期，第36-52页。
⑨ 刘永华：《中国古代车舆马具》，上海辞书出版社，2002。
⑩ 汪少华：《中国古车舆名物考辨》，商务印书馆，2005。
⑪ 温乐平：《制度安排与身份认同：秦汉舆服消费研究》，《江西师范大学学报（哲学社会科学版）》，2012年第6期，第74-80页。
⑫ 赵海洲：《东周秦汉时期车马埋葬研究》，郑州大学博士论文，2007。

利用汉画像砖石研究车舆马具的有信立祥《汉代画像中的车马出行图考》[①]，刘尊志、赵海洲《试析徐州地区汉代墓葬的车马陪葬》[②]，黄永飞《汉代墓葬艺术中的车马出行图像研究》[③]，赵新平《汉马图像形式研究》[④]，姚鹏飞《汉代墓室中的车马出行图研究》[⑤]，张英丽《两京地区汉墓壁画车马图像研究》[⑥] 等。

近些年，一批战国、秦汉墓葬发掘出土了大量车马方面的文字和实物资料。研究者对它们进行了深入的研究，虽然不一定是直接研究汉代车舆，但是对我们理解和认识汉代车舆形制也非常有帮助，如罗小华《战国简册所见车马及其相关问题研究》[⑦]，萧圣中《曾侯乙墓竹简释文补正暨车马制度研究》[⑧]。

服饰等方面研究成果很多。通史类型的研究，如沈从文《中国古代服饰研究》，杨泓《中国古代的甲胄》（上篇）[⑨]《中国古代甲胄续论》[⑩]，高春明《中国服饰名物考》等都多有涉及汉代服饰。专门的研究，如陈碧芬《〈后汉书·舆服志〉服饰语汇研究》[⑪]，马骁《东汉服饰制度考略》[⑫] 都从不同方面研究了汉代服饰。利用汉代画像砖石进行汉代服饰研究也是一个热点，如王彦《从武氏祠汉画像石看汉代冠饰》[⑬]，董楚涵《南阳汉画像石艺术中的汉代服装样式探微》[⑭]，单锴《汉画像人物服饰的审美研究》[⑮]，马秀月《中原地区汉代墓室壁画服饰解读》[⑯]，高含颖《南阳汉代画像石人物服饰艺术研究》[⑰] 等。

综上所述，有关汉代舆服的研究取得了相对丰富的成果，为我们对《后汉书·舆服志》进行图释提供了绝佳的条件。

① 信立祥：《汉代画像中的车马出行图考》，《东南文化》，1999年第1期，第47-63页。
② 刘尊志、赵海洲：《试析徐州地区汉代墓葬的车马陪葬》，《江汉考古》，2005年第3期，第70-76页。
③ 黄永飞：《汉代墓葬艺术中的车马出行图像研究》，中央美术学院硕士论文，2009。
④ 赵新平：《汉马图像形式研究》，西安美术学院博士论文，2010。
⑤ 姚鹏飞：《汉代墓室中的车马出行图研究》，东北师范大学硕士论文，2012。
⑥ 张英丽：《两京地区汉墓壁画车马图像研究》，郑州大学硕士论文，2014。
⑦ 罗小华：《战国简册所见车马及其相关问题研究》，武汉大学博士论文，2011。
⑧ 萧圣中：《曾侯乙墓竹简释文补正暨车马制度研究》，武汉大学博士论文，2005。
⑨ 杨泓：《中国古代的甲胄》（上篇），《考古学报》，1976年第1期，第19-46页。
⑩ 杨泓：《中国古代甲胄续论》，《故宫博物院院刊》，2001年第6期，第10-26页。
⑪ 陈碧芬：《〈后汉书·舆服志〉服饰语汇研究》，重庆师范大学硕士论文，2014。
⑫ 马骁：《东汉服饰制度考略》，吉林大学硕士论文，2009。
⑬ 王彦：《从武氏祠汉画像石看汉代冠饰》，《饰》，2004年第1期，第33-36页。
⑭ 董楚涵：《南阳汉画像石艺术中的汉代服装样式探微》，《现代丝绸科学与技术》，2011年第2期，第67-69，第80页。
⑮ 单锴：《汉画像人物服饰的审美研究》，江苏师范大学硕士论文，2013。
⑯ 马秀月：《中原地区汉代墓室壁画服饰解读》，郑州大学硕士论文，2014。
⑰ 高含颖：《南阳汉代画像石人物服饰艺术研究》，西安工程大学硕士论文，2016。

‖ 第五节 研究主要采用的方法 ‖

1.二重证据法

20世纪初，王国维提出了"二重证据法"。这一方法自提出以来便备受推崇，研究者对于传世文献和出土文物的重视也因此提到了一个新的高度。由此，本研究依据考古资料，尤其是考古发掘的形象资料进行研究的同时，也充分考虑各种文献资料。

2."名物新证"法

"名物新证"的概念是沈从文提出来的，主要是希望结合文献和文物对古代的名著进行研究。扬之水发展了这一方法，著成了《诗经名物新证》，并认为作为"名物新证"，它应以一种必须具有的历史眼光，辨明"文物"的用途、形制、纹饰所包含的"古典"和所处时代的"今典"，认出其底色和添加色，由此揭示"物"中或凝聚或覆盖的层层的"文"。

3.语源学的方法

利用语源学的方法考察名物的名义关系。语源学考察事物的得名之由，能够兼及形、韵、义以及事物的特征，因此在语言研究的同时也能够对名物本身的形制研究起到一定的帮助。

4."解物释名"的方法

在训诂学里，黄金贵也提出了"解物释名"的方法。在语言层面对词义的解释探求，是属于"释名"的范畴，但这对文化词语的考释，远远不够，需要"从文化层面上辨物、识物；然后揭物，即揭示出某个名所代表的物之本质、特征、外部形态及其生成发展的轨迹"，也就是"解物"。"解物"与"释名"相辅相成，这样才能将词义解释得更加清楚。

第二章

舆服 上

玉辂　乘舆　金根　安车　立车　耕车　戎车　猎车　軿车
青盖车　绿车　皂盖车　夫人安车　大驾　法驾　小驾　轻车
大使车　小使车　载车　导从车　车马饰

‖ 第一节　总论 ‖

《书》曰："明试以功，车服以庸。"[1] 言昔者圣人兴天下之大利，除天下之大害，躬亲其事，身履[2] 其勤，忧之劳之，不避寒暑，使天下之民物[3]，各得安其性命，无夭昏暴陵[4] 之灾。是以天下之民，敬而爱之，若亲父母；则[5] 而养之，若仰日月。夫爱之者欲其长久，不惮力役，相与起作官室，上栋下宇[6]，以雍[7] 覆之，[8] 欲其长久也；敬之者欲其尊严，不惮劳烦，相与起作舆轮旌旗章表[9]，以尊严之。斯爱之至，敬之极也。苟心爱敬，虽报之至，情由未尽。或杀身以为之，尽其情也；弈世[10] 以祀之，明其功也。是以流光与天地比长。后世圣人，知恤民之忧思深大者，必飨其乐；勤仁毓[11] 物使不夭折者，必受其福。故为之制礼以节之，使夫上仁继天统物，不伐其功，民物安逸，若道自然，莫知所谢。老子曰："圣人不仁，以百姓为刍狗。"[12] 此之谓也。[13]

【注释】

1. 明试以功，车服以庸：语出《尚书》。《尚书·虞书·舜典》："敷奏以言，明试以功，车服以庸。"意思是说：（四方诸侯）向天子述职，根据他们的功绩，或是通报表扬，或是赐予车服加以表彰。班固《白虎通·考黜·九锡》："《礼》说九锡：车马、衣服、乐则、朱户、纳陛、虎贲、鈇钺、弓矢、秬鬯，皆随其德，可行而次。能安民者赐车马，能富民者赐衣服。……能安民，故赐车马，以著其功德，安其身。能使人富足衣食，仓廪实，故赐衣服，以彰其体。……车者，谓有赤有青之盖，朱轮，特能居前，左右寝米也。以其进止有节，德绥民，路车乘马以安其身。言成章，行成规，衮龙之衣服表显其德。"[1]

试：意为用。《说文解字·言部》："试，用也。《虞书》曰：'明试以功'。"故王先谦集解 * 引黄山："许君说试为用，并引经文，当为此'试'字搞（确）诂。犹云显用其功耳，惟显用之，故以车服表彰之。"

功、庸：功和庸指的是功绩。统言之，功和庸都是功劳，《左传·昭公四年》："告之以文辞，董之以武师，虽齐许，君庸多矣。"杜预注："庸，功也。"析言之，则为国立功称作功，为民立功称作庸，《周礼·夏官·司勋》："王功曰勋，国功曰功，民功曰庸。"郑玄注："辅成王业，若周公；保全国家，若伊尹；法施于民，若后稷。"

---

① （清）陈立撰、吴则虞点校：《白虎通疏证》，中华书局，1994，第302—307页。
* 即王先谦《后汉书集解》，下同，不再出注。

2. **履**：践行；施行。《礼记·表记》："处其位而不履其事，则乱也。"郑玄注："履，犹行也。"

3. **民物**：民和物，代指人，《左传·昭公二十八年》："且三代之亡，共子之废，皆是物也，女何以为哉？夫有尤物，足以移人，苟非德义，则必有祸。"杜预注："夏以妹喜，殷以妲己，周以褒氏，三代所由亡也。"这其中的"尤物"指的是"妹喜、妲己、褒氏"。物也可以指各种有生命的东西。《列子·黄帝》："凡有貌像声色者，皆物也。"因此，这里"民物"一词也可以认为指的是人和其他有生命的事物。

4. **天昏暴陵**：

　　天昏：指短命早死。《左传·昭公十九年》："郑国不天，寡君之二三臣，札瘥天昏。"杜预注："短折曰天，未名曰昏。"孔颖达疏："子生三月，父名之，未名之曰昏，谓未三月而死也。"

　　暴陵：暴是侵犯、欺凌。《慧琳音义》卷二十二"无愠暴"注引《玉篇》："暴，谓欺陵触捄于人也。"陵是指侵犯、欺侮。《国语·晋语五》："袭侵之事，陵也。"韦昭注："陵，以大陵小也。"暴陵在这里是指受到欺压、侵犯、凌辱。

5. **则**：模仿、效法。古人认为圣人要效法天地，而民众要效法圣人。《礼记·礼运》："故百姓则君以自治。"朱彬《礼记训纂》引吴幼清曰："君者立身无过，则德可为师，而人视效之。"①

6. **上栋下宇**：

　　栋：古建筑梁架中的檩或者榑。撑起房顶的荷载构件，古建筑中可以不用梁，如穿斗式建筑，但必须用栋。《仪礼·乡射礼》："序则物当栋。"郑玄注："是制五架之屋也，正中曰栋，次曰楣，前曰庪。"

　　宇：本指屋檐，后泛指房屋。《说文解字·宀部》："宇，屋边也。"《诗经·豳风·七月》："七月在野，八月在宇，九月在户，十月蟋蟀入我床下。"陆德明《释文》："屋四垂为宇。"《韩诗》云："宇，屋溜也。"《楚辞·招魂》："高堂邃宇，槛层轩些。"汉王逸注："宇，屋也。"《汉书·高惠高后文功臣表》："高其位，大其宇。"颜师古注："宇，谓启土所居也。"

7. **雍**：通"壅"。障蔽；遮盖。《诗经·小雅·无将大车》："无将大车，维尘雍兮。"郑玄笺："雍，犹蔽也。"陆德明《释文》："字又作壅。"

8. **相与起作宫室，上栋下宇，以雍覆之**：语本《周易》。《周易·系辞下》："上古穴居而野处，后世圣人易之以宫室，上栋下宇，以待风雨，盖取《大壮》。"《周易》《大壮》卦为䷡，上震下乾。震为雷，乾为天（古人认为天形似圆盖），其卦象为上有雷雨，下有御雨之圆盖。故云创建宫室、以避风雨，取象于《大壮》。后用为建筑宫室之典。晋左思《魏都赋》："思重爻，摹《大壮》。"

---

① （清）朱彬撰、饶钦农点校：《礼记训纂（上）》，中华书局，1996，第 344 页。

9．舆轮旌旗章表：

舆：本指车箱，泛指车。《说文解字·车部》："舆，车舆也。"朱骏声《通训定声》："舆，车中受物之处，广六尺六寸，深四尺四寸，大车谓之箱，箱谓之𩵋，亦曰车床也。"钱玄、钱兴奇《三礼辞典》认为"舆广六尺六寸，深四尺四寸。舆底四周之木框曰轸，其上左右为𫐓，前为軓，缺后，人自后登舆。"[①]清代学者戴震根据《周礼·考工记》的记载构拟过车舆的形制（图2-1）。但是戴震的构拟与考古发掘的车舆实物有明显的差异，尤其是舆和车轮的比例（图2-2、图2-3）。

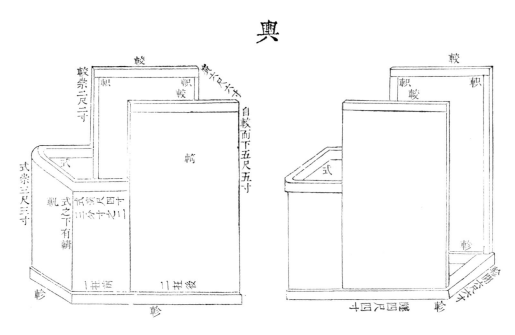

图2-1　清戴震绘制的舆（引自《考工记图》）

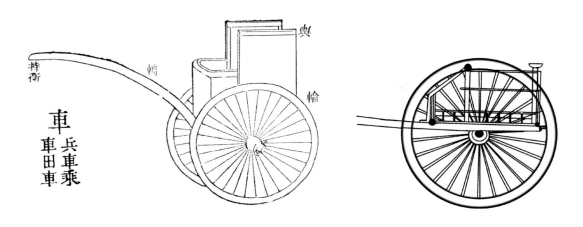

图2-2　清戴震绘制的车（引自《考工记图》）　　　图2-3　车舆（山东临沂春秋车马坑出土）

---

① 钱玄、钱兴奇：《三礼辞典》，江苏古籍出版社，1998，第1185页。

后世，舆也指没有轮子、类似后世轿子的交通工具。《急就篇》卷三："辎轺辕轴舆轮。"颜师古注："著轮曰车，无轮曰舆。"《资治通鉴·齐纪九》："宝玄乘八扛舆。"胡三省注："舆，不帷不盖。萧子显曰：舆车形如轺车，下施八扛，人举之。"（图2-4）

　　旌旗　又写作"旌旗"。统而言之，旌旗是旗帜的总称。分开来说，旌和旗各是一种类型的旗帜。旌指用牦牛尾或兼用五采羽毛饰竿头的旗子，也可以单独作旗子的总称。《周礼·春官·司常》："全羽为旞，析羽为旌。"在传世的一些研究《周礼》的著作中构拟有旌的图像，如宋人杨甲撰的《六经图考》（图2-5）。旗或写作"旂"，现在是旗帜的总称。但是古代"旗"和"旂"并不完全相同，旂可特指画有交龙的旗帜，其竿头悬挂有铃铛。《诗经·周颂·载见》："龙旂阳阳，和铃央央。"《周礼·春官·司常》："交龙为旂……诸侯建旂。"（图2-6）旗则特指画有熊虎图像的旗帜，熊虎是勇猛的象征。《周礼·春官·司常》："熊虎为旗。"《周礼·春官·司常》："师都建旗。"郑玄注："师都，六乡六遂大夫也。谓之师都，都，民所聚也。画熊虎者，乡遂出军赋，象其守猛，莫敢犯也。"（图2-7）

　　章表　章和表均有旌旗的意思，也可以将章和表分训。章，指标记、徽章。《逸周书·谥法》："谥者，行之迹也；号者，功之表也；车服，位之章也。"表，指标木、标记，可用来作标识或指路，也用来彰显人的功德。《管子·君臣上》："犹揭表而令之止也。"尹知章注："表谓以木为标，有所告示也。"王念孙《读书杂志·汉书弟十六·连语》："立木以示人谓之'仪'，又谓之'表'。……故德行足以率人者亦谓之仪表。"[①]

10. 弈世：弈，通"奕"。累世，世世代代。

图2-4　传东晋顾恺之《女史箴图》中的辇　　　　　图2-5　旌　宋杨甲绘制（引自《六经图考》）
　　　（引自李薇《历代〈舆服志〉图释·辽金卷》）

---

① （清）王念孙撰、徐炜君等点校：《读书杂志·二》，上海古籍出版社，2015，第1028页。

11. **毓：** 同"育"，意为养育。毓与育原为异体字，《说文解字·㐬》"育"下："毓，育或从每。"《周礼·地官·大司徒》："义阜人民，以蕃鸟兽，以毓草木，以任士事。"

12. **圣人不仁，以百姓为刍狗：** 语出《道德经》第五章："天地不仁，以万物为刍狗；圣人不仁，以百姓为刍狗。"今人高亨解释说：盖人之于刍狗，无所爱憎。天地之于万物亦然，故曰"天地不仁，以万物为刍狗"。圣人之于百姓亦然，故曰"圣人不仁，以百姓为刍狗"。《文子·自然》篇引此二语，旧注："天地生万物，圣人养百姓，岂有心于物，有私于人哉！一以观之，有同刍狗。"尚得其恉。①

13. 此段在意义上与《礼记·礼运》篇相近，说明舆服是为圣人而设置的。《礼记·礼运》："故君者所明也，非明人者也。君者所养也，非养人者也。君者所事也，非事人者也。故君明人则有过，养人则不足，事人则失位。故百姓则君以自治也，养君以自安也，事君以自显也。"②朱彬《礼记训纂》引吴幼清曰："以一人享万方之奉者，君也。若君养人，则以寡养众，而赡给不足矣。以万人而受一人之役者，君也。若君事人，则以上事下，而失君位之尊矣。百姓取则于君之德，以自治者也。出贡赋以供养君，君抚临之，而得自安；竭膂力以服事君，君任使之而得自显者也。"③

图2-6 旐 宋杨甲绘制（引自《六经图考》）　图2-7 旗 宋杨甲绘制（引自《六经图考》）

---

① 高亨：《高亨著作集林·第五卷·老子正诂》，清华大学出版社，2004，第47-48页。
② （汉）郑玄等注：《十三经古注·五·礼记》，中华书局，2014，第963页。
③ （清）朱彬撰、饶钦农点校：《礼记训纂（上）》，中华书局，1996，第334页。

夫礼服[1]之兴也，所以报功章德，尊仁尚贤。故礼尊尊贵贵，不得相逾，所以为礼也。非其人不得服其服，所以顺礼也。顺则上下有序，德薄者退，德盛者缛[2]。故圣人处乎天子之位，服玉藻[3]邃延[4]，日月升龙[5]，山车[6]金根饰，黄屋[7]左纛[8]，所以副其德，章其功也。贤仁佐圣，封国受民，黼黻[9]文绣[10]，降龙[11]路车[12]，所以显其仁，光其能也。及其季末，圣人不得其位，贤者隐伏，是以天子微弱，诸侯胁矣。于此相贵以等，相讟[13]以货，相略以利，天下之礼乱矣。至周夷王下堂而迎诸侯[14]，此天子失礼，微弱之始也。自是诸侯宫县[15]乐食，祭以白牡[16]，击玉磬[17]，朱干[18]设锡[19]，冕而僭大武[20]。大夫台门[21]旅树[22]反坫[23]，绣黼丹朱中衣[24]，镂簋[25]朱纮[26]，此大夫之僭诸侯礼也。[27]《诗》刺"彼己之子，不称其服"[28]，伤其败化。《易》讥"负且乘，致寇至"[29]，言小人乘君子器，盗思夺之矣。自是礼制大乱，兵革并作；上下无法，诸侯陪臣，山罍[30]藻棁[31]。降及战国，奢僭益炽，削灭礼籍，盖恶有害己之语[32]。竞修奇丽之服，饰以舆马，文屦[33]玉缨[34]，象镳[35]金鞍[36]，以相夸上。争锥刀之利，杀人若刈草然，其宗祀亦旋夷灭。荣利在己，虽死不悔。及秦并天下，揽其舆服，上选以供御，其次以锡百官。[37]汉兴，文学[38]既缺，时亦草创，承秦之制，后稍改定，参稽六经，近于雅正。孔子曰："其或继周者，行夏之正，乘殷之辂，服周之冕，乐则韶舞。"[39]故撰《舆服》著之于篇，以观古今损益之义云。

【注释】

1. 礼服：指礼仪与器服。从下文礼与服分别论述来看，这里礼和服应分训，与后世专指礼仪所用服饰的"礼服"不同。"服"可以用作动词，意为"用"，下文"非其人不得服其服"中第一个"服"即是。"服"用作名词，泛指器服，包括衣服、服色、宫室、舆马、旌旗之类，与现代概念相比，指称的范围比较广，并不专指服饰。《周礼·春官·都宗人》："凡都祭祀，致福于国，正都礼与其服。"郑玄注："服谓衣服及宫室车旗。"《汉书·礼乐志》："议立明堂、制礼服，以兴太平。"颜师古注曰："服谓衣服之色也。"

2. 缛：指繁多、繁复的彩饰。《说文解字·系部》："缛，繁采饰也。"繁缛在这里不是贬义，"德盛者缛"的意思是说用繁复多样的彩饰来彰显有德行的人。

3. 玉藻：藻，本是水草名，又有文采和华美义，这里指冕冠上一种用五彩丝线编织而成的丝绳，功能是用来贯穿珠玉。用藻穿的玉串，称作"玉藻"。详细解释见第162页"冕冠"一段注释3。

4. **延：**字或作"綖"。是盖在冕冠顶部的板。详细解释见第 162 页"冕冠"一段注释 2。

5. **日月升龙：**

日月：指装饰在服饰或旌旗上的日、月等纹样。明确记载在服饰上使用日月纹样的始见于《尚书》。《尚书·虞书·益稷》："予（舜）欲观古人之象，日月星辰山龙华虫，作会宗彝藻火粉米黼黻绨绣，以五采彰施于五色，作服，汝明。"孔安国传："日月星为三辰。"考古出土的早期服饰中没有发现有日、月、星图案的，研究者一般从古代器物上寻找踪迹，以期帮助了解早期日、月的形象。黄能馥、陈娟娟认为新石器时期的陶器纹饰已经有日、月的图案，如山东莒县出土的新石器陶罐上的纹样（图 2-8）。[①] 在汉画像中多将日、月描绘成仙人形象，日中多鸟形，月中多蟾蜍形。如四川邛崃县出土的日神、月神画像砖，日、月神都是人首鸟身，被称作"羽人"，胸腹处是一个大圆轮。日神轮中画金乌，月神轮中画蟾蜍、桂树（图 2-9）。[②]

图2-8　新石器时期陶器纹样上的日、月纹样

图2-9　汉代日神、月神画像（四川邛崃出土）

---

① 黄能馥、陈娟娟：《中国服饰史》，上海人民出版社，2004，第 63 页。
② 吴山：《中国纹样全集：战国·秦·汉卷》，山东美术出版社，2009，第 10 页。

升龙：头部向上的龙纹，先秦两汉时期只能用于天子。《仪礼·觐礼》："天子乘龙，载大斾，象日月，升龙降龙。"《诗经·豳风·九罭》："衮衣绣裳"，朱熹《集传》："天子之龙，一升一降。上公但有降龙，而无升龙。"目前所见最早的龙的形象出自河南省濮阳市西水坡的一座仰韶文化大墓，年代大概是公元前4600年。龙、虎形象都是用白色的蚌壳摆成，龙形长178厘米（图2-10）。[1]汉代画像砖石中有不少龙纹，如四川芦山王晖石棺上的石刻龙纹（图2-11），合川石室墓石刻上的有翼青龙纹（图2-12）。[2]

"圣人处乎天子之位，服玉藻邃延，日月升龙"一段，与《礼记》记载相近，但郑玄认为《礼记》中论述的是祭祀礼服。《礼记·玉藻》："天子玉藻，十有二旒，前后邃延，龙卷以祭。"郑玄注："祭先王之服也。"

图2-10　蚌壳龙、虎图（河南濮阳西水坡遗址）

图2-11　芦山王晖石棺上的石刻龙纹

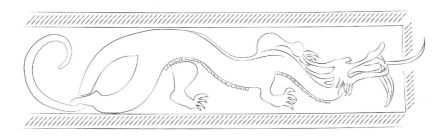

图2-12　合川石室墓石刻上的青龙纹

---

① 濮阳市文物管理委员会、濮阳市博物馆、濮阳市文物工作队：《河南濮阳西水坡遗址发掘简报》，《文物》，1988年第3期，第1-6页。

② 龚廷万、龚玉、戴嘉陵：《巴蜀汉代画像集》，文物出版社，1998，第128-129页。

6. **山车**：自然形成的车。古人认为天下太平盛世时，山林之中生成的天然木材，不用再加雕琢就可以制作车子，这种现象被认为是太平盛世的瑞应。《礼记·礼运》："故天降膏露，地出醴泉，山出器车，河出马图。"孔颖达疏："按《礼纬·斗威仪》：其政大平，山车垂钩。"又引宋均注："山车，自然之车；垂钩，不揉治而自圆曲。"

7. **黄屋**：屋是指车上用布帛等制成的覆盖物。王力认为屋的本义就是"幄"。《礼记·杂记上》："素锦以为屋而行。"黄屋，专指秦汉时天子所用的黄色里子的车盖。《史记·秦始皇本纪》附《子婴》："子婴度次得嗣，冠玉冠，佩华绂，车黄屋，从百司，谒七庙。"张守节正义引蔡邕曰："黄屋者，盖以黄为里。"又《淮南衡山列传》："（淮南王长）居处无度，为黄屋盖乘舆，出入拟于天子。"《汉书·高帝纪》："纪信乃乘王车，黄屋左纛。"颜师古注引李斐曰："天子车以黄缯为盖里。"

8. **左纛**：皇帝所乘车上的饰物，装在车衡左边或左侧马上。详细解释见第72页"乘舆金根"一段注释20。

9. **黼黻**：黼，指黑与白相次排列的花纹，《说文解字·黹部》："黼，白与黑相次文。"黻是指黑与青相次排列的花纹，《说文解字·黹部》："黻，黑与青相次文。"《周礼·考工记·画缋》："青与赤谓之文，赤与白谓之章，白与黑谓之黼，黑与青谓之黻，五采备谓之绣。"具体形制，一般认为黼是斧形，刃白身黑（图2-13）。黻的形制有不同说法：一说为两"己"相背，一说如"亞"字形，也有认为像两"弓"相背（图2-14）。《尚书·益稷》："宗彝藻火粉米黼黻𫄨绣。"孔安国传："黼若斧形，黻为两己相背。"孔颖达疏："《（尔雅·）释器》云：'斧谓之黼。'孙炎云：'黼文如斧形，盖半白半黑，似斧刃白而身黑。'黻谓两己相背，谓刺绣为'己'字，两'己'相背也。"《汉书·韦贤传》："黼衣朱绂。"颜师古注："朱绂为朱裳画为'亞'文也。'亞'古'弗'字也，故因谓之绂，字又作'黻'，其音同声。"阮元《揅经室集·释黻》："自古画象则作'亞'形，明两'弓'

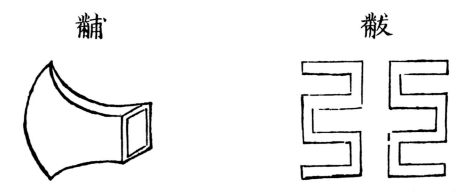

图2-13　黼纹　宋杨甲绘制（引自《六经图考》）　　图2-14　黻纹　宋杨甲绘制（引自《六经图考》）

相背戾，非两'己'相背戾也。两弓相背，义取于物，与斧同类。"① 沈从文认为："如就金文比较，可知多为两龙、两兽纹样的对峙或相蟠，也即是蟠虯虬形象。……古称'诸侯之棺必衣黻绣'，河南辉县发掘所得之残漆棺肩部彩绘装饰，即是典型的黻纹。"②（图2-15）我们认为，许慎训黼、黻为"某色与某色相次"，其中，"相次"即是黼、黻的语源义，"相次"义为依次序排列。因此，黼、黻强调的并不是某个独特的形象，而是指不同纹样相并列、相对应。

图2-15　战国彩绘漆棺纹样（河南辉县固围村出土）

10. 文绣：指绣有彩色花纹的衣服或丝织品。《孟子·告子上》："令闻广誉施于身，所以不愿人之文绣也。"赵岐注："文绣，绣衣服也。"

11. 降龙：指在服饰或旗帜上绣绘的呈下降之势的龙纹，一般龙头部向下，多用于三公诸侯。《诗经·豳风·九罭》："我觏之子，衮衣绣裳。"毛传："衮衣，卷龙也。"陆德明《释文》："天子画升龙于衣上，公但画降龙。"《仪礼·觐礼》："天子乘龙，载大旆，象日月、升龙、降龙。"

12. 路车：亦称"辂车""龙辂"，简称"路"或"辂"。"路"有大的意思，因此，天子帝王所乘坐的大车称为"路车"。《诗经·秦风·渭阳》："路车乘黄"，李富孙《异文释》："路车，《御览（太平御览）》四百七十八作'辂车'。"《诗经·大雅·韩奕》："其赠维何？乘马路车。"郑玄笺："人君之车曰路车，所驾之马曰乘马。"《白虎通·车旗》："路者，何谓也？路，大也、道也、正也。君至尊，制度大，所以行道德之正也。路者，君车也。"《左传·桓公二年》："大路越席"，孔颖达疏："路，训大也。君之所在以大为号，门曰'路门'，寝曰'路寝'，车曰'路车'；故人君之车，通以路为名也。"《文选·张衡〈东京赋〉》："龙

① （清）阮元撰、邓经元点校：《揅经室集》，中华书局，1993，第14页。
② 沈从文：《中国古代服饰研究》，上海书店出版社，2002，第43页。

辂充庭"，薛综注："辂，天子之车，故称龙辂。"也有认为路车亦为诸侯之车。《诗经·秦风·渭阳》："路车乘黄"，朱熹《集传》："路车，诸侯之车也。"一说路为行路之意。《释名·释车》："天子所乘曰路。路亦军事也，谓之路，言行路也。"

13. 讟： 音 dú，诽谤；怨恨。《说文解字·誩部》："讟，痛怨也。"张衡《思玄赋》："旦获讟于群弟兮，启金縢而乃信。"《方言》卷十三："讟，痛也。"郭璞注："谤讟怨痛也。"

14. 周夷王下堂而迎诸侯： 周夷王是西周第九位天子，在位时曾下堂迎接诸侯，被认为是失礼。《礼记·郊特牲》："觐礼，天子不下堂而见诸侯。下堂而见诸侯，天子之失礼也，由夷王以下。"郑玄注："夷王，周康王之玄孙之子。时微弱，不敢自尊于诸侯。"但也有不同说法，认为这样做亲近了诸侯，周夷王还因此得到了诸侯的敬重。西晋皇甫谧《帝王世纪》称："夷王即位，诸侯来朝，王降与抗礼，诸侯德之。三年，王有恶疾，愆于厥身，诸侯莫不并走群望，以祈王身。"

15. 县： "悬"的古字。据《周礼》规定，钟磬等乐器悬挂于虡上的形式依身份地位而异，天子的宫室里四面悬挂、诸侯较天子少一面、卿大夫较诸侯少一面、士较卿大夫又少一面。宫县，即悬挂四面，象征宫室四面之墙，故名。因此，诸侯宫县属僭越行为。《周礼·春官·小胥》："正乐县之位，王宫县，诸侯轩县，卿大夫判县，士特县，辨其声。凡县钟磬，半为堵，全为肆。"郑玄注："乐县，谓钟磬之属县于笋虡者。郑司农云：'宫县四面县，轩县去其一面，判县又去其一面，特县又去其一面。四面象宫室四面有墙，故谓之宫县，轩县三面，其形曲，故《春秋传》曰：请曲县繁缨，以朝。诸侯之礼也。故曰：唯器与名不可以假人。'玄谓轩县，去南面，辟王也。判县，左右之合，又空北面。特县，县于东方，或于阶间而已。"

16. 白牡： 白色公牛。商代尚白，祭祀先王时候用纯白色的公牛。周初仅在祭祀周公时才用白牡，因为周公身份地位特殊，享受王的待遇，但又不能与周文王、周武王相同，所以用商代祭祀先王的礼节。到了春秋战国时期，诸侯开始使用白牡，这被认为是僭越行为。《礼记·明堂位》："夏后氏牲尚黑，殷白牡，周骍刚。"《公羊传·文十三年》："鲁祭周公，何以为牲？周公用白牡，鲁公用骍刚，群公不毛。"何休注："白牡，殷牲也。周公死有王礼，谦不敢与文武同也。骍刚，赤脊，周牲也。鲁公以诸侯不嫌，故从周制，以脊为差。不毛，不纯色。所以降于尊祖。"《春秋繁露·郊事对》："武王崩，成王立而在襁褓之中，周公继文武之业，成二圣之功，德渐天地，泽被四海，故成王贤而贵之。《诗》云：'无德不报。'故成王使祭周公以白牡，上不得与天子同色（按：天子用赤牡），下有异于诸侯，臣仲舒愚以为报德之礼。"[①]《礼记·郊特牲》："诸侯之宫县，而祭以白牡。"孔颖达疏："诸侯祭用时王牲。"

---

① （清）苏舆撰、钟哲点校：《春秋繁露义证》，中华书局，1992，第415-417页。

17. 磬： 用玉或者石制成的打击乐器，状如曲尺，演奏雅乐时使用。周代礼制规定玉磬专为天子所专用，春秋战国时期，诸侯多僭用。《礼记·郊特牲》："诸侯之宫县……击玉磬。"孙希旦集解："玉磬，《尚书》所谓鸣球，天子之乐器也。"清人戴震曾拟定过磬的形制（图2-16）。山东沂南画像石中有演奏编磬的图像（图2-17）。曾侯乙墓曾出土编磬一架，"计磬架一副，磬块三十二件，挂钩三十二副，磬槌二件"（图2-18）。[1]出土的单个磬"形制相同，大小厚薄各异。其形均上呈倨句，下作微弧上收。表面经过磨砺，可见很细的擦痕，其中旁部的擦痕方向多一致，平行线条长。鼓、股相交处有一圆穿，开口多一边稍大、另一边略小，壁周可见横向擦痕。各部位间厚薄略异，多为鼓博一端稍厚（图2-19）"。[2]徐州北洞山西汉楚王墓出土的一件完整石磬，磬体形作股二鼓三，底边弧曲，磬背倨句，倨句角度多数约在142度，股鼓折角处有倨孔，磬体为青黑色石灰岩精工磨制而成，经地下水溶蚀呈浅褐色、深灰色或灰黑色（图2-20）。[3]

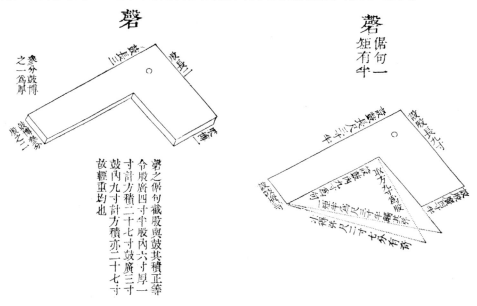

图2-16 磬 清戴震绘制（引自《考工记图》）

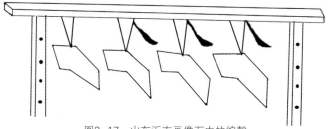

图2-17 山东沂南画像石中的编磬

---

① 湖北省博物馆：《曾侯乙墓》，文物出版社，1989，第134页。

② 湖北省博物馆：《曾侯乙墓》，文物出版社，1989，第142页。

③ 徐州博物馆、南京大学历史学系考古专业：《徐州北洞山西汉楚王墓（一）》，文物出版社，2003，第135页。

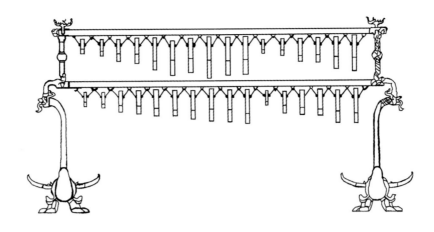

图2-18　编磬（湖北随州曾侯乙墓出土）

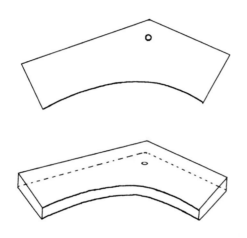

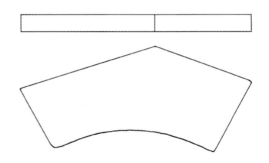

图2-19　磬的形制（湖北随州曾侯乙墓出土）　　　图2-20　石磬（江苏徐州北洞山西汉楚王墓出土）

18. 朱干： 干指盾牌，朱干指红色大盾牌，周代为天子所专用。春秋战国时期，诸侯开始僭用。《大雅·公刘》："干戈戚扬。"郑玄笺："干，盾也。"《方言》卷九："盾，自关而东或谓之干。"《礼记·明堂位》："朱干玉戚。"郑玄注："朱干，赤大盾也。"宋人陈祥道构拟了朱干的形象，但是与出土的盾牌实物相比有较大差异（图2-21）。新中国成立以来，考古发掘中盾牌多有出土，湖南江陵望山1号楚墓曾出土漆盾14件，其中A型Ⅰ式"盾的正面髹深褐色漆，四角又用红、蓝和黄色彩绘云雷纹等图案；两长边各有两个一组的小圆孔4组，中间有四个一组的小圆孔3组，用于安装木盾把。"其中一件标本长59.6厘米、宽20.5厘米（图2-22）。[1] 秦始皇陵出土一块铜盾，盛放在秦陵1号铜车车舆右栏板内侧的盾箙内，盾通高36.2厘米、上顶宽4.4厘米、底边宽24厘米、厚0.4厘米。盾上部呈弧形，中部为亚腰形，四角上耸而内卷，下部呈方形，形若"出"字。背面正中铸鼓起的凸棱，约在脊的中间处有桥梁形的鼻纽状盾握，纽梁上铸出缠扎的革带纹。

---

[1] 湖北省文物考古研究所：《江陵望山沙冢楚墓》，文物出版社，1996，第62页。

盾握内鋬长 7 厘米，高 2 厘米。盾的正背两面满饰绚丽花纹图案，称鞼盾（图 2-23）。[①]
汉代盾牌在画像砖石中也多有出现，如四川新都出土画像砖上四名伍伯中两名右手持盾
（图 2-24）。

19. 钖： 钖有两种意义，此处指盾牌背面的装饰，与后文"镂钖樊缨"的"钖"不同。
《礼记·郊特性》："朱干设钖。"郑玄注："钖，傅其背如龟也。"孔颖达疏："谓用
金琢傅其盾背，盾背外高，龟背亦外高，故云如龟也。"

20. 冕而儛大武：

　　冕： 帝王、诸侯、卿大夫所戴的冠，相传黄帝所制。《淮南子·主术训》："古之王者，
冕而前旒。"高诱注："冕，王者冠也。"《说文解字·冃部》："冕，大夫以上冠也，邃延

图2-21　朱干　宋陈祥道绘制（引自《礼书》）　　图2-22　漆盾（湖北江陵望山楚墓出土）

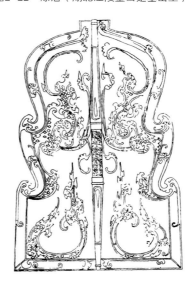

图2-23　秦始皇陵1号铜车所载铜盾

---

① 　秦始皇兵马俑博物馆：《秦始皇帝陵兵马俑辞典》，文汇出版社，1994，第 246-247 页。

图2-24　伍伯画像砖（四川新都出土）

垂珫紞纩。从月免声。古者黄帝初作冕。"《左传·桓公二年》："衮冕黻珽……昭其度也。"
孔颖达疏："冠者，首服之大名；冕者，冠之别号……《世本》云：'黄帝作冕。'宋仲子云：
'冕，冠之有旒者。'"

儛： 同"舞"。舞动，舞蹈。《庄子·在宥》："鼓歌此儛之。"王褒《九怀·株招》："丘
陵翔儛兮溪谷悲歌。"王逸注："儛，一作舞。"

大武： 据说是武王伐纣后所创作的音乐，与乐器无射、夹钟相配合，用以祭祀周王
朝的先祖。《周礼·春官·大司乐》："以乐舞教国子，舞云门、大卷、大咸、大磬、大夏、
大濩、大武。"郑玄注："此周所存六代之乐。……大武，武王乐也。武王伐纣，以除其害，
言其德能成武功。"又《大司乐》："乃奏无射，歌夹钟，舞大武，以享先祖。"郑玄注："无
射，阳声之下也，夹钟为之合，夹钟一名圜钟。先祖，谓先王、先公。"

王先谦集解引黄山："冕而儛大武"下应有"此诸侯之僭天子礼也"一句。《志》
本据《礼·郊特牲》为说，彼文作"诸侯之僭礼也"，与下"大夫之僭礼也"一律，此亦
当与下"此大夫之僭诸侯礼也"一律，明有夺误。刘昭注引郑玄注《礼记》曰："此皆天
子之礼也。宫县，四面县也。干，盾也。锡，傅其背如龟也。《武》，《万舞》也。白牡，
大路，殷天子之礼也。白牡，殷牲。"

21. 台门： 起土做成两个对称的四方台，台上可架屋，亦谓之阙。天子、诸侯可以设立台门。
有研究者认为："（春秋时）台门为对称式的，建得十分高大，但无门扉，实为两台。……
可知'台门'与阙门的作用相同。"[①]《尔雅·释宫》："阇谓之台，有木者谓之榭。"郭璞注："积
土四方。台上起屋。"《礼记·礼器》："天子诸侯台门，此以高为贵也。"又《郊特牲》：
"台门而旅树。"孔颖达疏："台门者，两边起土为台，台上架屋曰台门。"又《礼器》："家
不宝龟，不藏圭，不台门。"孔颖达疏："不台门者，两边筑阇为基，基上起屋，曰台门。
诸侯有保捍之重，故为台门；而大夫轻，故不得也。"

---

① 李建平：《中国古建筑名词图解辞典》，山西科学技术出版社，2011，第358页。

22. 旅树：类似今天所说的照壁。一般是筑在大门内或者大门外，可以作为屏障，防止门外之人窥视内部，同时也可以作装饰，周代只有天子、诸侯可用。从陈祥道构拟的屏与庙屏来看，后世照壁与旅树虽功能相同，但形制有差别（图2-25～图2-27）。《礼记·郊特牲》："台门而旅树。"郑玄注："旅，道也。屏谓之树。树，所以蔽行道。《礼》：'天子外屏，诸侯内屏，大夫以帘，士以帷。'"又《杂记下》："管仲镂簋而朱纮，旅树而反坫，山节而藻梲。"郑玄注："旅树，门屏也。"

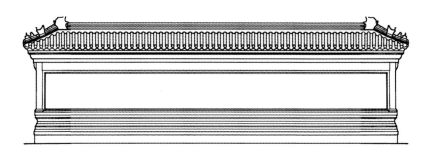

图2-25　传统照壁线描图

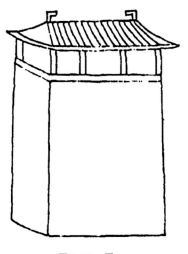

图2-26　屏

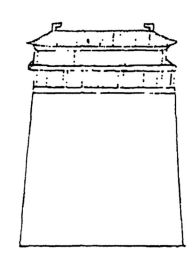

图2-27　庙屏　陈祥道绘制（引自《礼书》）

23. 反坫：坫，音 diàn，是放置酒杯等器皿或事物的台子。喝完酒把酒杯放在台子上，故被称为反坫。坫一般设在堂前两楹之间，即厅堂前东西两柱间，近南面。《论语·八佾》："邦君为两君之好有反坫，管氏亦有反坫。"郑玄注："反坫，反爵之坫也，在两楹之间，人君别内外，于门树屏以蔽之。若与邻国君为好会，其献酢之礼更酌，酌毕，则各反爵于坫上。"原来可能是用土筑成的，后来改为木制，高八寸，足高二寸，饰以朱漆。钱穆《论语新解》称其略如今矮脚几。①

---

① 钱穆：《论语新解》，巴蜀书社，1985，第73页。

24. 中衣: 亦称"中单"。类似今天的衬衣,穿在祭服、朝服之内。详细解释见第168页"长冠"一段注释5。

25. 镂簋: 簋是用来盛黍稷的礼器,镂簋是指簋上雕饰有花纹。聂崇义、戴震等人构拟过簋的形制(图2-28、图2-29)。从考古实物来看,簋一般为圆腹,侈口,圈足,有的有盖(图2-30、图2-31)。《礼记·礼器》:"管仲镂簋朱纮。"郑玄注:"镂簋,谓刻而饰之。"又《杂记》:"管仲镂簋而朱纮。"郑玄注:"镂簋,刻为虫兽也。"

26. 纮: 系在冠冕两侧的带子,由颌下挽上而系在笄的两端(图2-32)。崔圭顺认为,缨是在无笄的首服里使用,固定该首服的实际功能比较多;纮是在有笄的首服里使用,固定

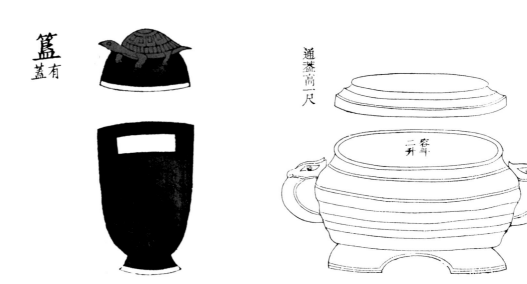

图2-28 簋 宋聂崇义绘制(引自《新定三礼图》)　　图2-29 簋 清戴震绘制(引自《考工记图》)

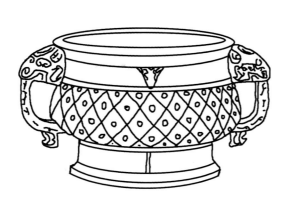

图2-30 酉父癸簋 (上海博物馆藏)

图2-31 春秋时期的簋(安徽舒城县河口镇出土)
(根据《江淮群舒青铜器》临摹)

首服的角色由笄来做，因此，纮之角色装饰性比较多。由此，历代定制时，要么用缨，要么用纮，两个带子中选择一个。[①]《说文解字·系部》："纮，冠卷也。"段玉裁注："冠卷维也。维字今依《玉篇》补。"《仪礼·士冠礼》："缁组纮纁边。"郑玄注："有笄者屈组为纮，垂为饰。"贾公彦疏："谓以一条组于左笄上系定，绕颐下，右相向上，仰属于笄，屈系之，有余，因垂为饰也。"

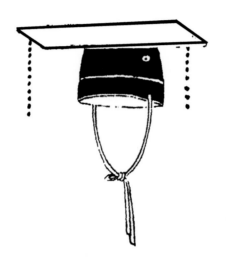

图2-32　纮　宋陈祥道绘制（引自《礼书》）

27. "及其季末"至"此大夫之僭诸侯礼也"： 此段文字与《礼记·郊特牲》的记载相似。《礼记·郊特牲》："天子无客礼，莫敢为主焉。君适其臣，升自阼阶，不敢有其室也。觐礼，天子不下堂而见诸侯。下堂而见诸侯，天子之失礼也，由夷王以下。诸侯之宫县，而祭以白牡，击玉磬，朱干设锡，冕而舞大武，乘大路，诸侯之僭礼也。台门而旅树，反坫，绣黼，丹朱中衣，大夫之僭礼也。故天子微，诸侯僭；大夫强，诸侯胁。于此相贵以等，相觌以货，相赂以利，而天下之礼乱矣。"

28. 语出《诗经·曹风·候人》，郑玄笺曰："不称者，言德薄而服尊。"

29. 语出《周易·系辞上》，原文为："《易》曰：'负且乘，致寇至。负也者，小人之事也。乘也者，君子之器也。小人而乘君子之器，盗思夺之矣。上慢下暴，盗思伐之矣。'"

30. 栬： 王先谦集解引惠栋曰："栬一作梲。"栬是柱头斗栱。《尔雅·释宫》："栭谓之栬。"郭璞注："即栌也。"郝懿行义疏："《礼器》及《明堂位》正义引李巡云'栭谓榱栌，一名栬'，皆谓斗栱也……《尔雅》《释文》栬音'节'，旧本及《论语》《礼记》皆作'节'。"《文选·王延寿〈鲁灵光殿赋〉》："云栬藻梲，龙桷雕镂。"李善注："云节，画云气为山节也……栬与节同。"

① 〔韩〕崔圭顺：《中国历代帝王冕服研究》，东华大学出版社，2008，第179页。

31. 藻棁: 梁上华丽的短柱。棁,也称棳儒。南北架的房屋,用来承载栋、楣、庪的材料中,最大者叫做梁,亦叫做宗廇。梁上竖立的短柱叫做棁。《尔雅·释宫》:"其上楹谓之棁。"郭璞注:"侏儒柱也。"《释名·释宫室》:"棳儒,梁上短柱也。棳儒犹侏儒,短,故以名之也。"《论语·公冶长》载"子曰:'臧文仲居蔡,山节,藻棁,何如其知也。'"

32. 语本《孟子·万章下》,北宫锜问曰:"周室班爵禄也,如之何?"孟子曰:"其详不可得闻也。诸侯恶其害己也,而皆去其籍,然而轲也尝闻其略也。"赵岐注:"诸侯欲恣行,憎恶其法度妨害己之所为,故灭去典籍。今《周礼》司禄之官无其职,是则诸侯皆去之,故使不复存也。"孙奭正义曰:"此章言圣人制禄,上下等差,贵有常尊,贱有等威。诸侯僭越,灭籍从私。孟子略记言其大纲,以答北宫锜之问也。"

33. 文罽: 罽为毛织物,文罽指其上有华美富丽的纹样。《后汉书·李恂传》:"诸国侍子,及督使贾胡数遗恂奴婢、宛马、金银、香罽之属,一无所受。"李贤注:"罽,织毛为布者。"

34. 玉缨: 缨可以指两种事物,一是冠缨。《左传·僖公二十八年》:"初,楚子玉自为琼弁玉缨,未之服也。"杜预注:"琼,玉之别名,次之以饰弁及缨。"孔颖达疏:"《诗》毛传云:'琼,玉之美者。'则琼亦玉也。选美者饰弁,以恶者饰缨耳。"一是马鞅,也就是系在马胸前的革带。《周礼·春官·巾车》:"锡樊缨十有再就。"郑玄注:"缨,今马鞅。"《左传·桓公二年》:"鞶、厉、游、缨,昭其数也。"杜预注:"缨,在马膺前,如索裙。"这里的玉缨应指马鞅。关于马鞅的位置,文献有不同说法,有学者根据出土的秦始皇陵铜车马形制,认为"鞅是两骖马靷前端的套环,形状近似圆形,套于左右骖马的胸部"。秦陵铜车马的鞅前后长28厘米,左右最大径28厘米,铜铸出,扁长形,用母扣法连接,用以模仿革带的活性。鞅的前边束约马胸,后边搭于马背。马体外侧的肩胛部位设一方形策扣,以备开合。为了使鞅的左右两侧始终保持适当的距离,鞅两侧马脊部位搭连一条带。带长26厘米,宽0.8厘米。此带的一端用铆钉固定于鞅内侧,另一端拴结于鞅外侧。在鞅外侧还悬吊一铜环,骖马外辔贯于环内,鞅外侧一股压于辔下,内侧一股压于辔上,借助于辔把鞅前端固定于骖马身上,以免因鞅松动而从马胸部下坠(图2-33)。[1] 刘永华在独辀车车舆马具名称说明图中画出了鞅的形象,但是没有指出其名称,具体图像见其《中国古代车舆马具》。

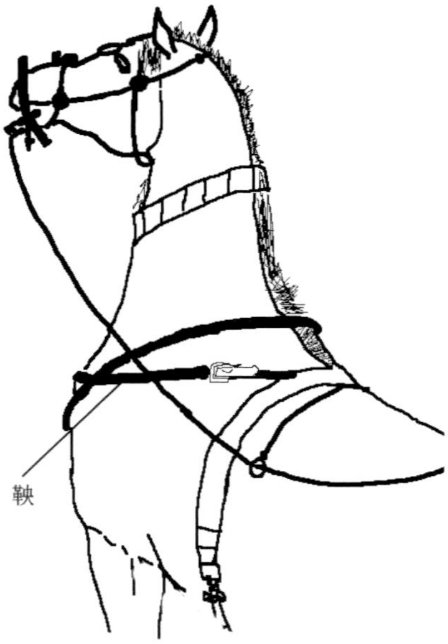

图2-33 秦始皇陵铜车马上的缨(即鞅)

---

[1] 秦始皇兵马俑博物馆:《秦始皇帝陵兵马俑辞典》,文汇出版社,1994,第220页。

35. 象镳： 用象牙制作的马镳。是与马衔相连的一种马具，衔在口中。镳在口外两边，一般是长条形，如棒，用青铜或铁制成，也有用骨、象牙、角制的。目前考古发现商代已有此物。铜镳有圆形、蝌蚪形、S形等多种式样，S形铜镳在汉代十分流行。《说文解字·金部》："镳，马衔也。"段玉裁注："马衔横贯口中，其两端外出者系以銮铃。"《急就篇》卷三"鞍镳锡"，颜师古注："或曰镳者，衔两旁之铁，今之排沫是也。"《释名·释车》："镳，苞也，在旁所以苞敛其口也。"江陵望山沙冢1号楚墓发现8件漆马镳，木质，通体髹红漆，形制完全相同，呈弧形，中部较粗，并有两个长方形孔；两端有骨套，骨套髹黑漆，并阴刻圆卷纹。长31厘米（图2-34）。另有骨马镳1件，由兽骨加工制成，断面为六棱形。一端较粗，并有两个小圆孔（图2-35）；另一端较细，并略弯曲，素面。粗端宽1.9～2.3厘米、细端宽0.5～0.6厘米、长16.4厘米。[①] 河北满城1号汉墓出土的马镳中，I型有12副。镳略作S形，两端似桨叶，饰作波浪式花边，中段有二横穿孔，除1副错金外，余皆鎏金。错金镳作流云纹，长25.3厘米，鎏金镳长23厘米（图2-36）。[②]

洛阳烧沟汉墓所出土的衔镳可分为四型：一型三截连成，每截的两端成环形，互相咬住，其中间一截较短。镳全身弯曲如S形，身上有两孔，在两端作弧形的突出以为装饰。其衔一般长10.5厘米，镳一般长8.5厘米。二型大小形状皆如一型，而在镳的两端

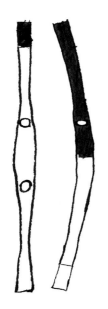
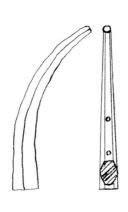

图2-34　漆马镳　　　　　　　　图2-35　骨马镳　　　　　　　　图2-36　马镳
（湖北江陵望山沙冢1号楚墓出土）　（湖北江陵望山沙冢1号楚墓出土）　（河北满城1号汉墓出土）

---

① 湖北省文物考古研究所：《江陵望山沙冢楚墓》，文物出版社，1996，第75页。
② 中国社会科学院考古研究所、河北省文物管理处：《满城汉墓发掘报告（上）》，文物出版社，1980，第199页。

连弧形的装饰内部镂空。三型其衔同一、二型，而镳的两端装饰更复杂。其衔长 10.5 厘米，镳长 1.2 厘米。四型衔中间的一截为一圆环，其镳的两端为弧形薄片。其衔长 8.7 厘米，镳长 8.2 厘米（图 2-37）。[①]

36. 鞍： 放在马、牛等牲口背上驮运东西或供人乘坐的器具。多用皮革或曲木加棉垫制成，两头高中间低。金鞍即金质或金饰的马鞍。《急就篇》："鞍"，颜师古注："鞍，所以被马取其安也。"马鞍的发展经历从无到有的过程，早期马鞍大概就是在马背上铺上一层厚的坐垫或被褥，能看到的早期形象存在于战国时期金村出土的铜镜上。直到今日，一些临时的、简易的马鞍也还是这样（图 2-38a、图 2-38b）。到了汉代，马鞍越来越完备，出现了鞍桥等附件，已基本具备了后世马鞍的要件（图 2-38c、图 2-38d，图 2-39）。

37. "及秦并天下"至"其次以锡百官"： 汉代蔡邕《独断》记载："太傅胡公说曰：'高山冠，盖齐王冠也。秦灭齐，以其君冠赐谒者。'"又"太傅胡公说曰：'左氏传有南冠而絷者'，《国语》曰：'南冠以如夏姬'，是知南冠盖楚之冠，秦灭楚，以其君冠赐御史。"又"太傅胡公说曰：'始施貂蝉，鼠尾饰之，秦灭赵，以其君冠赐侍中。'"

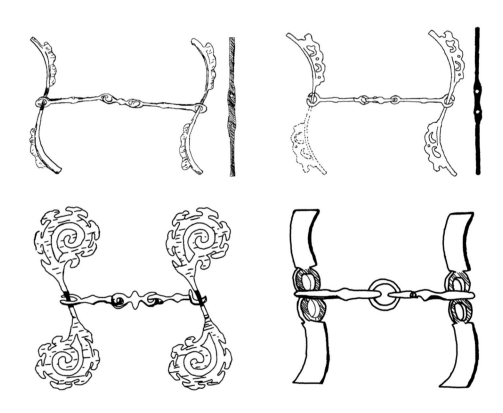

图2-37　四种类型衔镳（河南洛阳烧沟汉墓出土）

---

① 中国科学院考古研究所：《洛阳烧沟汉墓》，科学出版社，1959，第 180 页。

38. 文学： 指前代的文献经典。

39. 语本《论语》。《论语·卫灵公》："颜渊问为邦。子曰：'行夏之时，乘殷之辂，服周之冕，乐则韶舞。放郑声，远佞人。郑声淫，佞人殆。'"此处所引与今本《论语》略有出入，今本《论语》无"其或继周者"一句，"行夏之正"作"行夏之时"。

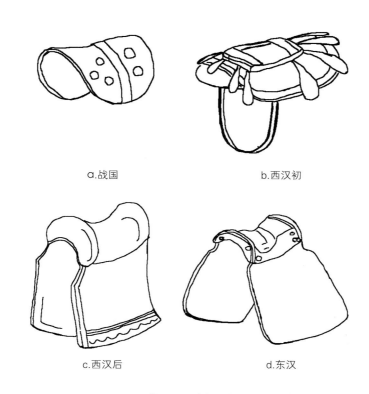

　　a.战国　　　　　　　　　　b.西汉初

　　c.西汉后　　　　　　　　　d.东汉

图2-38　马鞍（根据《中国古代兵器论丛》临摹）

　　a.陕西绥德四十铺汉墓出土　　　　　　b.山东滕县龙阳店出土

图2-39　汉代画像石上的马鞍

‖ 第二节　车马概论 ‖

上古圣人，见转蓬始知为轮。轮行可载，因物知生，复为之舆。[1] 舆轮相乘，流运罔极，任重致远，天下获其利。[2] 后世圣人观于天，视斗[3]周旋，魁[4]方杓[5]曲，以携龙角[6]为帝车[7]，于是乃曲其辀[8]，乘牛驾马，登险赴难，周览八极。故《易》震乘乾，谓之《大壮》[9]，言器莫能有上之者也。[10]自是以来，世加其饰。至奚仲[11]为夏车正[12]，建其旂[13]旒[14]，尊卑上下，各有等级。周室大备，官有六职[15]，百工[16]与居一焉。一器而群工致巧者，车最多，是故具物以时[17]，六材[18]皆良。舆方法地[19]，盖圆象天[20]；三十辐[21]以象日月；盖弓[22]二十八以象列星；龙旂九旒[23]，七仞[24]齐轸[25]，以象大火[26]；鸟旟[27]七旒，五仞齐较[28]，以象鹑火[29]；熊旗[30]六旒，五仞齐肩，以象参、伐[31]；龟旐四旒，四仞齐首，以象营室[32]；弧旌[33]枉矢[34]，以象弧[35]也：此诸侯以下之所建者也。

【注释】

1. 轮行可载，因物知生，复为之舆： 孙机认为此处是根据《淮南子·说山训》"圣人见飞蓬转而知为车"一句而来。① 古人认识和创造事物时，"远取诸物、近取诸身"。见鸟兽的脚在地上留下的痕迹而制文字，以及鲁班造锯的传说，均是根据这样的思维。因此，见飞蓬而制轮之说，有其合理性。

2. 语本《周易》。《周易·系辞下》："服牛乘马，引重致远，以利天下，盖取诸随。" 意思是：他们驾御牛、乘坐马，拖运重物、直达远方，用来便利天下，这大概是吸取了《随》卦（下能运动而上者欣悦）的象征。②

3. 斗： 指北斗七星（图2-40）。刘昭注引《春秋纬》曰："瑶光，第一至第四为魁，第五至第七为杓，合为斗。"刘昭注中"瑶光"一词之前似有阙文，《史记·天官书》："北斗七星。"司马贞索隐引《春秋运斗枢》载："斗：第一天枢，第二旋，第三玑，第四权，第五衡，第六开阳，第七摇光。第一至第四为魁，第五至第七为标，合而为斗。"可见"瑶光"应是北斗七星中第七颗星。一年之中，北斗七星的斗柄不停旋转，古人以此来定时日。《鹖冠子·环流篇》："斗柄东指，天下皆春；斗柄南指，天下皆夏；斗柄西指，天下皆秋；斗柄北指，天下皆冬。"③

① 孙机：《中国古舆服论丛（增订本）》，文物出版社，2001，第338页。
② 黄寿祺、张善文：《周易译注》，上海古籍出版社，2004，第538页。
③ 黄怀信：《鹖冠子汇校集注》，中华书局，2004，第76页。

4. **魁**：本义是食勺。《说文解字·斗部》："魁，羹斗也。"《太平御览》卷七五八引郭璞《易洞林》："太子洗马荀子骥家中以龙铜魁作食歠鸣。"此处"魁"是星的名称，具体为哪颗星，有两种说法：一说是指北斗七星之第一星，即天枢。《史记·天官书》："衡殷南斗，魁枕参首。"张守节正义："魁，斗第一星也。"另一说是指北斗七星第一星至第四星，即天枢、天璇、天玑、天权四星。《淮南子·天文训》："斗杓为小岁。"高诱注："斗第一星至第四为魁。"《太平御览》卷五引《春秋运斗枢》："北斗七星……第一至第四为魁，第五至第七为杓。"根据文意"魁"呈方形，故这里取第二说。

5. **杓**：音 biāo，本义是勺子柄。《说文解字·木部》："杓，枓柄也。"段玉裁注："枓柄者，勺柄也。勺谓之枓，勺柄谓之杓。"沈涛《说文古本考》："北斗星柄之名为杓者，以象羹枓之柄而言，是杓之本义为羹枓之柄，而非星斗之柄明矣。"因此，这里指北斗柄部的三颗星，又称斗柄。《史记·天官书》："北斗七星……杓携龙角，衡殷南斗，魁枕参首。"裴骃集解引孟康曰："杓，北斗杓也。"

6. **携龙角**：携是连的意思，《史记·天官书》："杓携龙角，衡殷南斗。"裴骃集解引孟康曰："杓，北斗杓也。龙角，东方宿也。携，连也。"张守节正义："角星为天关，其间天门，其内天庭，黄道所经，七耀所行。""龙角"均是连读，并未点断，应该是指二十八宿中的角宿，属东方苍龙星座（图2-41）。

7. **帝车**：即北斗七星。《史记·天官书》："斗为帝车，运于中央，临制四乡。"司马贞索隐："姚氏案：宋均曰'言是大帝乘车巡狩，故无所不纪也。'"武梁祠后石室第四块

图2-40　北斗七星图（根据《程氏墨苑》临摹）

石头第四层刻有北斗星君图。北斗七星整齐排列，四个星组成车舆，三个组成车辕。车下无轮，有云气托住，云气中伸出一个兽头蛇身怪物（图2-42），[1]反映了古人"斗为帝车"，即以北斗星为帝王车舆的观念。

8. 辀：车辕。具体而言是指小车辕。整体弯曲形，一端呈方形，连在车箱底部的车轴中央，从车箱底部露出后渐曲而隆起，到衡木后下勾，与衡木相连。大车的辕，是直木，特称辕，与辀不同。统言之，则辕与辀无别。《说文解字·车部》："辀，辕也。"朱骏声《通训定声》："按大车左右两木直而平者谓之辕，小车居中一木曲而上者谓之辀，故亦曰轩辕，谓其穹隆而高也。"《诗经·秦风·小戎》："小戎俴收，五楘梁辀。"毛传："梁辀，辀上句衡也。"朱熹《集传》："梁辀，从前轸以前稍曲而上，至衡则向下钩之，衡横于辀下。而辀形穹隆上曲如屋之梁，又以皮革五处束之。其文章历录然也。"《周礼·考工记·辀人》："国马之辀，深四尺有七寸；田马之辀，深四尺，驽马之辀深三尺有三寸。"清代戴震、阮元根据《考工记》等资料构拟了辀的形制（图2-43、图2-44）。戴震的构拟与出土实物略相近，

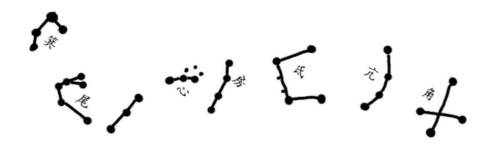

图2-41　东方苍龙之象

图2-42　斗为帝车图　山东嘉祥武梁祠北斗七星刻石画像（局部）

---

① 朱锡禄：《武氏祠汉画像石》，山东美术出版社，1986，第117页。

而阮元的构拟差别较大。1971 年，长沙市区浏城桥百货商店曾发掘一个战国时期的古墓，其中出土漆木车辕两件。用木雕作龙头形，头部、中部均刻有兽面，尾部有拴钉；相间髤以黑漆和褐色漆，漆光亮；全长 75 厘米（图 2-45）。[①]

9.《易》震乘乾，谓之《大壮》：《周易》《大壮》卦为"乾下震上"，故称"震乘乾"。《左传·昭公三十二年》："在《易》卦，雷乘乾曰《大壮》，天之道也。"杜预注："《乾》为天子，《震》为诸侯而在上，君臣易位，犹臣大强壮，若天上有雷。"也寓意登极为帝。骆宾王《为齐州父老请陪封禅表》："伏惟陛下乘乾握纪，纂三统之重光。"

10."后世圣人观于天"至"言器莫能有上之者也"。刘昭注引《孝经援神契》曰："斗曲杓桡，象成车。房为龙马，华盖覆钩。天理入魁，神不独居，故骖驾陪乘，以道跏蹒。"又引宋均注曰："房星既体苍龙，又象驾驷马，故兼言之也。覆钩，既覆且钩曲似盖也。天理入魁，又似御陪乘。"

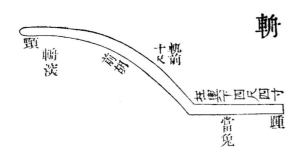

图2-43　戴震绘制的辀（引自《考工图记》）

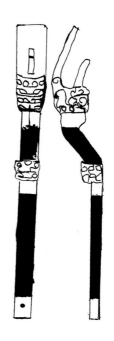

图2-45　漆木车辕（湖南长沙浏城桥出土）

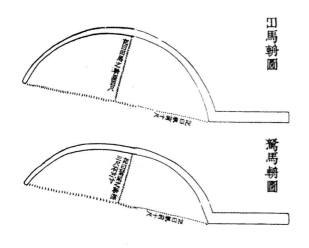

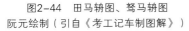

图2-44　田马辀图、驽马辀图
阮元绘制（引自《考工记车制图解》）

---

① 湖北省博物馆：《长沙浏城桥一号墓》，《考古学报》，1972 年第 1 期，第 67 页。

11．奚仲： 传说姓任，春秋时期薛国的始祖，黄帝的后裔，据说是车的创造者。历史上还有黄帝造车之说，刘昭注引《世本》云："奚仲始作车。"又引《古史考》曰："黄帝作车，引重致远，其后少昊时驾牛，禹时奚仲驾马。"并加案语："服牛乘马，以利天下，其所起远矣，岂奚仲为始？世本之误，史考所说是也。"《旧唐书·舆服志》采用了黄帝造车说："昔黄帝造车服"。孙机认为："古籍中说奚仲造车，众口一词，当有其人其事。车非一时一地所能产生，故奚仲大约是我国古车创制阶段之卓有贡献的代表人物。"[1] 也有调和众说的做法。三国蜀谯周《古史考》认为"黄帝作车，引重致远。少昊时驾牛，禹时奚仲驾马。仲又造车，更广其制度也。"《荀子·解蔽篇》唐杨倞注："奚仲，夏禹时车正。黄帝时已有车、服，故谓之轩辕。此云奚仲者，亦改制耳。"

12．车正： 夏代官名，掌管车服诸事。传说奚仲曾担任过夏朝车正。《左传·定公元年》："薛之皇祖奚仲居薛，以为夏车正。"杜预注："奚仲为夏禹掌车服大夫。"殷代沿用夏制度同样设立有车正，《竹书纪年》卷上说："（殷太戊）三十一年命费侯中衍为车正。"

13．斿： 字亦作"旒、鎏、游"。指两种事物，一是冕冠上垂的玉串，也就是玉藻。《周礼·夏官·弁师》："缫斿皆就，玉瑱玉笄。"孙诒让正义："斿，正字当作'鎏'。《说文解字·玉部》云：'鎏，垂玉也。冕饰。'经典皆假'旌旗流'之'游'为之。'游'又省作'斿'。或作'旒'者，'斿'之俗也。"一是指旌旗上悬垂的直幅、飘带一类饰物。《玉篇·㫃部》："斿，旌旗之末垂者。"《周礼·春官·巾车》："建太常十有二斿以祀。"郑玄注："'太常''九旗'之画日月者，正幅为缘，斿则属焉。"《汉书·五行志下之下》："君若缀斿，不得举手。"颜师古注引应劭曰："斿，旌旗之流，随风动摇也。"

14．旐： 其上绘有龟蛇图案的黑色旗帜。龟可兆知吉凶，蛇见人则躲，因此用其形以扞难辟害。《说文解字·㫃部》："龟蛇四游，以象营室，游游而长。《周礼》曰：'县鄙建旐。'"段玉裁注："《尔雅》曰：'缁广充幅，长寻曰旐'，是则九旗之帛皆用绛。惟旐用缁。"朱骏声《通训定声》："九旗之帛皆用绛，惟旐缁，长八尺。"《周礼·春官·司常》："鸟隼为旟，龟蛇为旐。"郑玄注："龟蛇象其扞难辟害也。"贾公彦疏："龟蛇象其扞难避害也，龟有甲能扞难，蛇无甲见人退之，是避害也。"旐又指出丧时为棺柩引路的旌旗。其制依生前官爵定其斿数及长度，大殓后建于殿堂两阶，又别立铭旌，出殡时亦为仪仗。在此指的是用于仪仗的旗帜，而非丧葬所用。宋人陈祥道构拟旐时采用了龟蛇形象，并分为四幅（图2-46）。考古发掘没有发现过旐的图像。但龟蛇又可称作玄武，在汉代图像中比较常见（图2-47）。

15．六职： 据《周礼》记载，周代将全国政务分成治、教、礼、政、刑、事六部分，称为六职。《周礼·天官·小宰》："以官府之六职辨邦治：一曰治职，以平邦国，以均万民，

---

① 孙机：《中国古舆服论丛（增订本）》，文物出版社，2001，第338页。

以节财用；二曰教职，以安邦国，以宁万民，以怀宾客；三曰礼职，以和邦国，以谐万民，以事鬼神；四曰政职，以服邦国，以正万民，以聚百物；五曰刑职，以诘邦国，以纠万民，以除盗贼；六曰事职，以富邦国，以养万民，以生百物。"孔颖达疏："六官者各有职，若天官治职，地官教职，其职不同，邦事得有分辨，故云以辨邦治也。"

16．百工： 周代专指管理营建制造事务的官员，春秋战国以后所指范围扩大，指从事手工业的匠人，后来泛指各种手工业从业者。《周礼·考工记》："国有六职，百工与居一焉。"郑玄注："百工，司空事官之属……司空掌营城郭、建都邑，立社稷宗庙，造宫室车服器械。"《墨子·节用中》："凡天下群百工，轮车鞼匏，陶冶梓匠，使各从事其所能。"

17．具物以时： 刘昭注引郑玄《周礼注》曰："取干以冬，取角以秋，丝漆以夏，筋胶未闻。"今《周礼·考工记·弓人》："为弓，取六材必以其时。"专指根据不同的时令收取制弓的材料。

18．六材： 周代指六工所掌管的材料与物料。这里指制作车所用的材料。《礼记·曲礼下》："天子之六工：曰土工、金工、石工、木工、兽工、草工，典制六材。"郑玄注："此亦殷时制也。周则皆属司空。土工，陶旊也。金工，筑冶凫栗锻桃也。石工，玉人、磬人也。木工，轮、舆、弓、庐、匠、车、梓也。兽工，函、鲍、韗、韦、裘也。唯草工职亡，盖谓作萑苇之器。""是故具物以时，六材皆良"语本《周礼·考工记》，《周礼·考工记·弓人》称"为弓，取六材必以其时"，在论述了如何选择干、角、胶、筋、漆、丝之后，总

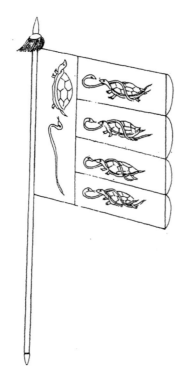

图2-46　旟　宋陈祥道绘制（引自《礼书》）

图2-47　柳敏碑龟蛇图（引自《隶续》）

结说"得此六材之全，然后可以为良"。无论"六工"所掌握的六材，还是弓人所需的六材，在这里都不合适，根据文意，这里的六材应该是指制作车所需的各种材料。

19. 舆方法地： 文献中对于舆的记载以方形为主，王符《潜夫论·相列》："巧匠因象，各有所授，曲者宜为轮，直者宜为舆。"舆方如阮元的构拟（图2-48、图2-49）。从目前考古发现来看，舆以方形为主，李缙云等搜集了多种辎軿车车舆的图像都是方形的（图2-50）。也有其他形状，刘永华复原的安阳殷墟小屯M20号车马坑商代车的车舆不是方形的，而是偏椭圆形（图2-51）。

20. 盖： 指车上遮雨挡日的伞状车棚，也可称作车伞。《周礼·冬官·考工记》："轮人为盖以象天，崇十尺。"郑玄注："盖者主为雨设也。"《大戴礼记·保傅》："古之为路车也，盖圆以象天。"古人的构拟基本上符合车伞的形制（图2-52、图2-53）。江陵望山1号墓中有一件比较完整的车伞（图2-54）。木胎，伞帽呈喇叭状，顶部微隆起，周边有20个长方形孔，以容伞盖弓。伞帽下部作圆锥形，插入第一节伞柱的凹槽里。伞柱为圆柱形，由两节套合而成，即上节相接处削制成圆锥形，下节相接处挖成凹槽。伞帽与伞柱，以及两节伞柱的套合处各套有一对（两件）铜箍加固。伞柱的下端有一长方孔，以便插于车舆底板后再缚绳索使伞固定于车上。伞盖弓微呈弧形，头端削成长方形，并插入伞帽周边的长方形孔里；尾端呈圆形，套有铜盖弓帽，距盖弓头端47厘米处有一小圆孔，可能是联结伞布之处。通体髹黑漆，素面。伞帽径14厘米、高6厘米，柱长194厘米、径5厘米，盖

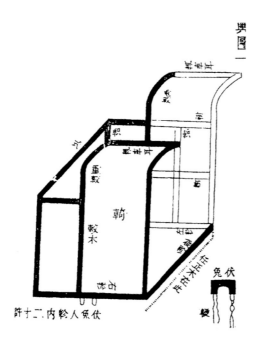

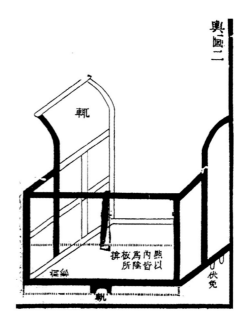

图2-48 舆图一　清阮元绘制（引自《考工记车制图解》）　图2-49 舆图二　清阮元绘制（引自《考工记车制图解》）

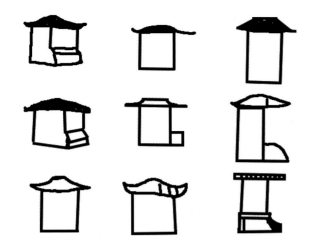

图2-50 各类车舆（据《文物收藏图解辞典》临摹）

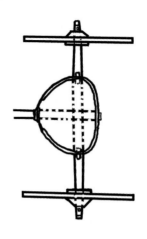

图2-51 商代车舆
（据《中国古代车舆马具》临摹）

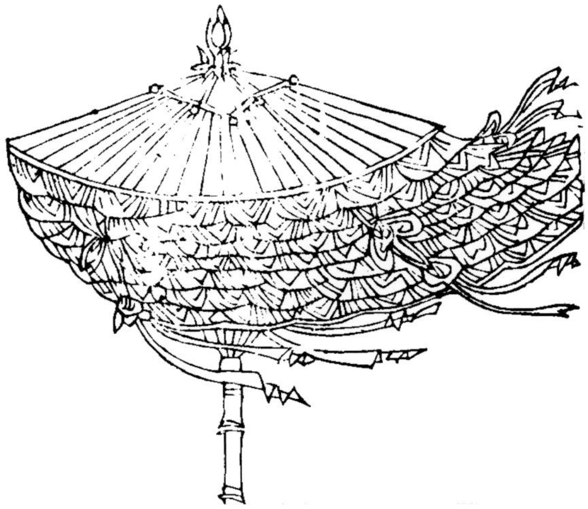

图2-52 车盖 宋聂崇义绘制（引自《新定三礼图》）

图2-53 车盖 宋杨甲绘制（引自《六经图考》

图2-54 漆木车伞（湖北江陵望山1号楚墓出土）

弓长 126.5 厘米。[1] 长沙浏城桥楚墓也发现一件车伞，由伞帽、伞柄、盖弓组成。伞帽作喇叭状，髹黑漆。承伞柄处套有铜箍。上部作圆饼状，凿长方形眼 20 个，是插入盖弓用的。帽径 13 厘米，榫眼长 2 厘米、宽 1.4 厘米，眼深 5.5 厘米。每个榫眼之间相距 0.6 厘米。伞帽高 34.5 厘米。盖弓有 20 根，髹黑漆，各长 138.7 厘米。盖弓中部和尾部各有一小圆孔，用以穿绳，把各盖弓牵连起来。还有铜盖弓帽 9 个套于盖弓之尾部。一侧伸出一弯钩，上铸蝉纹和绳纹，长 5.5 厘米（图 2-55、图 2-56）。[2] 汉代画像中有不少车盖的形象，王振铎搜集了三十多种，可以窥见汉代车盖形象之一斑（图 2-57）。[3]

21．辐： 辐条，今俗称车条，是指连接车毂与车辋的直条。考古资料所见殷代车辐数有十八、二十二、二十六根；西周时，车辐数为十八、二十一、二十二、二十四根；春秋战国时，车子轮辐为二十五、二十六、二十七、二十八、三十、三十四根等。至秦代似乎"轮辐三十，以象日月也"成为定制。秦兵马俑坑中的木车和秦陵铜车的轮辐数均是三十。[4] 刘昭注引郑玄曰："轮象日月者，以其运行也。日月三十日而合宿。"《说文解字·车部》："辐，轮輮也。"《诗经·魏风·伐檀》："坎坎伐辐兮，置之河之侧兮。"《老子》第十一章："三十辐共一毂，当其无，有车之用。"《周礼·考工记·轮人》："辐也者，以为直指也。"

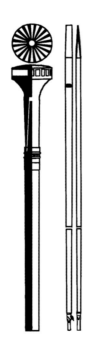

图2-55　伞帽、伞柄、盖弓（湖南长沙浏城桥楚墓出土）

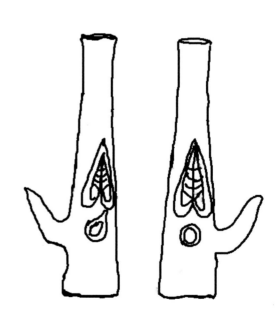

图2-56　盖弓帽（湖南长沙浏城桥楚墓出土）

① 湖北省文物考古研究所：《江陵望山沙冢楚墓》，文物出版社，1996，第 69 页。
② 湖北省博物馆：《长沙浏城桥一号墓》，《考古学报》，1972 年第 1 期，第 67 页。
③ 王振铎、李强：《东汉车制复原研究》，科学出版社，1997，第 111-114 页。
④ 秦始皇兵马俑博物馆：《秦始皇帝陵兵马俑辞典》，文汇出版社，1994，第 235-236 页。

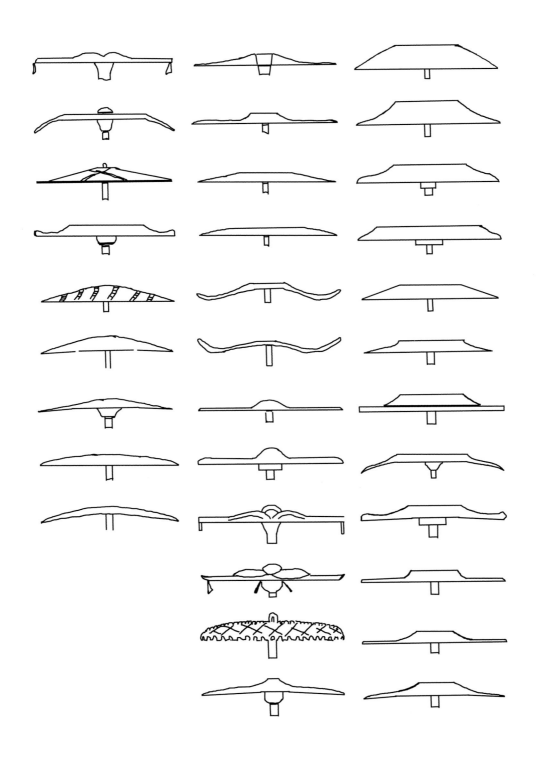

图2-57　汉代车盖　王振铎搜集整理（据《东汉车制复原研究》临摹）

又《辀人》："轮辐三十，以象日月也。"《大戴礼记·保傅》："三十辐以象月。"新蔡葛陵楚墓曾有辐条出土，整体长度为43.2厘米。辐条的造型比较复杂：插入毂中一头为长方形，大小同毂中腹部的榫眼相吻合；中部为扁椭圆形，再向外变细变圆，直到另一头6.8厘米长范围内变成长3.6厘米、宽1.5厘米的长方形榫，此榫直接插入牙部相应位置所凿的榫眼中（图2-58）。①

图2-58　辐条（新蔡葛陵楚墓出土）

22. 盖弓： 支撑车盖的弓形木架，类似现在的伞骨。一般模仿二十八宿，用二十八根。《周礼·考工记·辀人》："盖弓二十有八，以象星也。"孔颖达疏："云以象星者，星则二十八宿，一面有七，角亢之等是也。"清李赓芸《炳烛编·盖弓》："《考工记》：'盖弓二十有八。'此车盖之弓橑，如今之伞骨。"具体形制见图2-55。

23. 龙旂九斿： 龙旂又作"龙旗"，是绘有龙形纹样的旌旗。九斿亦作"九旒""九游"，指旌旗上附缀于縿的九条丝织飘带。龙旂九斿是天子、上公仪仗之一种。《周礼·考工记·辀人》："龙旂九斿。"郑玄注："交龙为旂，诸侯之所建也。"贾公彦疏："自此以下，为上造车，车上皆建旌旗，故因说旌旗之义。……言九斿者若此，正谓天子龙旂，其上公亦九斿，若侯伯则七斿，子男则五斿，《大行人》所云皆是。"又《秋官·大行人》："建常九斿。"郑玄注："常，旌旗也。斿，其属幓垂者也。"《礼记·乐记》："龙旂九旒，天子之旌也。"一说九斿也是旗的一种名称。《文选·张衡〈东京赋〉》："云罕九斿，闟戟轇轕。"薛综注："九斿，亦旗名也。"目前能看到的图像多是后人构拟的，一般由九幅构成，每幅上画龙纹，龙头朝向交替变换（图2-59、图2-60）。

24. 仞： 测量单位，用于测量长度、高度、深度等，有八尺和七尺之说，按照汉尺的长度计算大概折合今天的184.8厘米或者161.7厘米。《说文解字·人部》："仞，伸臂一寻，八尺。"段玉裁注："按此解疑非许之旧。恐后人改窜为之。……许书于尺下既寻、仞兼举。寻者，八尺也。见寸部。则仞下必当云七尺。今本乃浅人所窜易耳。"《仪礼·乡射礼·记》："杠长三仞。"郑玄注："七尺曰仞。"这里是说旗高有七仞。《广雅·释天》："天子杠高九仞，诸侯七仞，卿大夫五仞，士三仞。"

25. 轸： 车箱底部后面的横木（具体形象可参考戴震《考工记图》所绘的车舆形制，见图2-1）。刘昭注引郑玄曰："轸谓车后横木。"此语见于《周礼·考工记》："车轸四尺，

---

① 河南省文物考古研究所：《新蔡葛陵楚墓》，大象出版社，2003，第92页。

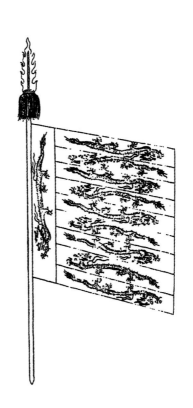

图2-59　旂　宋聂崇义绘制（引自《新定三礼图》）　　　图2-60　旗　宋陈祥道绘制（引自《礼书》）

谓之一等。"郑玄注："轸，舆后横木。"又《舆人》："六分其广以一为之轸围。"郑玄注："轸，舆后横者也。"《方言》卷九："轸谓之枕。"郭璞注："车后横木。"车箱底部其他三面之木也可称为轸。《说文解字·车部》："轸，车后部横木也。"段玉裁注："合舆下三面之材与后横木而正方，故谓之轸……浑言之，四面曰轸；析言之，軓轼所对曰軓，軓后曰轸。"

26. 大火：星宿名。一说名为大辰，为十二星次之一。辰在卯，所属星宿有氐宿、房宿、心宿、尾宿。分野主宋，属豫州。《尔雅·释天》："大辰，房、心、尾也。大火谓之大辰。"一说即心宿。《左传·襄公九年》："心为大火，陶唐氏之火正阏伯，居商丘，祀大火，而火纪时焉。"《尔雅·释天》："大火谓之大辰。"郭璞注："大火，心也。在中最明，故时候主焉。"河南南阳出土画像砖石中有苍龙星象图，长146厘米，宽95厘米。中左上方有月轮，并雕蟾蜍与玉兔。下为苍龙，龙头前后各有一星，龙腹下有四星，龙后各有两星，龙尾上有七星，各各相连。[①]龙后部共计九星（图2-61）。

---

① 潘鼐：《中国古天文图录》，上海科技教育出版社，2009，第14页。

"龙旂九斿，七仞其轸，以象大火。"语本《周礼·考工记》。《周礼·考工记·辀人》："龙旂九斿，以象大火也。"郑玄注："交龙为旂，诸侯之所建也。大火，苍龙宿之心，其属有尾，尾九星。"也就是说龙旂模仿苍龙宿大火星，九斿就像其尾部的九星。

27. 鸟旟： 简称"旟"。旌旗的一种，其上画有振翅飞翔的鸟纹样，故名鸟旟。《说文解字·㫃部》："旟，错革画鸟其上，所以进士众。旟旟，众也。"段玉裁注引孙炎曰："错，置也。革，急也。言画急疾之鸟于繒。"《诗经·鄘风·干旄》："孑孑干旟，在浚之都。"毛传："鸟隼曰旟。"《周礼·考工记·辀人》："鸟旟七斿。"郑玄注："鸟隼为旟，州里之所建。"又《春官·司常》："掌九旗之物名，各有属，以待国事。……鸟隼为旟。"又："州里建旟。"郑玄注："州里，县鄙，乡遂之官，互约言之。鸟隼，象其勇捷也。"旟的图像，目前能够看到的多是后人构拟的（图2-62、图2-63）。鸟的图案在汉代画像中出现很多。如陕西绥德四十铺汉墓出土的门扉刻石上的朱雀图（图2-64）[1]，山东沂水县韩家曲墓出土的羽人饲凤图中的凤鸟图（图2-65）。[2]

图2-61　苍龙星象图（河南南阳出土）

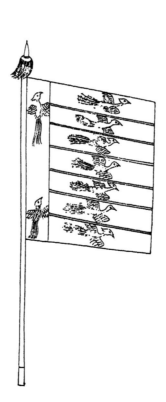

图2-62　旟
宋陈祥道绘制（引自《礼书》）

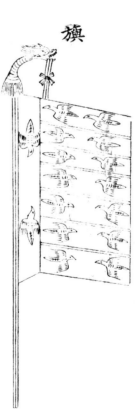

图2-63　旟
宋聂崇义绘制（引自《新定三礼图》）

---

① 李贵龙、王建勤：《绥德汉代画像石》，陕西人民美术出版社，2001，第103页。
② 中国画像石全集编辑委员会：《中国画像石全集·第3卷·山东汉画像石》，山东美术出版社，河南美术出版社，2000，第62页。

图2-64　朱雀图（陕西绥德四十铺汉墓出土）　　　图2-65　凤鸟图（山东沂水县韩家曲墓出土）

28. 较：《说文解字》作"較"，是车箱两旁板上的横木，高于轼。刘昭注引郑玄曰："較者，车高槛木也。"《说文解字·车部》："較，车輢上曲铜钩也。"《诗经·卫风·淇奥》："宽兮绰兮，猗重较兮。"陆德明《释文》："较，车两傍上出轼者。"《周礼·考工记·舆人》："以其隧之半为较。"郑玄注："较，两輢上出式者。"清胡承珙《毛诗后笺》："较在两旁又倚，人直立稍后，一手可以凭较，俯躬向前，两手可以凭轼。"孙机认为："在立乘的车上，为了防止倾侧，于左右两旁的车輢即輢上各安一横把手，名较。已发现的商车上并未装较，三面车輢的高度是平齐的。在河南浚县辛村西周车马坑中出土铜较，状如曲钩，一端有銎，可以插在輢柱上。其顶部折而平直，以便用手扶持。秦始皇陵2号兵马俑坑出土的铜较，垂直部分较长，插入车軫并用铜钉固定；其上端折成直角，与西周铜较的式样区别不大。河北满城1号西汉墓所出用金银错出云雷纹的铜较，作两端垂直折下的门字形（图2-66）。甘肃武威磨咀子48号西汉晚期墓出土的木车模型，在两輢上也装有铜较；它虽然是一辆坐乘的双辕车，却把輢和较的关系表现得很清楚（图2-67）。"①

29. 鹑火：十二星次名称之一。又名鹑心。南方有井、鬼、柳、星、张、翼、轸七宿，称朱鸟七宿。自井至柳称鹑首，自柳至张称鹑火（图2-68）。《尔雅·释天》："柳，鹑火也。"宋邢昺疏："鹑火，柳之次名也。鹑即朱鸟也，火属南方行也，因名其次为鹑火。"《国语·周语下》："昔武王伐殷，岁在鹑火，月在天驷。"韦昭注："鹑火，次名。"《汉书·地理志》："自井十度至柳三度，谓之鹑首之次，秦之分也。……自柳三度至张十二度，谓之鹑火之次，周之分也。"

"鸟旟七斿，五仞齐较，以象鹑火。"语本《周礼·考工记》。《周礼·考工记·辀人》："鸟旟七斿，以象鹑火也。"郑玄注："鸟隼为旟，州里之所建。鹑火，朱鸟宿之柳，其属有星，星七星。"也就是说鸟旟模仿朱鸟宿柳星，七斿就像其有七颗星一样。

---

① 孙机：《中国古舆服论丛（增订本）》，文物出版社，2001，第30页。

30. 熊旗： 其上绘有熊、虎形纹样的旌旗。《周礼·考工记·辀人》："熊旗六斿。"郑玄注："熊虎为旗，师都之所建。"孙诒让正义："《司常》云：'熊虎为旗。'此云熊旗者，举熊以晐虎。"熊旗目前只能看到前人构拟的形象（图2-69）。

31. 参伐： 亦作"参罚"。参、伐都是星名。伐星属于参宿。古人认为它们主斩伐之事。《史记·秦始皇本纪》："盖得圣人之威，河神授图，据狼、狐，蹈参、伐，佐政驱除，距之称始皇。"张守节正义："狼、狐主弓矢星。《天官书》云：参、伐主斩艾事。"河南南阳出土画像砖石中有白虎参伐图，长136厘米，宽65厘米。除虎下有分散的三颗星以外，虎身前有横向三星，其下又有直向三星，各有连线。这是西方白虎七宿中参宿七星内的"横"三星及其辅官附座"伐"三星（图2-70）。①

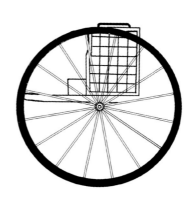

图2-66　较（河北满城1号汉墓出土）　　图2-67　装较的车（甘肃武威磨咀子48号墓出土）
（据孙机《中国古舆服论丛（增订本）》临摹）　　（据孙机《中国古舆服论丛（增订本）》临摹）

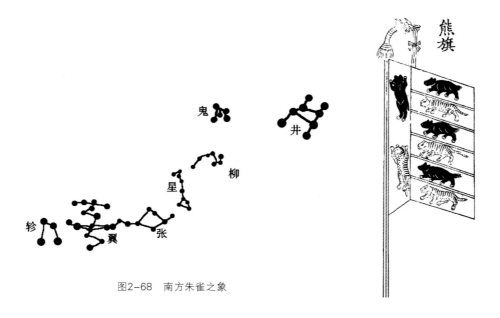

图2-68　南方朱雀之象

图2-69　熊旗　宋聂崇义构拟（引自《新定三礼图》）

---

① 潘鼐：《中国古天文图录》，上海科技教育出版社，2009，第14页。

"熊旗六斿，五仞齐肩，以象参伐。"语本《周礼·考工记》。《周礼·考工记·辀人》："熊旗六斿，以象伐也。"郑玄注："熊虎为旗，师都之所建。伐属白虎宿，与参连体而六星。"也就是说熊旗模仿白虎宿参、伐星，六斿就像其有六颗星一样。

32. 营室： 星宿名，即室宿，或简称室，又称定。二十八宿中北宫玄武七宿的第六宿。黄昏出现于正南方天空。星占家以之为天子之宫。《周礼·考工记·辀人》："龟旐四斿"，郑玄注："龟蛇为旐，县鄙之所建。"《诗经·鄘风·定之方中》："定之方中，作于楚宫。"郑玄笺："定星昏中而正，于是可以营制宫室，故谓营室。"

"龟旐四斿，四仞齐首，以象营室。"语本《周礼·考工记》。《周礼·考工记·辀人》："龟旐四斿，以象营室也。"郑玄注："龟蛇为旐，县鄙之所建。营室，玄武宿，与东壁连体而四星。"也就是说龟旐模仿玄武宿营室、东壁，四斿就像其有四颗星一样。

33. 弧旌： 旗杆杆首横出如弓者称弧，与杆一起以张縿幅，故称弧旌。《周礼·考工记·辀人》："弧旌枉矢。"贾公彦疏："云弧旌者，弧弓也。旌旗有弓，所以张縿幅，故曰弧旌也。"

34. 枉矢： 流星之一，其行不直如蛇，其流则速，故名枉矢。星占家认为枉矢为辰星之精散而成，其流射所指，主杀伐灭亡。《汉书·天文志》："枉矢所触，天下之所伐射，灭之象也。物莫直如矢，今蛇行不能直而枉者，执矢者亦不正，以象项羽执政乱也。羽遂合纵，阬秦人，屠咸阳。凡枉矢之流，以乱伐乱也。"刘昭注引干宝注《周礼》曰："枉矢象妖星，非其义也。枉盖应为枉直，谓枉矢于弧。"

35. 弧： 又称"天弓"。星名。弧矢星由九颗星组成，位于现代天文学称之的大犬、船尾两星座内。九颗星组成弓箭形，箭头常指向天狼星，八颗星如弓，外一星象矢。《礼记·月令》："仲春之月，日在奎，昏弧中，旦建星中。"郑玄注："弧，在舆鬼南。"

"弧旌枉矢，以象弧也。"语本《周礼·考工记》。《周礼·考工记·辀人》："弧旌枉矢，以象弧也。"郑玄注："觐礼曰'侯氏载龙旗弧韣'，旌旗之属皆有弧也，弧以张縿之幅。有衣谓之韣，又为设矢，象弧星有矢也。妖星有枉矢者，蛇行有尾，因此云枉矢，盖画之。"

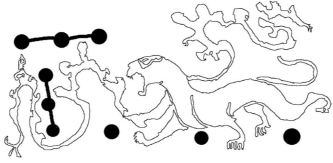

图2-70　白虎参伐图（河南南阳出土）

‖ 第三节　车舆 ‖

　　天子玉路[1]，以玉为饰，锡樊缨十有再就[2]，建太常[3]，十有二斿，九仞曳地，日月升龙，象天明[4]也。夷王以下，周室衰弱，诸侯大路[5]。秦并天下，阅三代之礼，或曰殷瑞山车，金根之色。汉承秦制，御为乘舆[6]，所谓孔子乘殷之路者也。

【注释】

1. 玉路：用玉装饰的辂车，专用于帝王。《周礼·春官·巾车》："王之五路，一曰玉路，锡，樊缨，十有再就，建大常，十有二斿，以祀。"郑玄注："玉路，以玉饰诸末。"研究周礼的学者如宋人聂崇义、杨甲对玉辂的形制有过构拟，但从目前考古情况来看，构拟的车制与先秦两汉时期车的形制不太相符（图2-71、图2-72）。

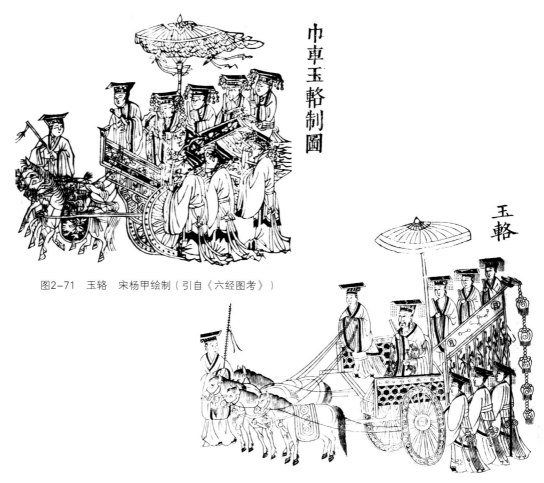

图2-71　玉辂　宋杨甲绘制（引自《六经图考》）

图2-72　玉辂　宋聂崇义绘制（引自《新定三礼图》）

2. 钖樊缨十有再就：

钖： 亦称当卢，马额上的金属饰物。详见第 141 页"诸马之文"一段注释 5。

樊缨： 亦作"繁缨""钩膺""镂膺"。樊，通"鞶"，缨又作"膺"。樊为马腹带；缨为马颈革。《诗经·大雅·韩奕》："钩膺镂钖。"郑玄注："钩膺，樊缨也。"《诗经·秦风·小戎》："虎韔镂膺。"孔颖达疏："膺是胸也。镂膺，谓膺上有镂，明是以金饰带，故知膺是马带，若今之娄胸也。"《周礼·春官·巾车》："一曰玉路，钖，樊缨。十有再就，建大常，十有二斿，以祀。"郑玄注："樊，读如鞶带之鞶，谓今马大带也。郑司农云：'缨谓当胸。'《士丧礼》下篇曰：'马缨三就'，礼家说曰：'缨当胸，以削革为之。'三就，三重三匝也。玄谓缨今马鞅。王路之樊及缨皆以五采罽饰之，十二就，成也。"《释名·释车》："其下饰曰樊缨，其形樊樊而上，属缨也。"蔡邕《独断》："繁缨在马膺前，如索裙者是也。"刘昭注引《乘舆马赋》注曰："繁缨饰以旄尾，金涂十二重。"研究者因此认为樊缨的形状有两种：一为索裙形，二是穗形。秦始皇陵 1 号、2 号铜车八马项下均悬挂穗形繁缨，残长 11.5 ～ 15 厘米，最大残径 4.5 ～ 5 厘米。顶部有一半环纽，纽上套一铜环，环上连一条铜丝链条，以系结于服马络头上。其内部结构：在一铜球上钻许多细孔，孔内穿径约 0.05 厘米细铜丝，铜丝扭曲，波折而成穗形。铜丝当为旄牛尾的写仿。（图 2-73）[1]

就： 币、一周。十有再就，即是说十二斿。《周礼·夏官·弁师》："五采缫十有二就，皆五采玉十有二。"郑玄注："就，成也。绳之每一币而贯五采玉十二，斿则十二玉也。每就闲盖一寸。"

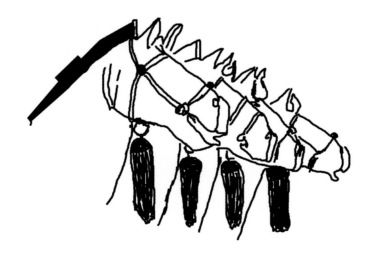

图2-73　2号铜车马樊缨（陕西西安秦始皇陵出土）

---

① 秦始皇兵马俑博物馆：《秦始皇帝陵兵马俑辞典》，文汇出版社，1994，第 211 页。

3. **太常：**旌旗名，上画日月等纹饰。刘昭注引郑众曰："太常九旗之画日月者。"又引郑玄曰："七尺为仞，天子之旗高六丈三尺。"《尚书·君牙》："厥有成绩，纪于太常。"汉孔安国传："王之旌旗画日月曰太常。"《文选·张衡〈东京赋〉》："建辰旒之太常，纷焱悠以容裔。"薛综注："辰谓日月星也，画之于旌旗，垂十二旒，名曰太常。"古人构拟的太常多在靠近旗杆一幅上画日月等纹样，其他部分与龙旗纹样相同，龙纹有十二幅（图2-74、图2-75）。

从"天子玉路"至"十有二旒"，语本《周礼·春官》。《周礼·春官·巾车》："一曰玉路，锡，樊缨。十有再就，建大常，十有二旒，以祀。"

4. **天明：**天之光辉。指日、月、星等。《周礼·春官·司常》："王建大常。"郑玄注："自王以下治民者，旗画成物之象。王画日月，象天明也。"《左传·昭公二十五年》："为父子、兄弟、姑姊、甥舅、昏媾、姻亚，以象天明。"孔颖达疏："六亲，父为尊严；众星，北辰为长。六亲和睦以事严父，若众星之共北极，是其象天明也。"

5. **大路：**亦作"大辂"。又称作"木路"，秦汉时称"金根车"。原为殷商时期祭天所用之车，秦始皇时据以作金根车，汉代因袭。刘昭注："殷人以为大路，于是始皇作金根之车。殷曰桑根，秦改曰金根。《乘舆马赋》注曰：'金根，以金为饰。'"《礼记·月令》："天子居大庙大室，乘大路。"郑玄注："大路，殷路也。车如殷路之制而饰之以黄。"孔颖达疏："形制似殷之路者，但服色尚黄，饰之黄耳。四时用鸾路，此用大路者，以土五行之主，

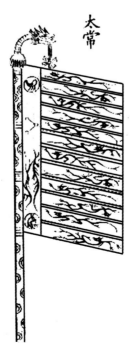

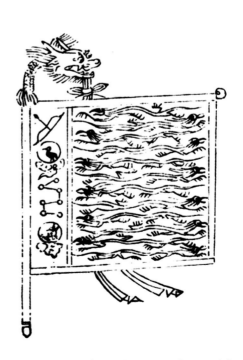

图2-74　太常　宋聂崇义绘制（引自《新定三礼图》）　　　图2-75　君牙太常图　宋杨甲绘制（引自《六经图考》）

故其尊大之名，乘殷之大路，又尚质之义。"又《明堂位》："是以鲁君，孟春乘大路。"郑玄注："大路，木路也，汉祭天乘殷之路也，今谓之桑根车也。"

大路也可以指玉路。刘昭在上文"天子玉路，以玉为饰"注中称："《古文尚书》曰：'大路在宾阶面，缀路在阼阶面。'孔安国曰：'大路，玉；缀路，金也。'"郑玄曰：'王在焉曰路，以玉饰诸末也。'傅玄《乘舆马赋》注曰：'玉路，重较也。'"刘昭还认为关于大路存在两种不同的解释，一说大路是总名，"服虔曰：'大路，总名也，如今驾驷高车矣。尊卑俱乘之，其采饰有差。'"另一说是轸前的横木，"《韵集》曰：'轸前横木曰辂。'"

6. 乘舆：专指皇帝所乘坐的车马。有时也可以指诸侯的车马。《孟子·梁惠王下》："鲁平公将出，嬖人臧仓者请曰：'他日君出，则必命有司所之。今乘舆已驾矣，有司未知所之，敢请。'"贾谊《新书·等齐》："天子车曰乘舆，诸侯车曰乘舆，乘舆等也。"乘舆也指皇帝。详见第160页"天子、三公"一段注释5。

乘舆、金根[1]、安车[2]、立车[3]，轮皆朱班[4]重牙[5]，贰毂[6]两辖[7]，金薄缪龙，为舆倚较，[8]文虎[9]伏轼[10]，龙首衔轭[11]，左右吉阳筩[12]，鸾雀立衡[13]，㭊文[14]画辀，羽盖[15]华蚤[16]，建大旂，十有二斿，画日月升龙，驾六马[17]，象镳镂钖，金鋈[18]方釳[19]，插翟尾，朱兼樊缨，赤罽易茸，金就十有二，左纛以牦牛尾为之，在左骖[20]马轭上，大如斗，是为德车[21]。五时车[22]，安、立亦皆如之，各如方色[23]，马亦如之。白马者，朱其髦尾为朱鬣[24]云。所御驾六，余皆驾四，[25]后从为副车[26]。

【注释】

1. 金根：车名，天子所乘车。本名"桑根"，秦统一后改为"金根"，汉代因袭沿用。应劭《汉官仪》："天子法驾，所乘曰金根车，驾六龙，以御天下也。"崔豹《古今注》卷上《舆服》："金根车，秦制也。秦并天下，阅三代之舆服，谓殷得瑞山车，一曰金根，故因作为金根之车。秦乃增饰而乘御焉，汉因而不改。"刘昭注："殷曰桑根，秦改曰金根。《乘舆马赋》注曰：'金根，以金为饰。'"孙机认为"至于名为金根，是因为桑根色黄如金，而此车又以金为饰之故。"[1]

---

① 孙机：《中国古舆服论丛（增订本）》，文物出版社，2001，第340页。

2. 安车： 可以坐乘的车。刘昭注引徐广曰："立乘曰高车，坐乘曰安车。" 一般为小车，车盖较低，《释名·释车》："安车，盖卑坐乘，今吏乘之小车也。" 大致可以分为两大类，一类是王后、贵族等所乘，驾驷马，装饰豪华的安车。《周礼·春官·巾车》："王后之五路：重翟……安车，雕面鹥总，皆有容盖。" 郑玄注："安车，坐乘车，凡妇人车皆坐乘。" 一类是老年人所乘，为的是尊贤敬老。《礼记·曲礼》："大夫七十而致事……行役以妇人，适四方，乘安车。" 郑玄注："安车，坐乘，若今小车也。" 孔颖达疏："古者乘四马之车，立乘。此臣既老，故乘一马小车。"《史记·儒林列传》："于是天子使使束帛加璧安车驷马迎申公，弟子二人乘轺传从。"《汉书·张禹传》："为相六岁，鸿嘉元年，以老病乞骸骨，上加优再三乃听许。赐安车驷马，黄金百斤，罢就第。" 安车的造型在汉代画像中比较多见。其典型形象见于山东济宁文庙老子车画像石以及嘉祥武氏祠车骑画像等，车旁并有题榜。但是，单从坐乘这一点来概括安车，似乎有些宽泛，辒车、軿车、轺车等也可以坐乘。如秦始皇陵 2 号铜车马模型，一条铜辔索末端朱书"安车第一"四字，"但此车有容盖衣蔽，车型又当属辒、軿之类"，"可见辒軿可以包括在安车类型中。大抵安、立、辒、軿、轺、辌、辒、辌等车的分类标准各不相同，其中有些名称是互相交叉的。"[①] 因此也有学者把安车分为大型安车和小型安车。大型安车又分为两种形式：一种是有车罩的封闭型安车（这一特点与辒车相同），如秦始皇陵 2 号铜车（图2-76）；另一种是羽盖华蚤而无车罩的敞肩型安车（车型与轺车相似），如山东长清孝堂山石刻中的大王车（图2-77）。宋人陈祥道曾构拟过安车，但与出土实物有较大差别（图2-78）。

3. 立车： 立车，又称"高车""高盖车"。站立而乘的车辆，与安车相对。刘昭注引徐广曰："立乘曰高车，坐乘曰安车。" 车盖较高。《释名·释车》："高车，其盖高，立乘载之车也。" 刘向《列女传·齐孝孟姬》："公游于琅邪，华孟姬从，车奔，姬堕，车碎。孝公使驷马立车载姬以归。" 王照圆补注："立车者，立乘之车。妇人不立乘。乘安车，坐必以几也。"

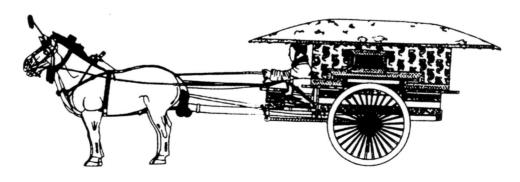

图2-76　秦始皇陵2号铜车马侧视图

---

① 孙机：《中国古舆服论丛（增订本）》，文物出版社，2001，第3-4页。

汉制，皇帝乘舆的副车中安车、立车各五乘。大驾出行，跟从在后面。蔡邕《独断》卷下：
"上所乘曰金根车，驾六马，有五色安车、五色立车各一，皆驾四马，是为五时副车。"
目前考古发现典型的立车是秦始皇陵 1 号铜车马。1 号铜车马通长 225 厘米、从车舆后缘至
车伞后缘水平距离 32 厘米、高 152 厘米，双轮单辕。辕的前端接衡，衡上置双轭。驾四马，
两骖两服。车舆平面为横长方形，宽 74 厘米、进深 48.5 厘米。舆的前、左、右三面立栏板，
前栏板顶端有轼，后面辟车门。舆内立十字形伞座。座上插一长柄铜伞。铜御官俑站立在
车舆内，伞盖正好笼罩了整个车舆和御官俑。舆内装备了铜弩、铜镞、铜盾（图 2-79）。[①]

图2-77　山东长清孝堂山石刻中的大王车

图2-78　安车　宋陈祥道绘制（引自《礼书》）

图2-79　秦始皇陵1号车

① 陕西秦俑考古队：《秦始皇陵一号铜车马清理简报》，《文物》，1991 年第 1 期，第 1 页。

4. 班：通"斑"。杂色，斑点或斑纹。《楚辞·离骚》："纷总总其离合兮，班陆离其上下。"一本作"斑"。《礼记·王制》："班白者不提挈。"郑玄注："杂色曰班。"《晏子春秋·外篇不合经术者·第十》："有妇人出于室者，发班白。"

5. 牙：亦称"輮"，汉代后多称"辋"。指组合成车轮圈的外框的曲木，交接处制成齿形，使其咬合牢固。泛指车辋。《释名·释车》："（辋）关西曰輮，言曲揉之也。"《周礼·考工记·轮人》："牙也者，以为固抱也。"郑玄注引郑司农云："牙，读如跛者讶跛者之讶，谓轮輮也。世间或谓之罔（按：罔是辋的古字），书或作輮。"孙诒让正义："牙材，分言之则曰牙，或曰輮，总举其大圜则曰辋，辋与牙微异。汉时俗语通称牙为辋。"又引阮元曰："辋非一木，其曲须揉，合抱之处必有牡齿以相交固，为其象牙，故谓之牙。"宋人陈祥道《礼书》中绘有牙的图像，认为牙围一尺一寸（图2-80）。秦始皇陵兵马俑坑中有木车从葬，轮牙高10～13厘米，牙着地面厚2厘米，中部厚4厘米。其他情况不详。秦陵铜车轮牙形象清晰，数值准确。其中，1号车轮牙高4厘米，内侧边厚1.4厘米，外侧边厚2厘米，中部厚2.4厘米，内侧面与左右两侧涂朱色；2号车牙高4.5厘米，内侧边厚1.5厘米，中部厚2.5厘米，外侧厚2.1厘米。牙内侧及两侧外周（宽13厘米）部分涂朱色彩绘。牙断面呈鼓腔形，着地面窄，便于车在泥途行驶。[1] 新蔡葛陵楚墓出土牙为木质。标本N:22号，圆形，包裹整个车轮，宽7.0厘米，厚5.5厘米。牙周外径94.0厘米，内径80.0厘米。在一周的牙上，均匀地凿出长3.6厘米，宽1.5厘米的榫眼29个，辐的小方头直接插入相对应的榫眼中。牙为两段木头揉合而成，在牙上的两个相对位置，有两个对应的接口，每个接口处有两个铜饰来加固接口。整个轮部髹黑漆。[2]

6. 毂：圆环形，在轮之正中，中心圆孔可贯穿在车轴上，外围连接辐条。《说文解字·车部》："毂，辐所凑也。"《诗经·秦风·小戎》："文茵畅毂，驾我骐馵。"朱熹《集传》："毂者，

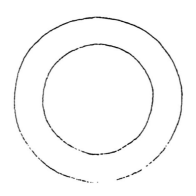

图2-80　牙　宋陈祥道《礼书》

---

① 秦始皇兵马俑博物馆：《秦始皇帝陵兵马俑辞典》，文汇出版社，1994，第237页。
② 河南省文物考古研究所：《新蔡葛陵楚墓》，大象出版社，2003，第92页。

车轮之中，外持辐内受轴者也。"《考工记·轮人》："毂也者，以为利转也。"郑玄注："利转者，毂以无有为用也。"又："是故六分其轮崇，以其一为之牙围。三分其牙围而漆其二，椁其漆内而中诎之，以为之毂长，以其长为之围。"郑玄注："六尺六寸之轮，漆内六尺四寸，是为毂长三尺二寸。"新蔡葛陵楚墓出土的毂如侧卧圆壶形，中腹鼓，最大腹径 18 厘米。内侧部残。外侧轵部收腰，齐头。在毂中腹部，开凿了 29 个规则的长方形榫眼，榫眼长 4.8 厘米，宽 0.8 厘米，深 4.8 厘米，相邻两榫眼间隔 0.8 厘米。中为圆柱形孔，中孔直径 8 厘米。整个毂部残长 24 厘米。车辐就安装在毂中腹部开凿的榫眼里（图2-81）。① 秦俑 1 号坑中的木车毂一般长 46.2 ～ 50 厘米，径 24 ～ 32 厘米。2 号坑车毂见有长 30 厘米者，其他情况不明。秦陵铜车车毂是形象完整的绝少例证，其形状近似腰鼓，1 号车毂长 24 厘米，最大径 9.6 厘米，围约 30.1 厘米；轵端外径 4.2 厘米，内径 2.1 厘米，贤端外径 8.2 厘米，内径 4.1 厘米。2 号车毂长 29.4 厘米，最大径 10 厘米，围 31.4 厘米；穿最大径 5.6 厘米，轵端外径 4 厘米，内径 2.1 厘米；贤端外径 8.7 厘米，内径 4.5 厘米（图2-82）。秦陵铜车毂穿中部径大，不与轴相接，仅有轵端、贤端部分与轴接摩擦力减少，利于行车轻捷。1 号铜车毂上彩绘有单弦纹、宽带纹和锯齿纹相间的图案花纹，2 号铜车上涂朱色彩绘。

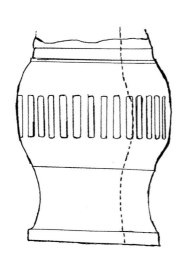 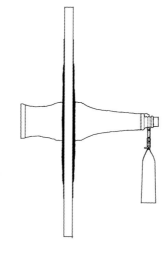

图2-81　毂（河南新蔡葛陵楚墓出土）　　　图2-82　秦始皇陵2号铜车车毂

7. 辖： 亦作"鎋""舝"。插在车轴两端的销钉，在车轮外侧，用它把车轮固定在轴上，保证在行驶过程中不会脱落。一般与害配合使用（图2-83）。《说文解字·车部》："辖……一曰键也。"又《舛部》："舝，车轴端键也。"朱骏声《通训定声》："辖即此字之或体，许书误分为二字也。字又作鎋。"《诗经·小雅·车舝》："间关车之舝兮，思娈季女逝兮。"朱熹《集传》："舝，车轴头铁也。无事则脱，行则设之。"秦始皇陵 1 号坑 T20 方九过洞出土一件羊首辖。辖的柄作方键形，首作羊头形。通高 7.55 厘米，其中柄长 6.7 厘米、

① 　河南省文物考古研究所：《新蔡葛陵楚墓》，大象出版社，2003，第 91-92 页。

宽 1.59 厘米、厚 0.69 厘米。羊首的底面是平面，宽与枘厚相等。羊头下和枘的下端各有一圆孔，孔径 0.6 厘米，用以"贯柔革于其中以缚轴"。上下孔的间距 5.5 厘米，说明轴末端的径约为 5 厘米（图 2-84）。[①] 江陵望山 1 号楚墓发掘出 5 件车軎，根据軎与辖的不同被分作三个类型，除了一个类型属于明器外，其他两种都属于实用器。一件辖为长条形，头端作卧虎形，末端有一小孔，头端饰圆卷纹，长 6.7 厘米（图 2-85）。另一件辖为长条形，头端作兽形，末端有一孔，素面，长 7.6 厘米（图 2-86）。[②] 淅川东沟长岭战国楚墓出土铜车軎、车辖 2 套。一件辖呈"J"字形。帽顶有浮雕兽面，侧面有半月形孔，尾有长方形穿孔，以便安钉，防止脱落，长 6.6 厘米。另一件车辖的形制与前一件相同，只是稍短一点，长 6.4 厘米（图 2-87）。[③] 新蔡葛陵楚墓出土车辖 3 件，均为长方形辖身，兽面形辖首。该墓中所发现的车軎与车辖，基本上都是成套出现的，在清理过程中，还发现了 3 件单独的辖，与其他车軎无法配套。标本 N：301，辖身作长方体，末上端呈圆弧状，在辖首、末各有一穿，辖首为兽面浮雕，通长 8.1 厘米。标本 N：116，个体较小，辖首兽面较窄，有一椭圆形横穿，辖尾上角为圆形，横穿，有一个长方形单圆角横穿，通长 4.8 厘米。标本 N：123，是件形体较大的车辖，辖体作长方体，首、末各有一圆穿，辖首也是由卷云纹、圆圈纹等组合而成的兽面浮雕，通长 9.2 厘米（图 2-88）。[④] 河北满城 2 号汉墓出土有同一类型的 4 对车辖。除 1 对为铜辖外，其他都是铁辖。铁辖呈长方形条状，一端稍细，两端各有小孔插销钉。铜辖一端作冒形，上穿孔，应为系飞軦装饰。另一端穿孔用于贯销钉，长 5.3 厘米、末端径 3.7 厘米、里端径 6.3 厘米（图 2-89）。[⑤]

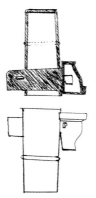

图2-83　车辖与车軎配合示意图　　　　　图2-84　秦代车辖（秦始皇陵兵马俑1号坑出土）

① 陕西考古研究所、始皇陵秦俑坑考古发掘队：《秦始皇陵兵马俑坑一号坑发掘报告：1974—1984（上）》，文物出版社，1988，第 229 页。
② 湖北省文物考古研究所：《江陵望山沙冢楚墓》，文物出版社，1996，第 69 页。
③ 河南省文物局：《淅川东沟长岭楚汉墓》，科学出版社，2011，第 42 页。
④ 河南省文物考古研究所：《新蔡葛陵楚墓》，大象出版社，2003，第 73 页。
⑤ 中国社会科学院考古研究所、河北省文物管理处：《满城汉墓发掘报告（上）》，文物出版社，1980，第 182 页。

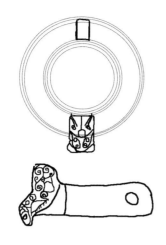
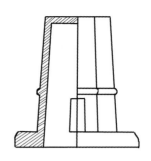

图2-85 铜车軎与辖（湖北江陵望山1号楚墓出土）　　图2-86 铜车軎与辖（湖北江陵望山1号楚墓出土）

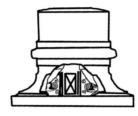
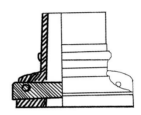

图2-87 铜车軎与辖（河南南阳淅川东沟长岭楚墓出土）

图2-88 车辖（河南新蔡葛陵楚墓出土）

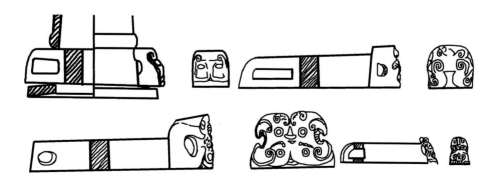

图2-89 汉代车軎与辖（河北满城2号汉墓出土）

贰毂两辖： 即使用两个车毂和车辖。刘昭注引蔡邕曰："毂外复有一毂抱辖，其外乃复设辖，抱铜置其中。"《文选·张衡〈东京赋〉》："重轮贰辖，疏毂飞軨。"薛综注引蔡雍（邕）《独断》曰："乘舆重毂外复有一毂，副辖其外，乃复设辖然。重轮即重毂也。"

8. 金薄缪龙，为舆倚较：

金薄缪龙： 是用金箔制成的龙纹。金薄，亦称"金箔"。黄金锤成的薄片，常用以贴饰器物等。缪龙，交错的龙形纹样。在新蔡葛陵楚墓中出土锡片中，有四龙嬉戏型锡片，长方形的饰件上四龙相居，上部双龙龙背相连居中，龙张口吐舌，目圆睁，龙角上翘，龙体分向侧边弯曲，龙尾向上翻起后勾卷与龙嘴相连。下部二龙龙首相向分居两侧，龙直颈张目扬鼻，龙角高翘向前方勾卷，并与上龙下腹相连。龙身向内弯曲，双勾爪，尾部与后爪相连，二龙龙尾屈曲并连，形成二龙回首状。上龙的上腹与下龙的背尾相连。二组图案四龙组合在一起，相背勾首咬尾的二龙与回首相望的二龙共同构成四龙嬉戏的生动画面。器物正面贴锡箔，箔面压印三重线米格纹（图2-90）。[1] 另外还有一类带有边框的锡片，根据其外表形状与透雕图案的不同将其分为两个类型。第一种类型，整体略呈竖长方形，上边中部内凹，使饰件略呈"凹"字形，在饰件对角有两道带状直线相交而成"十"字形，把饰件分为四个三角形。"十"字相交的中部为一璧形圆饼，璧好未透雕。上部三角形的中部，二龙首身相背，龙首向上，龙鼻上扬，龙角触框，龙爪抓璧缘，腹身侧屈呈"S"状。二龙尾屈处，各有一小螭居于三角形两锐角空隙。小螭扬首，吻触边框，尾部勾卷与龙尾屈处相连。下部三角内二龙亦作相背状，龙首亦上，龙角高昂触璧缘，腹身屈曲为"S"状，双足高立于底框边线，龙尾下垂后又向上勾卷。左右两个三角形内，各饰两个背立的凤。凤首朝向器物内部，尖勾喙，高冠触璧，腹身屈曲，尾翼下垂，尾尖上勾，一如下边三角形内的龙体。在器物的边框，对角的十字框及中间的璧形饰中，皆有明显的压印凹槽，并在其四周边部，发现数处卯接痕。竖长36.6厘米，宽33.3厘米。第二种类型属于盘龙交臂形。长方形边框内透雕的二龙分列左右。龙勾颈垂首，目圆睁，

图2-90　四龙嬉戏纹锡片（河南新蔡葛陵楚墓出土）

---

[1]　河南省文物考古研究所：《新蔡葛陵楚墓》，大象出版社，2003，第146页。

龙角后翘。龙身下行后伸出前爪，爪前伸后尖勾如喙。龙腹身盘卷变形，二龙交臂后龙身下行，伸出另一勾曲的后爪，二龙后爪相对，尾部继续盘卷变形。二龙龙首及前爪下方，分别有一个昂首翘翼的蟠螭。蟠螭亦屈曲变形，尾部与龙尾相连。正面贴锡箔，箔面压印点式单线方格纹，背面残留朽蚀的皮革残片。边框四角各有两个穿孔从正面向背面刺透，穿孔上留有丝麻痕。长26.8厘米，宽18.8厘米，边框宽1.3厘米，边框穿孔径0.2厘米（图2-91）。[①] 这些锡器皆出自放置车马器的南室。发掘者推测，形制较大的锡片很可能是用在车上，或与人、马甲编缀在一起使用。有些锡器的形制同车上一些附件的形制相似，且有金箔的痕迹。[②] 其中带有边框的第一种类型形制同包山楚墓2号墓中发现的车壁皮袋形制相近。包山楚墓发掘出车壁袋4件。两侧及下边木质边框削成斜三角形相接，中间为皮革袋，分龙凤纹、龙纹、变形凤纹、素面四种。其中，龙纹壁袋外壁雕刻四分龙纹图案，上下为二龙相对对称，两侧为二龙相背对称，每组之间以长条形带间隔，中间圆圈内盘踞三条长嘴龙。龙身均以红、黄二色勾描，身绘黄羽；四周龙首饰黄点，中间龙身饰红点；四条间隔带上绘黄色变形三角雷纹，中间圆圈涂红漆。通高40.4厘米、宽35厘米（图2-92）。[③]

图2-91　带边框的龙纹锡片
（河南新蔡葛陵楚墓出土）

图2-92　龙纹车壁袋（湖北荆门包山2号楚墓出土）

①　河南省文物考古研究所：《新蔡葛陵楚墓》，大象出版社，2003，第147-148页。
②　河南省文物考古研究所：《新蔡葛陵楚墓》，大象出版社，2003，第141页。
③　湖北省荆沙铁路考古队：《包山楚墓》，文物出版社，1991，第231页。

为舆倚较：舆是车箱，较是车箱扶手。倚就是輢，是车箱两旁的木板。《说文解字·车部》："輢，车旁也。"段玉裁注："谓车两旁，式之后，较之下也。注家谓之輢。按輢者言人所倚也。前者对之，故曰轼，旁者倚之，故曰輢。"

根据出土实物来看，所谓"金薄缪龙，为舆倚较"，是用金箔之类的作成交龙样式来装饰舆、倚、较。包山楚墓的车壁袋和新蔡葛陵楚墓的锡片应该是装在车舆两侧的，满城汉墓中出土的较也装饰有云雷纹，由此推测，在皇帝乘舆上装饰金箔缪龙应该是汉代的真实情况。

9. 文虎：文，通"纹"。虎皮上有纹饰故称，亦称"雕虎"。《山海经·海外南经》："狄山，帝尧葬于阳，帝喾葬于阴。爰有熊、罴、文虎。"郭璞注："雕虎也。"《尸子》卷下："中黄伯曰：'余左执太行之獶，而右搏雕虎，惟象之未与吾心试焉。'"包山2号楚墓出土虎头车饰1件，木质。两端浮雕成虎头形，虎身截面为六边梯形，底部两侧凿浅槽；中部拱起，上部两侧凿弧边，中间两边凿浅槽。通体以红线勾描，绘对称虎首和勾连云纹黑漆彩。通长28厘米（图2-93），[①] 与文虎伏轼的关系待考。

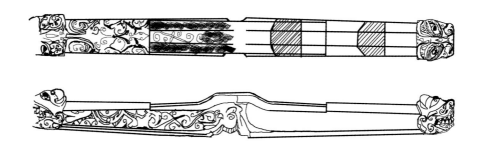

图2-93　虎形车饰（湖北荆门包山2号楚墓出土）

10. 轼：亦写作"式"。车箱前部用作扶手的横木。刘昭注引《魏都赋》注曰："轼，车横覆膝，人所凭止者也。"《释名·释车》："轼，式也，所伏以式敬者也。"《说文解字·车部》："轼，车前也。"朱骏声《通训定声》："轼，轼可以凭人，故人凭轼上，即谓之轼。"《诗经·大雅·韩奕》："鞹鞃浅幭"，毛传："幭，覆式也。"孔颖达疏："轼者，两较之间有横木可凭者也。"《周礼·考工记·舆人》："参分其隧，一在前，二在后，以揉其式。以其广之半为之式崇。"郑玄注："兵车之式，深尺四寸三分寸之二……高三尺三寸。"车轼的出土有很多，如秦陵2号铜车车轼位于后室车舆前边轓板内侧。其呈中空的几形，长71～72厘米，上宽17.5厘米，折沿高8厘米，厚0.6厘米，折沿的下边距舆底7厘米，实际轼高15厘米，轼上绘着白色的四方连续菱花纹。轼下中空容膝。1号铜

---

① 湖北省荆沙铁路考古队：《包山楚墓》，文物出版社，1991，第234页。

车车轼顶端作鞍桥状，轼宽 73.8 厘米，高 21.8 厘米，前面正中铸缚结辔绳的觼軜，轼上缀四枚银质泡钉，轼前左侧焊接一对银质承弓器，轼背面置有绥。①

11. 軶： 亦写作"輗"，驾车时放置在牛马颈上的曲木。人字形，上为首，下分叉为脚。《说文解字·车部》："軶，辕前也。"朱骏声《通训定声》："辀端之衡，辕端之楅皆名軶，以其下缺处为軥，所以扼制牛马领而称也。"《玉篇·车部》："軶，牛领軶也。亦作轭。"《释名·释车》："楅，扼也，所以扼牛颈也。马曰乌啄，向下叉马颈，似乌开口向下啄物时也。"考古发现，殷商时代已有軶。河南安阳郭家庄商代墓葬出土铜軶两件，都是由軶首和軶肢两部分组成。其一軶首，呈菌状，顶端圆形，微鼓，顶下束腰。顶饰盘龙纹和腰饰三角形纹，两侧有对称的小圆孔，其下有口部相对的双夔纹。顶径 6.8 厘米，口径 4.3 厘米，小孔径 0.6 厘米，通高 9.5 厘米（图 2-94）。另一件軶肢，呈半管状，作翘首人字形，上部有圆孔，脚肢作钩状外翘，末端作扁管形。肢脚拐弯处有一椭圆形长孔。通高 54.5 厘米，宽 4.4～5 厘米，圆孔径 2.5 厘米，椭圆形孔径 1.5 厘米 ×6.5 厘米（图 2-94）。② 包山 2 号楚墓出土的木质车軶，呈弧肩人字形。两根截面为半圆形的木条，上部拼合，下部外撇，向外弯成双钩状，钩部木条分成上下两片，便于弯曲，钩部外端凿直径 0.7 厘米的圆孔，用木质钉，将两木片固定。双钩间嵌入下边弧内凹的三角形木板，木板下部薄木片紧贴双钩内侧。双钩两边及外侧各贴一宽 0.5 厘米的骨片，所有结合部均以生漆粘合。其中有一钩下部凿一长 4.5 厘米、宽 0.8 厘米的长方形孔。顶端锥状，套接束腰有箍铜帽，箍上错银二方连续云纹，身、

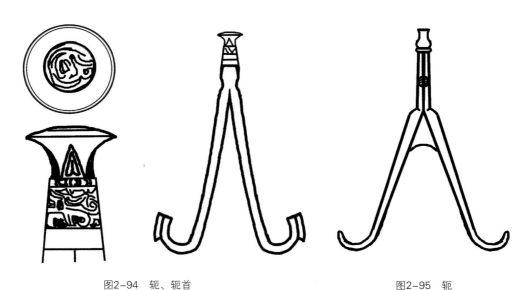

图2-94　軶、軶首　　　　　　　　　　　图2-95　軶
（河南安阳殷墟郭家庄商代墓葬出土）　（湖北荆门包山2号楚墓出土）

---

① 秦始皇兵马俑博物馆：《秦始皇帝陵兵马俑辞典》，文汇出版社，1994，第 232 页。
② 中国社会科学院考古研究所：《安阳殷墟郭家庄商代墓葬：1982 年—1992 年考古发掘报告》，中国大百科全书出版社，1998，第 132 页。

顶错银对称卷云纹。通体缠以麻布，外髹黑漆。其中一件通高69.4厘米、最宽处51.2厘米（图2-95）。① 满城2号汉墓的北耳室中2号车车箱南部出土的辕、衡末饰、轭首饰的相对位置基本上保持原来的状态。发掘者根据出土的情况复原了衡、轭和辕的关系（图2-96）。②

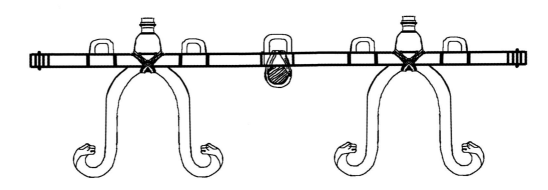

图2-96　满城2号汉墓2号车辕、衡、轭关系复原图（据《满城汉墓发掘报告》临摹）

龙首衔轭：轭首做成龙形的车轭并未发现，但是在满城汉墓1号墓中出土2号车龙首形铜辕饰两件。中作龙首形，长扁鼻前伸，双齿紧闭，口衔銮管，銮管上有一小销孔两角卷曲，颈中空，断面呈马蹄形，下有销孔，颈銮中遗有朽木残段，当为车辕前端的装饰，鎏金，并点缀镶嵌玛瑙和绿松石。长20厘米、口衔銮管径3.2厘米、颈宽3.65厘米（图2-97）。③另外在长沙市区浏城桥古墓中出土的车辕也是龙首形（见图2-45），本章"诸车之文"一段有"龙首鸾衡"，具体所指较难确定。

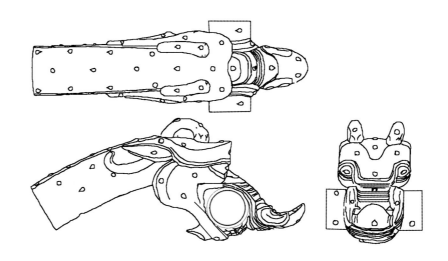

图2-97　龙形铜辕首（河北满城1号汉墓出土）（据《满城汉墓发掘报告》临摹）

① 湖北省荆沙铁路考古队：《包山楚墓》，文物出版社，1991，第226页。
② 中国社会科学院考古研究所、河北省文物管理处：《满城汉墓发掘报告（上）》，文物出版社，1980，第312页。
③ 中国社会科学院考古研究所、河北省文物管理处：《满城汉墓发掘报告（上）》，文物出版社，1980，第186页。

12.吉阳筩: 衡两端装衡末,通常作筩状,即吉阳筩。一般认为吉阳就是吉祥的意思,因此又称"吉祥筩"。较早的衡饰如陕西长安县沣西乡张家坡西周车马坑第2号坑第2号车,衡的两端各横插一件铜矛,铜矛下面垂着成串的贝、蚌饰物,并有红色织物的遗痕。这些饰物就是用红色织物串起来的矛饰(图2-98、图2-99)。[1]孙机认为春秋后,衡饰趋于简化,一般只在支衡上装衡末。[2]包山楚墓出土的车衡是用整木凿成,两端细中间粗。两端圆柱形,套束腰有箍铜帽,铜帽箍上错银二方连续勾连云纹,身、顶错银对称卷云纹(图2-100)。[3]

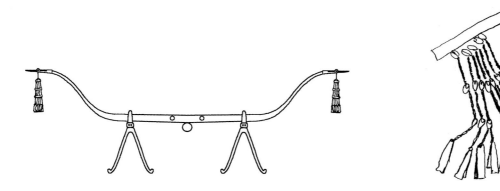

图2-98 车衡(陕西西安张家坡西周车马坑出土)　　图2-99 衡末挂饰(陕西西安张家坡西周车马坑出土)

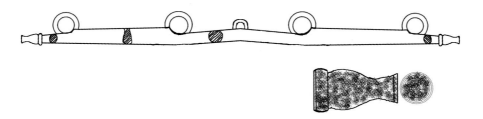

图2-100 衡与衡末(湖北荆门包山2号楚墓出土)

13.鸾雀立衡: 刘昭注引徐广曰:"置金鸟于衡上。"衡,指车辕端横木,轭缚其上。考古发现商车已有衡。《释名·释车》:"衡,横也,横马颈上也。"《诗经·小雅·采芑》:"方叔率止,约軝错衡。"毛传:"错衡,文衡也。"孔颖达疏:"错者,杂也。杂物在衡,是有文饰。"有学者认为山东长清孝堂山石刻中的大王车就有鸾雀立衡的形象。[4]

14.樆文: 樆字又写作"虡",神兽名,樆文指其图案。《汉书·郊祀志下》:"建章、未央、长乐宫钟虡铜人皆生毛,长一寸所,时以为美祥。"颜师古注:"虡,神兽名也。"

---

① 中国科学院考古研究所:《沣西发掘报告:1955—1957年陕西长安县沣西乡考古发掘资料》,文物出版社,1963,第145页。
② 孙机:《中国古舆服论丛(增订本)》,文物出版社,2001,第44-45页。
③ 湖北省荆沙铁路考古队:《包山楚墓》,文物出版社,1991,第226页。
④ 李缙云、于炳文:《文物收藏图解辞典》,浙江人民出版社,2004,第540页。

《后汉书·董卓传》："又坏五铢钱，更铸小钱，悉取洛阳及长安铜人、钟虡、飞廉、铜马之属，以充铸焉。"李贤注引《前书音义》（即《汉书音义》）："虡，鹿头龙身，神兽也。"孙机认为虡与汉代所说的"巨虚"有关，"巨虚"一词可能来源于匈奴语的对音，是一种孔武有力、能辟除邪厉且体型矫健、迅捷善跑的神兽，其具体形象就是以各种灵禽异兽穿插奔驰于云气中，也可以称作云虡纹。[①]

15．羽盖：亦称"翠盖""羽葆盖"。以鸟羽毛所饰之车盖（车伞）。周制，为王后车所树，后亦为帝王乘舆所用。《周礼·春官·巾车》："辇车，组挽，有翣，羽盖。"郑玄注："以羽作小盖，为翳日也。"《淮南子·原道》："驰要裹，建翠盖。"汉高诱注："翠盖，以翠鸟羽饰盖也。"刘昭注引徐广曰："翠羽盖黄里，所谓黄屋车也。"《文选·张衡〈东京赋〉》："树翠羽之高盖。"薛综曰："树翠羽为盖，如云龙矣。金作华形，茎皆低曲。"羽盖的实物在出土文物中难以确认，但是其基本形制应与普通车盖相差不大。一般来说，车盖由伞座、伞柄、伞盖和盖弓帽等几部分组成，秦始皇陵1号车上车盖通高114厘米。伞座，呈十字拱形，纵横各长36厘米、高10厘米、宽6.6厘米。正中有一个长12厘米、宽1.8厘米、深2.8厘米的凹槽。凹槽旁边连铸1根座杆，座杆断面呈方形，两端粗，中间细，高56厘米。在座杆的上端连铸1个半环，这个半环与另1个单铸的半环以半榫的形式相接，再贯穿销钉固定，这样组成1个厚2.2厘米、内径2.8厘米的圆环。伞柄就通过这个圆环插在伞座中间的凹槽内。单铸的半环的一端呈外大内小有收分的暗榫形，可与座杆上的半环的暗卯斜面套合。套合后，伞柄就牢牢地固定住了。伞柄，呈圆柱形，中空，中部偏上处有两节各长17厘米的错金银花纹图案。伞柄高106厘米、直径2.5厘米、壁厚0.25厘米。伞盖，由1块圆形铜板制成，略成拱形，直径122厘米、厚0.2～0.4厘米。盖斗呈喇叭形，顶面较平，直径8.4厘米、侧厚1.4厘米。周边有22个贯插伞弓的卯口。伞弓22根，断面呈圆形，水平长59.4厘米。银质盖弓帽22件，高3.4厘米、口径0.8厘米。近上口的一侧铸倒钩状弓爪，可以钩挂在伞盖边缘（图2-101）。[②]

16．华蚤：亦称"葩蚤"，省称"葩"。"蚤"字亦写作"瑵"，指车盖盖弓顶端所附的盖弓帽。孙机指出："蚤是爪的意思。在盖弓帽上突出一个棘爪，用它钩住盖帷的缯帛以把它撑开。"春秋时的盖弓帽造型朴素，到了汉代，盖弓帽顶端常常做成花朵形，因此称为华蚤。有直茎华蚤、曲茎华蚤。[③]《说文解字·玉部》："瑵，车盖玉瑵。"段玉裁注："瑵、蚤、爪三字一也。皆谓盖橑末。《说文》指爪字作叉。当云车盖玉叉也。瑵、叉叠韵。他家云华瑵金瑵者，谓金华饰之。许云玉瑵者，谓玉饰之，故字从玉也。"刘昭注引徐广曰："金华施橑末，有二十八枚，即盖弓也。"《文选·张衡〈思玄赋〉》："辔琱舆而树葩兮，

① 孙机：《几种汉代的图案纹饰》，《文物》，1982年第3期，第63-64页。
② 陕西秦俑考古队：《秦始皇陵一号铜车马清理简报》，《文物》，1991年第1期，第4页。
③ 孙机：《中国古舆服论丛（增订本）》，文物出版社，2001，第32-33页。

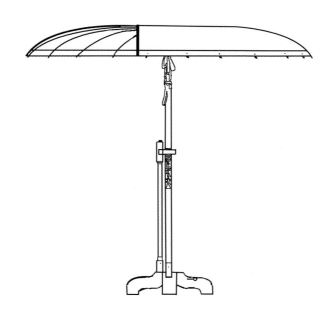

图2-101　秦始皇陵1号铜车马上的伞盖

扰应龙以服路。"李善注："葩,盖之金华也。《独断》曰:乘舆车,皆羽盖金华爪。"又《东京赋》:"羽盖葳蕤,葩瑶曲茎。"薛综注："葩爪,悉以金作华形。茎皆曲,蔡邕《独断》云:'凡乘舆车皆羽盖金华'。爪与瑶同。"新蔡葛陵楚墓出土铜盖弓帽,前部为圆柱形,中部为兽面形,上有一鸟首形钩,后部占其长度不足1/3处,为空心铜套。它是用来安装盖弓的。这部分的设计如同盖弓,后视为半椭圆形,上部为平面,下部为椭圆形,在其中部略偏前位置,有一圆形透孔,供安装穿钉之用。中部占其长度不足1/3处,为铜质实心体,被设计成双兽头形:主体部分似一俯首兽面,大嘴张开,怒目圆睁。而在主体兽头的顶上,伸出一小鸟首形钩。鸟首形钩有双重作用,一则可使盖弓帽美观,一则固定伞布。前部占其长度1/3强的部分,为圆柱体,素面,前端平齐。在铜质盖弓帽的中、后部分,有精美的装饰纹样,后部弧形面上,首先有阴刻边框线,在边框底部,也就是靠近后部插口的位置,绕弧形面饰四线一股的绞索纹,绞索纹以外部分饰四组等腰三角形纹,每组三角纹由二个并立且共用一条直角边的两个直角三角形构成,在每个直角三角形内,饰短横线和小圆圈相间隔分布的纹饰,且越靠近尖处,横线越短,圆圈也越小。中部的兽头部分,纹饰比较复杂,为了刻画兽面,广泛采用圆圈纹、线纹、云纹、涡纹、睫毛纹、乳钉纹、麻点纹等多种纹饰,将兽面五官及毛发等刻画得栩栩如生。前部圆形铜棒上没有纹饰,为素面体。口长2.1厘米,口宽1.8厘米,头径0.9厘米,通长14.7厘米(图2-102)。[①] 满城1号汉墓出土的盖弓帽

---

① 河南省文物考古研究所:《新蔡葛陵楚墓》,大象出版社,2003,第76-77页。

中有两型四式，帽以花朵或象征的花朵为饰，鎏金，应即《后汉书·舆服志》所谓之"金华蚤"。I 型分两式。1 式作长管形，前端略有收分，顶部饰瘦长花朵，花朵四瓣八棱。管身前端侧出一钩。后端开口并有小销孔固定爪木。鎏金。管腔中仍残留有盖弓木之爪，爪的断面作圆形，末端逐渐趋细，有的爪上缠有麻缕。其中一件通长 20.5 厘米、顶端径 3.4 厘米、后端径 1.6 厘米（图 2–103a）。2 式形制基本同 1 式，但较小，在管的中腰侧出一钩，无销孔，鎏金。管腔中遗弓木之爪如 1 式。其中一件通长 8.7 厘米、顶端径 2.5 厘米、后端径 0.8 厘米。II 型也分两式。1 式形制与 I 型 1 式相近，唯顶部作象征性的花饰。鎏金。管腔中遗有盖弓木之爪如 I 型。其中一件通长 20.9 厘米、顶端径 3.4 厘米、后端径 1.9 厘米。2 式形制基本同 1 式，唯较 1 式为短，无销孔。鎏金。管腔中遗有盖弓木之爪，均裹以麻缕。其中一件通长 11.7 厘米、顶端径 3.6 厘米、后端径 1.7 厘米（图 2–103b）。①

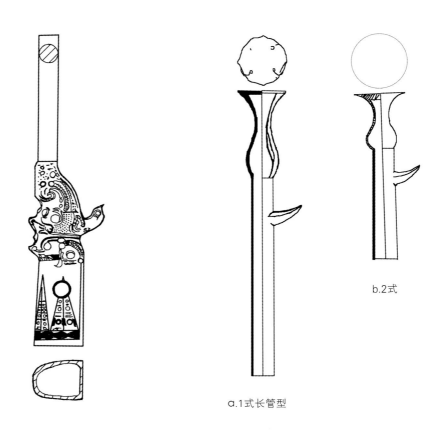

b.2式

a.1式长管型

图2-102　盖弓帽（河南新蔡葛陵楚墓出土）　　　图2-103　汉代铜盖弓帽（河北满城1号汉墓出土）

---

① 中国社会科学院考古研究所、河北省文物管理处：《满城汉墓发掘报告（上）》，文物出版社，1980，第192页。

17. 驾六马: 刘昭注引《东京赋》曰:"六玄虬之奕奕。"似是用来作天子驾六马的佐证。今本《文选·张衡〈东京赋〉》:"六玄虬之奕奕。"薛综注:"六,六马。玄,黑也。天子驾六马。"

18. 金鋄: 鋄音wàn,亦称"马冠"。马头上的装饰物,多作兽面形。刘昭注引蔡邕《独断》:"金鋄者,马冠也。高广各五寸,上如玉华形,在马髦前。"陕西张家坡西周墓第2号车马坑第1号车的骖马两耳前边,有一大铜兽面铜鋄,上下边缘各有三对穿孔,可串皮条。铜饰正面向前,两下角夹在马耳间,斜放在马头上(图2-104、图2-105)。[①]孙机认为"此物流行时间较短,春秋时已不再出现"。[②]

 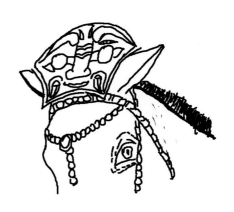

图2-104 铜鋄(张家坡西周车马坑出土)　　　　图2-105 鋄的装配方式

19. 方釳: 一作"防釳"。省称"釳"。防止两马离得过近,辔头、缰绳等纠缠在一起的用具。所处部位有不同说法:一说挂在马头部。《说文解字·金部》:"釳,乘舆马头上防釳,插以翟尾、铁翮、象角,所以防网罗釳去之。"刘昭注引《独断》:"方釳,铁也。广数寸,在马鋄后。后有三孔,插翟尾其中。"又引薛综曰:"釳中央低,两头高,如山形,而贯中翟尾结着之。"又引颜延之《幼诰》:"釳,乘舆马头上防釳,角所以防罔罗,釳以翟尾铁翮象之也。"一说,方釳车辕两旁,防马相突。《文选·张衡〈东京赋〉》:"六玄虬之弈弈……方釳左纛,钩膺玉瓖。"薛综注:"方釳,谓辕旁以五寸铁镂锡,中央低,两头高,如山形,而贯中以翟尾,结着之辕两边,恐马相突也。"孙机指出:"1号铜车(秦始皇陵1号铜车)两服马外胁下的环带上,向两骖方向各探出一棒状突棱,此突棱直立于一片长条形的平板中央,侧视近山字形。在2号铜车和始皇陵1号兵马俑坑之车的鞁具中亦有此物,后者为木构件,棒状突棱前端装带三个尖齿的骨套管。过去曾将此物定名为胁驱,不妥。它应即《东京赋》所称'方釳',薛注:'方釳,谓辕旁以五寸铁镂锡,中央低,

---

① 中国科学院考古研究所:《沣西发掘报告:1955—1957年陕西长安县沣西乡考古发掘资料》,文物出版社,1963,第147页。
② 孙机:《中国古舆服论丛(增订本)》,文物出版社,2001,第49页。

两头高，如山形，而贯中以翟尾，结着之辕两边，恐马相突也．'这里说的'中央低，两头高'，恐为'中央高，两头低'之说，否则就不成其为'山形'了。其他如说方釳装在'辕两边'，其作用为'恐马相突'，则均与车上所见的实际情况相合。"[1]此类马具秦陵铜车及秦俑坑木车上均有。1号坑中共发现7件（残），为近似丁字形木骨构件，横木残长17～28厘米，宽厚各2.5～3厘米。竖木为圆形，通长约19厘米，径2～3厘米，末端套一骨管。管头带三个尖齿，骨管内径与该竖木径同，壁厚约0.7厘米。横木上系残皮条，当为将其系结于马身的皮带。秦陵铜车上的此类马具形如展翅翘尾的飞鸟。首作鸟头状，朝上方，两翅扁平，向左右展开，长14.2厘米，宽2.3～3厘米，厚0.3厘米。尾呈扁圆形柱状，与翅成丁字形横于外，长13厘米，径1.2～2厘米，末端有四个尖锥齿。其固定借助一长104厘米，宽1.4厘米，厚0.2厘米的革带，革带连接其首尾，通过服马胁下，系结于服马轭两侧之衡上。如骖马内靠，其尾锥刺之（图2-106、图2-107）。[2]

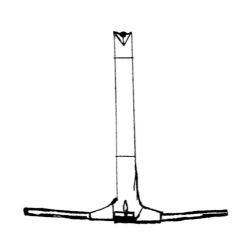 

方釳

图2-106　秦始皇陵1号铜车马上的方釳　　　图2-107　秦始皇陵2号铜车马上方釳的位置

20. 左纛：纛，一种毛羽制装饰物。《史记·项羽本纪》："纪信乘黄屋，傅左纛。"裴骃集解："李斐曰：'纛，毛羽幢也，在乘舆车衡左方上注之。'蔡邕曰：'以牦牛尾为之，如斗，或在騑头，或在衡上也。'"《广韵·号韵》："纛，左纛，以牦牛尾为之，大如斗，系于左马轭上。"关于左纛的位置，古人的观点基本一致，但是出土实物却与记载不同，秦铜车马的最右一匹骖马的头上树立着左纛，与文献记载的左方相反。孙机认为不能理解为"左侧之纛"："可能是因为当时的战车一般向左转弯，即《郑风·清人》所谓'左旋'的缘故"，"由此而产生的左纛之制，亦不应理解为左侧之纛。"[3]详见孙机《秦始皇陵2

① 孙机：《中国古舆服论丛（增订本）》，文物出版社，2001，第25页。
② 秦始皇兵马俑博物馆：《秦始皇帝陵兵马俑辞典》，文汇出版社，1994，第239页。
③ 孙机：《中国古舆服论丛（增订本）》，文物出版社，2001，第12-13、363页。

号铜车对车制研究的新启示》以及刘瑞《左纛位置的文献考索》①。秦始皇陵 2 号铜车，右骖马额头有一半球形铜泡，高 2.3 厘米，径 5 厘米。铜泡正中竖一高 22 厘米，径 0.8 厘米的铜柱，柱端有一铜球，球上穿铜丝，并扭结成穗状（图 2-108）。包山 2 号楚墓出土的纛有靴形和椭圆形两种。此类器应为马额之上的饰物。靴形纛整木凿成。靴形，内空，平顶圆形，其上钻密集的透穿小圆孔，孔内插竹签，竹签上部残断。两侧下部各钻三个小圆孔。其中一件顶端直径 6.6 厘米、底长 15.3 厘米、竹签残长 18.3 厘米（图 2-109）。椭圆形纛整木凿成。平面椭圆形，弧顶，内空。其上凿密集的透穿小圆孔，内插竹签，竹签顶端缠以绵，丝绵上髹黑漆。其中一件长径 13.2 厘米、宽径 8.8 厘米、竹签长 8.7 厘米（图 2-110）。②

图2-108　秦始皇陵2号铜车中的左纛

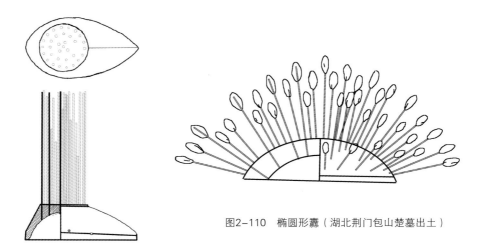

图2-109　靴形纛（湖北荆门包山楚墓出土）

图2-110　椭圆形纛（湖北荆门包山楚墓出土）

① 刘瑞：《左纛位置的文献考索》，《文献》，2000 年第 4 期，第 238-240 页。
② 湖北省荆沙铁路考古队：《包山楚墓》，文物出版社，1991，第 249 页。

左騑： 亦称"骖马"。位于车辕两外侧驾车的马。四马驾车，中间两马夹辕的两匹马称服马，两旁之名騑马。刘昭注："徐广曰：'马在中曰服，在外曰騑。'騑亦名骖。蔡邕曰：'在最后左騑马头上。'"《后汉书·章帝纪》："騑马可辍解，辍解之。"李贤注："夹辕者为服马，服马外为騑马。"《墨子·七患》："彻骖騑，涂不芸。"孙诒让间诂："毕云：'高诱注《吕氏春秋》云：在中曰服，在边曰騑。'"一说指在服马右边的马。《文选·颜延之〈阳给事诔〉》："如彼騑骊，配服骖衡。"李善注："在服之左曰骖，右曰騑。"

21. 德车： 指专用于乘坐的车，不配置兵器，玉路、金路、象路、木路等一类，相对兵车、武车而言，称德车。《礼记·曲礼上》："兵车不式（轼），武车绥旌，德车结旌。"孔颖达疏："德车谓玉路、金路、象路、木路四路，不用兵，故曰德车。德美在内，不尚赫奕，故结缠其旒著于竿也。何胤云：'以德为美，故略于饰此坐乘之车也。'"

22. 五时车： 亦称"五帝车""五色副车"。汉代皇帝五辂之副车，由五色立车、五色安车各五辆组成。五色为青、赤、黄、白、黑，分别象征春、夏、季夏、秋、冬五时。汉蔡邕《独断》卷下："法驾，上所乘曰金根车，驾六马。有五色安车、五色立车各一，驾四马，是谓五时副车。"

23. 方色： 东方青，南方赤，西方白，北方黑。《礼记·曾子问》："如诸侯皆在而日食，则从天子救日，各以其方色与其兵。"郑玄注："方色者，东方衣青，南方衣赤，西方衣白，北方衣黑。"

24. 朱鬣： 鬣是马颈上的长毛。朱鬣是指其色大红，也用作神马的名称。《山海经·海内北经》曾记载犬封（戎）国"有文马，缟身朱鬣，目若黄金，名曰吉量"。《神异经·西荒经》："西海水上有人乘白马，朱鬣白衣玄冠，从十二童子，驰马西海水上，如飞如风，名曰河伯使者。"《琴操·拘幽操序》："纣囚文王于羑里，欲杀之，于是文王四臣太颠、闳天、散宜生、南宫适之徒，得美女二人，水中大贝，白马朱鬣，以献于纣，纣王释文王。"《尚书·康王之诰》："皆布乘黄朱。"孔安国传："诸侯皆陈四黄马朱鬣以为庭实。"

25. 所御驾六，余皆驾四： 刘昭注指出古时天子有驾六马，有驾四马，其制度并不固定，从汉代开始定制，皇帝驾六马。《古文尚书》曰："予临兆民，懔乎若朽索之驭六马。"《逸礼·王度记》曰："天子驾六马，诸侯驾四，大夫三，士二，庶人一。"《周礼》四马为乘。《毛诗》天子至大夫同驾四，士驾二。《易》京氏、《春秋》公羊说皆云天子驾六。许慎以为天子驾六，诸侯及卿驾四，大夫驾三，士驾二，庶人驾一。《史记》曰，秦始皇以水数制乘六马。郑玄以为天子四马，《周礼》乘马有四圉，各养一马也。诸侯亦四马，《顾命》时诸侯皆献乘黄朱，乘亦四马也。今帝者驾六，此自汉制，与古异耳。蔡邕《表志》曰："以文义不着之故，俗人多失其名。五时副车曰五帝车，鸾旗曰鸡翘，耕根曰三盖，其比非一也。"

26. 副车： 亦称"属车"。皇帝、诸侯以及官员车辆仪仗中的随行车。在主车之后，对主车起护卫作用，又称后乘、贰车、副乘、副辂。始于秦，《通典》卷六十四称："秦平天下，以诸侯之车为副。"《史记·留侯世家》卷五十五："击秦皇帝博浪沙中，误中副车。"司马贞索隐："按《汉官仪》，天子属车三十六乘。属车即副车，而奉车郎御而从后。"《汉书·张良传》："良与客狙击秦皇帝，误中副车。"颜师古注："副谓后乘也。"《礼记·少仪》："乘贰车则式，佐车则否。"郑玄注："贰车，佐车，皆副车也。朝祀之副曰贰，戎猎之副曰佐。"

耕车[1]，其饰皆如之。有三盖。一曰芝车，置耒耜[2]未耜[3]之箴[4]，上亲耕所乘也。[5]

【注释】

1. 耕车： 一名耕根车、芝车、三盖车。汉代创制，帝王行亲耕之礼时所乘的车。车上置未耜于皇帝的右侧。《文选·张衡〈东京赋〉》："农舆路木。"薛综注："农舆无盖，所谓耕根车也。言耕稼于田，乘马无饰，故称木。"汉蔡邕《独断》："三盖车名耕根车，一名芝车，亲耕藉田乘之。"宋代陈祥道做过耕车的构拟图（图2-111）。

图2-111 耕车 宋陈祥道绘制（引自《礼书》）

2. 韠: 同"珌",读作 fú。指车栏间的皮质匣箧,外交使臣用来装所带的玉,战车用来装弓箭,也可以装其他事物。《说文解字·珏部》:"珌,车笭间皮箧。古者使奉玉以藏之。……读与服同。"段玉裁注:"谓此皮箧,汉时轻车以藏弩。轻车,古之战车也。其制沿于古者人臣出使,奉圭璧璋琮诸玉,车笭间皮箧,所用盛之。"包山 2 号楚墓出土 4 件车壁袋。两侧及下边木质边框削成斜三角形相接,中间为皮革袋。其分龙凤纹、龙纹、变形凤纹、素面四种。龙凤纹壁袋通高 36.5 厘米、宽 34 厘米(图 2-112)。龙纹壁袋通高 40.4 厘米、宽 35 厘米(见图 2-92)。变形凤纹壁袋,外壁残,内壁上口平齐,髹黑漆。口部外露部分以红漆绘相背对称变形凤鸟卷云纹,通高 33 厘米、宽 33.7 厘米(图 2-113)。素面壁袋,内壁上口平齐,外壁上口内弧,中间呈三角形内凹。通高 36.3 厘米、宽 33 厘米(图 2-114)。[①]

图2-112 车壁袋(湖北荆门包山2号楚墓出土)

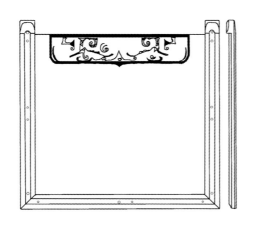

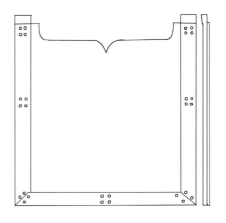

图2-113 车壁袋(湖北荆门包山2号楚墓出土)　　图2-114 车壁袋(湖北荆门包山2号楚墓出土)

---

① 湖北省荆沙铁路考古队:《包山楚墓》,文物出版社,1991,第 229-234 页。

3. 耒耜： 耕地翻土的农具。一般认为耒是耒耜的柄，耜是耒耜下端的起土部分。《易·系辞下》："神农氏作，斵木为耜，揉木为耒，耒耨之利，以教天下，盖取诸益。"《礼记·月令》："〔孟春之月〕天子亲载耒耜，措之于参保介之御间。"郑玄注："耒，耜之上曲也。"又："季冬之月……修耒耜。"贾公彦疏："耒者以木为之，长六尺六寸，底长尺有一寸，中央直者三尺有三寸，勾者二尺有二寸。底谓耒下向前曲接耜者。头而着耜。耜，金铁为之。"宋人聂崇义、林希逸，清人戴震、程瑶田对耒耜都有构拟（图2-115～图2-118）。徐中舒《耒耜考》认为山东武梁祠汉代画像石上所刻神农手执的耒耜应为东汉时通行的形式（图2-119）。[①]

图2-115　耒耜
宋聂崇义绘制（引自《新定三礼图》）

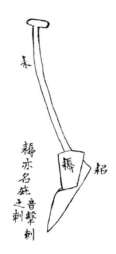

图2-116　耒耜
宋林希逸绘制（引自《考工记解》）

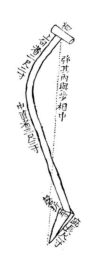

图2-117　耒耜
清戴震绘制（引自《考工记图》）

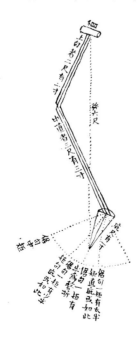

图2-118　耒耜
清程瑶田绘制（引自《考工创物小记》）

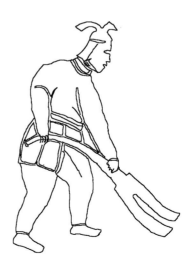

图2-119　神农像　山东武梁祠

---

① 徐中舒：《耒耜考》，载《历史语言研究所集刊（第2册）》，中华书局，1987，第18页。

4. 箙： 亦作"韥""箙""服"，是盛放箭的器具，多以竹、木或兽皮制成，后也用来盛放刀、剑等兵器，引申为用具的外套。这里指盛耒耜的器具。《说文解字·竹部》："箙，弩矢箙也。"段玉裁注："按，本以竹木为之，故字从竹。"《周礼·夏官·司弓矢》："中春献弓弩，中秋献矢箙。"郑玄注："箙，盛矢器也。以兽皮为之。"《周礼·春官·巾车》："小服皆疏。"郑玄注："服读为箙。小服，刀剑短兵之衣。"宋人陈祥道根据文献构拟过箙（图2-120）。考古发现的多为箭箙，新蔡葛陵楚墓出土的一种箭箙为木、竹、革复合器，出土时箭箙下半部保存较为完好，上半部残缺。从整体看，箭箙平面呈梯形，口大底小，由箙座，前、后壁板，左、右挡板构成。箙座及前、后壁板为木质，左、右挡板为竹质。箙座长条形，底部中间弧形内凹，并有4个小圆孔；前壁板较短，后壁板长，后壁板残留部分由两节组成，其外侧均为弧形面。前壁板外面下端呈半圆弧形内凹；前、后壁板两边内侧凿出一浅槽；左、右挡板截面弧形，与前、后壁板边缘扣接。整个箭箙外部覆盖一层皮革，并与竹、木部件之间用生漆粘接加固。近下口沿和底板处，有用丝线缠绕的痕迹。皮革表面通髹黑漆，箭箙上口残宽24厘米，底宽22厘米，残高36厘米（图2-121）。[1]秦始皇兵马俑出土的箭箙是麻制的，呈长方筒形，上面髹漆。箙高32.39厘米，口径17厘米×5厘米～21厘米×9厘米，底径19厘米×8厘米。箙底的左右两侧各有一圆木棒，木棒上缠扎细绳，和箙连为一体，箙底内侧铺一长方形木板，以承矢镞。箙背的一面有一竖立的长条形木柄，顶端作云头状，木柄长约60厘米，宽3厘米，厚1厘米；云头宽14厘米，高9厘米，柄上髹漆，箙背面的左右两侧有一根细长的藤条，上部绕云头木柄而下，下端呈纽鼻状缚于箙底一圆木棒的两端。箙背的口沿和中腰部位，各有一根纽带将木柄、藤条和箙系结成为一体。箙的口沿呈双层，宽3厘米。口沿的左右两个侧面各有两个编织的环纽，环径1.5厘米。环纽用以贯穿绳索，以便背带（图2-122）。[2]江陵望山1号墓出土的木矢箙呈圆筒形，由两块半圆形木块胶合而成，还有四处用丝线缠紧，里外均髹黑漆，器表还用红漆绘菱形纹和卷云纹等图案，已残断，残长78厘米、圆径3.6厘米（图2-123）。[3]除了箭箙之外，秦始皇陵铜车马上还有盾箙。盾箙镶嵌在秦陵1号铜车车舆右栏板内侧的前段。箙的正面是在车舆右栏板内侧前段镶嵌一块形似山字状的铜板，高25厘米、宽27.6厘米、壁厚0.3～0.4厘米。铜板的正面中间隆起，两半边凹入，与栏板间形成一个空间，铜盾就插在这个空间内，盾箙的正面饰有彩绘花纹图案。[4]汉代的箭箙在徐州北洞山西汉楚王墓士兵俑身上、狮子山楚王墓陪葬坑士兵俑身上、陕西咸阳杨家湾兵马俑坑士兵俑身上

① 河南省文物考古研究所：《新蔡葛陵楚墓》，大象出版社，2003，第59-62页。
② 陕西考古研究所、始皇陵秦俑坑考古发掘队：《秦始皇陵兵马俑坑一号坑发掘报告：1974—1984（上）》，文物出版社，1988，第280页。
③ 湖北省文物考古研究所：《江陵望山沙冢楚墓》，文物出版社，1996，第60页。
④ 秦始皇兵马俑博物馆：《秦始皇帝陵兵马俑辞典》，文汇出版社，1994，第216页。

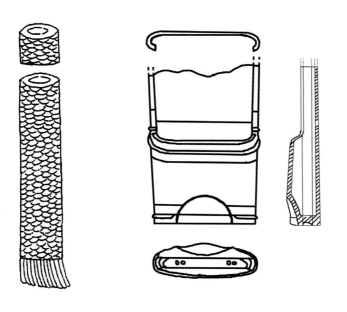

图2-120 矢箙
宋陈祥道绘制（引自《礼书》）

图2-121 箭箙（河南新蔡葛陵楚墓出土）

图2-123 木矢箙
（湖北江陵望山1号墓出土）

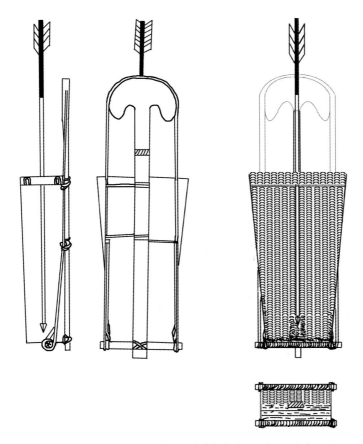

图2-122 秦代矢箙复原图（陕西西安秦始皇陵兵马俑1号坑出土）

都有发现，可以分为大小两种类型。以北洞山楚王墓出土箭箙为例，大箭箙一般长 12 厘米、宽 5.8 厘米以上，上口斜杀在距上端近 4 厘米处，箭箙上有流云纹、几何纹、勾云纹等纹样（图 2-124）；小箭箙略呈长方形，一般长 8 厘米、宽 5 厘米左右，在距上端 3 厘米处杀口，箭箙上有穿璧纹、穿贝纹、流云纹等纹样（图 2-125）。①

 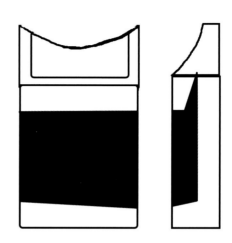

图2-124　大箭箙（江苏徐州北洞山西汉楚王墓出土）　　图2-125　小箭箙（江苏徐州北洞山西汉楚王墓出土）

5. 刘昭注：《新论》桓谭谓扬雄曰"君之为黄门郎，居殿中，数见舆辇，玉蚤、华芝及凤皇、三盖之属，皆玄黄五色，饰以金玉、翠羽、珠络、锦绣、茵席者也。"《东京赋》曰："立戈迤戛，农舆路木。"薛综曰："戈，句孑戟。戛，长矛。置车上者邪柱之。迤，邪也。是谓戈路。农舆三盖，所谓耕根车也。东耕于藉，乘马无饰，故称木也"。贺循曰："汉仪，亲耕青衣帻。"《东京赋》说亲耕，亦云"鸾路苍龙"。又曰："车必有鸾，而春独鸾路者，鸾凤类而色青，故以名春路也。"赋又曰："介御闲以剡粝。"薛综曰："粝，耒金也。广五寸，着耒粝而载之。天子车参乘，帝在左，御在中，介处右，以耒置御之右。"其中"农舆三盖，所谓耕根车也。东耕于藉，乘马无饰，故称木也"。今本《文选》薛综注作"农舆无盖，所谓耕根车也。言耕稼于田，乘马无饰，故称木"。胡克家《文选考异》称："何校无改三，依《续汉志》*，是也，各本皆误。案：'《志》注引正作三。'"②

————————

①　徐州博物馆、南京大学历史学系考古专业：《徐州北洞山西汉楚王墓（一）》，文物出版社，2003，第 94 页。

*　《续汉志》即《后汉书·舆服志》，下同，不再出注。

②　胡克家：《文选考异》，清嘉庆十四年刻本。

戎车^1，其饰皆如之。蕃^{2}以矛麾^{3}金鼓^{4}羽析^{5}幢^{6}翳^7，轞青^{8}甲^{9}弩^{10}之旟。^{11}

【注释】

1. 戎车：又称元戎、小戎、钩车、寅车，指作战或军事演练时所乘的战车。周武王曾以"戎车三百乘"在牧野击溃殷纣大军。《尚书·牧誓》："武王戎车三百两，虎贲三百人。"《周礼·夏官·戎仆》："戎仆掌驭戎车。"郑玄注："戎车，革路也，师出，王乘以自将。"《左传·桓公八年》："战于速杞，随师败绩。随侯逸，斗丹获其戎车，与其戎右少师。"杜预注："戎车，君所乘兵器也。"古人多有构拟戎车，如宋人杨甲（图2-126）。明代《方氏墨谱》上的元戎图像（图2-127）也是戎车。秦始皇陵出土的战车中有军吏乘坐的车辆均属指挥车。指挥车的结构与一般士卒乘的战车相同，都是属于攻击型的车，高轮短舆，不巾不盖，前驾四马。但车上装饰华丽，有精细的彩绘花纹，高级将领车上还设有华盖，指挥车上亦设乘员三人，即军吏、御兵和车右。军吏有高低之别，高级军吏俑都穿彩色鱼鳞甲，头戴鹖冠，中级军吏俑穿彩色花边的前胸甲，头戴长冠。指挥车上的御手俑和车右俑都头戴长冠，身穿铠甲。指挥车乘员的位置有四种排列方法：（1）军吏居中，御者居左，车右居右；（2）分前后两排，前排一人为军吏，后排两人，左为御者，右为车右；（3）军吏居左，御者居中，车右居右；（4）分前后两排，前排两人，军吏居左，御者居右，后排一人为车右。乘员职责各不相同，将帅掌金、鼓。1号兵马俑坑的指挥车上曾发现完整的鼓迹和铜钲，御者的职责是驾驭车马，保证车马进退有节，安全奔驰，车右主要与敌人格斗、保护将帅安全。[①]

2. 蕃：附属。《周礼·秋官·大行人》："九州之外，谓之蕃国。"《韩非子·孤愤》："故主失势而臣得国，主更称蕃臣。"

3. 麾：旌幡，用以指挥军队、队列等的旗帜。《墨子·号令》："城上以麾指之。"《周礼·春官·巾车》："建大麾以田，以封蕃国。"《谷梁传·庄公二十五年》："置五麾，陈五兵五鼓。"范宁注："麾，旗幡也。"王先谦集解引惠栋曰："徐广云：'戎车立乘，建牙麾，邪注之。'"

4. 金鼓：金属制乐器和鼓，作为传递信息用。古时在作战或演练时作为传达命令的工具使用，通常鸣金为退兵号令，击鼓为进攻号令等。作为号令的"金"一般指钲、铙之类。一说"金"为钟，《吕氏春秋·不二》："有金鼓，所以一耳。"汉高诱注："金，钟也。击金则退，击鼓则进。"秦始皇陵兵马俑坑中出土的"金"的实物都是甬钟形的，可能在秦汉时期使用的是甬钟。也有论者认为秦陵出土的"甬钟"就是铙（或钲）。[②]关于"钲、

① 秦始皇兵马俑博物馆：《秦始皇帝陵兵马俑辞典》，文汇出版社，1994，第105-106页。
② 党士学：《"甬钟"正名》，《文博》，1986年第3期，第59-60页。

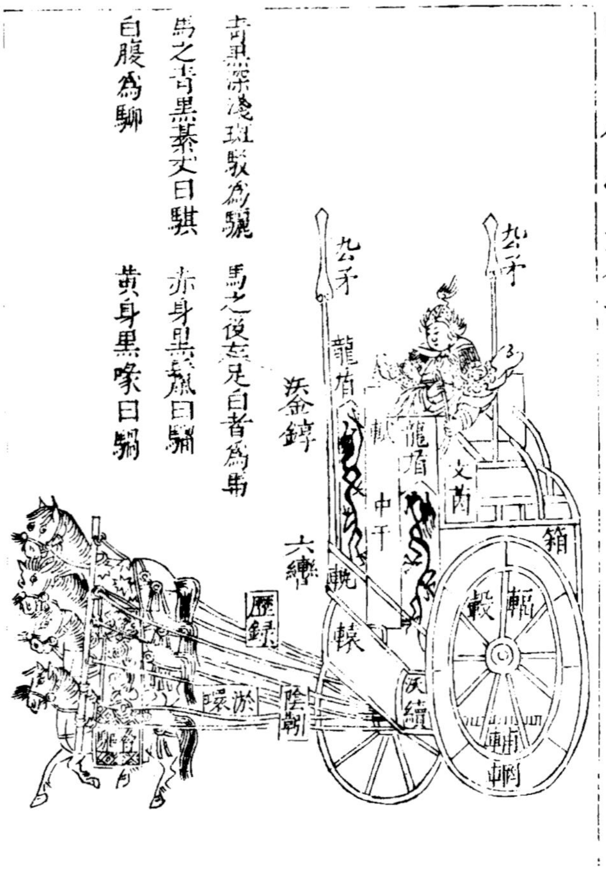

图2-126　小戎车式　宋杨甲绘制（引自《六经图考》）

图2-127　元戎（引自《方氏墨谱》）

铙"见第 113 页"乘舆法驾"一段注释 11。《周礼·地官·鼓人》："掌教六鼓四金之声，以节声乐，以和军旅，以正田役。"《左传·僖公二十二年》："金鼓以声气也。"孔颖达疏："谓金鼓佐士众之声气。"《管子·三官》："金，所以坐也，所以退也，所以免也。"又："鼓，所以往也，所以起也，所以进也。"《孙子兵法·军争篇》："夫金鼓旌旗者，所以一民之耳目也。"《六韬·犬韬·教战》："有金鼓之节，所以整齐士众者也。"《孙膑兵法·官一》："申令以金鼓，齐兵以从迹。"《吴子兵法·应变》："凡战之法，昼以旌旗幡麾为节，夜以金鼓笳笛为节。"《吴子·治兵》："金之不止，鼓之不进，虽有百万何益于用？"《尉缭子·勒卒令》："金、鼓、铃、旗，四者各有法：鼓之则进，重鼓则击；金之则止，重金则退。"秦始皇陵 1 号兵马俑坑东端出土的车内有铜甬钟（钲）和鼓的残痕。出土于九过洞车前的甬钟，长甬，甬中空，甬中部有弦纹一道。旋作半环形，铣间饰蟠螭纹，内壁光素。舞的内壁有对称的三个铜钉，当为内范的支钉。通高 25.9 厘米，其中甬长 8.7 厘米、径 3.95 厘米；旋径 1.75 厘米 ×2.62 厘米；舞修长 10.8 厘米、舞广 8.55 厘米；铣间 12.6 厘米、鼓间 9.8 厘米（图 2-128）。T10 方五过洞和 T2 方二过洞车舆右侧的鼓迹，仅留下鼓环 6 件，每个鼓上 3 件，形制相同。[①] 也有观点认为金鼓实际上是一种事物，就是钲。《汉书·司马相如传上》："搊金鼓，吹鸣籁。"颜师古注："金鼓谓钲也。"王先谦补注："钲，铙也。其形似鼓，故名金鼓。"

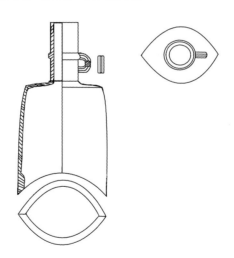

图2-128　铜甬钟（钲）（秦始皇陵兵马俑坑1号坑出土）

5. 羽析： 羽指全羽，完整的彩色鸟羽；析指析羽，穗状羽毛。一般用来装饰旗竿，也用来装饰车。李石《续博物志》卷九："顾恺之画苏武所执之旌，上圆如幢，下复数层红羽骖骖然如夜合花，此析羽也。"《周礼·考工记·钟氏》："钟氏染羽，以朱湛丹秫三月，

---

① 陕西考古研究所、始皇陵秦俑坑考古发掘队：《秦始皇陵兵马俑坑一号坑考古发掘报告：1974—1984（上）》，文物出版社，1988，第 229 页。

而炽之。"郑玄注:"羽，所以饰旌旗及王后之车。"又《春官·司常》:"全羽为旞，析羽为旌。"郑玄注:"全羽、析羽皆五采，系之于旞旌之上，所谓注旄于干首也。"又:"道车载旞，斿车载旌。"郑玄注:"道车，象路也。王以朝夕燕出入。斿车，木路也。王以田以鄙。全羽、析羽，五色，象其文德也。"

6. 幢: 一种垂筒形、装饰有羽毛的旗帜。常在军事指挥、仪仗行列、舞蹈表演中使用。《韩非子·大体》:"车马不疲弊于远路，旌旗不乱于大泽，万民不失命于寇戎，雄骏不创寿于旗幢。"《方言》第二:"翿、幢，翳也。楚曰翿，关西关东皆曰幢。"郭璞注:"儛者所以自蔽翳也。"《汉书·王莽传》:"帅持幢，称五帝之使。"

7. 翳: 用羽毛做的华盖或者车盖。《说文解字·羽部》:"翳，华盖也。"王先谦集解引黄山曰:"此非蓄于车栏者，《齐语》'兵不解翳'韦昭注:'翳，所以蔽兵也。'《管子·小匡》:'兵不解翳'房注:'翳，所以蔽兵，谓胁盾之属。'"

8. 胄: 即兜鍪，作战时战士所戴的头盔。《尚书·费誓》:"善敹，乃甲胄。"孔颖达疏引《说文》:"胄，兜鍪也。"《诗经·鲁颂·閟宫》:"公徒三万，贝胄朱綅，烝徒增增。"《后汉书·桓谭传》:"安平则尊道术之士，有难则贵介胄之臣。"从人类学的证据推断，早期胄可能是用藤条、皮革之类制成的。目前考古出土的有商代铜胄，1934—1935年，安阳侯家庄1004号墓发现大量青铜胄，约在一百四十顶以上。形制大体近似，胄的左右和后部向下伸展，用以保护耳朵和颈部。不少胄正面铸出兽面纹饰，在额头中线处是扁圆形的兽鼻，巨大的兽目和眉毛在鼻上向左右伸展，与双耳相接，有的还加有两支上翘的尖角。圆鼻的下缘就是胄的前沿，在相当于兽嘴的地方，则露出了战士的面孔，显得很威武。也有的胄上不饰兽面，只简单地铸出两只大眼睛。更有的连眼睛也没有，而是凸出两朵大圆葵纹。胄的顶部，都有向上竖立的铜管，用以安装缨饰。一般高20厘米以上，重2000～3000克，胄面打磨光滑，兽面等装饰都浮出胄面。但胄的里面则仍保持着铸制时的糙面，凸凹不平，凡有装饰花纹处也都向外凸出。因此，推测当时的战士戴胄时，头上还一定要加裹头巾，或许在胄内还附有软的织物作衬里（图2-129）。北京昌平白浮西周2号墓出土的铜胄左右两侧向下伸展，形成护耳，在胄顶中央纵置网状长脊，脊的中部有可以系缨的环孔，全

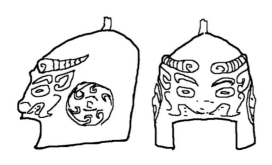 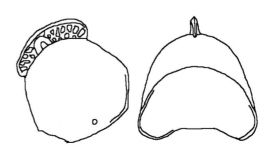

图2-129 青铜胄（河南安阳殷墟出土）　　图2-130 西周铜胄（北京昌平白浮西周2号墓出土）

胄的表面平素无任何纹饰。通高23厘米、脊高3厘米、脊长18厘米（图2-130）。进入战
国以后，铁兜鍪出现。1965年在河北易县燕下都44号墓的发掘工作中发现的铁兜鍪，用
89片铁甲片编成，全高26厘米。顶部用两片半圆形甲片合缀成圆形平顶，以下主要用圆角
长方形的甲片自顶向下编缀，共七层。甲片的编法都是上层压下层，前片压后片。仅用于
护颊、护额的五片甲片形状较特殊，并在额部正中一片甲片向下伸出一个护住眉心的突出
部分。每片甲片的大小视其位置不同而有差异，一般大约高5厘米、宽4厘米（图2-131）。[1]
临淄大武村西汉齐王墓出土过一件铁胄，出土时，两领铠甲与一件铁胄相互挤压重叠，再
加上锈蚀，已经难辨原貌。考古研究者对出土的铁甲进行了复原，发现此胄计由80片组成，
主体部分为四排，四排胄片的横向关系是自中间向两侧叠压，纵向关系是下排压上排。胄
的主体为一筒形，上下透空，此外，尚有两组护耳，左右对称连于胄体下口，片数各五，
编成上三下二的组合。护耳的作用在于保护双耳及部分颜面。胄上的许多边缘部位都有以
丝织物包边的现象，胄片的内表多有以皮革为衬里的痕迹（图2-132）。[2]徐州狮子山西汉
楚王陵出土的两顶铁胄的形制基本相同，仅在尺寸上有一些较小的区别。

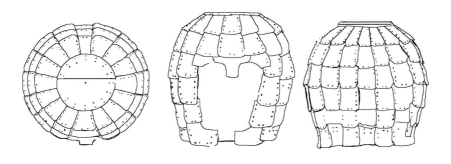

图2-131 战国后期铁胄（河北易县燕下都出土）

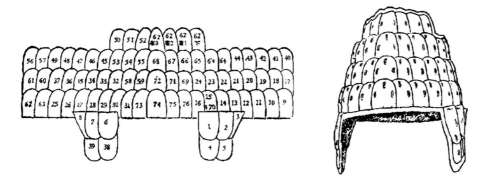

图2-132 西汉铁胄复原图（山东临淄西汉齐王墓出土）
（据《西汉齐王铁甲胄的复原》临摹）

[1] 杨泓：《中国古兵器论丛（增订本）》，文物出版社，1985，第8-13页。
[2] 山东省淄博市博物馆、临淄区文管所、中国社会科学院考古研究所技术室：《西汉齐王铁甲胄的复原》，
《考古》，1987年第11期，第1032-1046页。

铁胄外观整体如"风"字形，或可称之为"风"字形胄。全胄由胄体和垂缘两部分组成。胄体如覆钵形，顶部似一覆盘，其下连体呈筒状，前部开一近方形、口边向外卷曲的"窗口"，从中显露出人的面部五官，以便于观察、呼吸和说话等。垂缘连于胄体下沿，略呈下大上小的喇叭形，垂缘的甲片可以上下缩伸。该铁胄戴于头上，除面部之外，对头颅、颈项及肩部，均起到有效的防护作用（图2-133）。^①吉林榆树县老河深东汉鲜卑墓地有发现铁胄，由胄顶与胄片组成。胄顶呈半球状，顶部有五个小孔，边沿有二十个等距小孔，直径10.8厘米、高5.8厘米、厚0.2厘米。胄片50余片，分两式。一式为主体片，共20片。长条形，稍弯曲，上窄下宽，上端略呈弧形，下端多平直。每片上端有一孔，中部和下端各有四孔，出土时叠成环状。长18厘米、宽4厘米左右。另一式共30余片，为长方形，上方下圆，每片上有七孔，上端中部一孔，两侧及下端各有纵列二孔，长4.2厘米、宽3.2厘米左右（图2-134）。^②

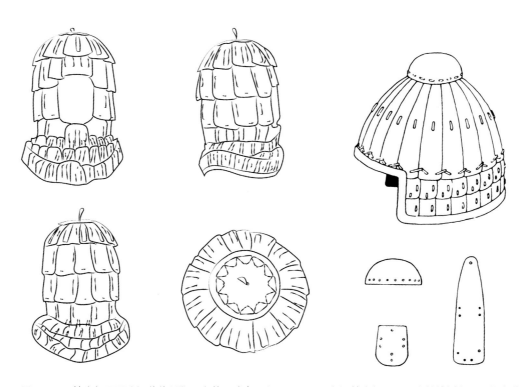

图2-133　铁胄复原图（江苏徐州狮子山楚王陵出土）　图2-134　东汉铁胄复原图（吉林榆树老河深鲜卑墓出土）

---

①　葛明宇、邱永生、白荣金：《徐州狮子山西汉楚王陵出土铁甲胄的清理与复原研究》，《考古学报》，2008年第1期，第102页。

②　吉林省文物工作队、长春市文管会、榆树县博物馆：《吉林榆树县老河深鲜卑墓群部分墓葬发掘简报》，《文物》，1985年第2期，第76页。

9. 甲: 皮革、金属等制成的护身服，一般为军士所用。《周礼·考工记·函人》："函人为甲，犀甲七属，兕甲六属，合甲五属。"《史记·仲尼弟子列传》："甲坚以新，士选以饱。"早期的甲可能是由藤条、皮革或者竹木制成，保护的部分也可能只有胸、背等身体要害部位。商代一些考古遗存发现有皮甲痕迹，但是未能留存。曾侯乙墓出土的皮甲，有一件保存相对完整，全甲由身甲、甲裙和甲袖三部分组成。身甲由胸甲、背甲、肩片、肋片共计20片甲片编成，所用甲片尺寸比较大，最长的达 26.5 厘米。身甲的上口接编竖起的高领，下缘接缀甲裙，两肩联缀双袖。甲裙由上下四列甲片编成，每列 14 片甲片，自左向右依次叠压，作固定编缀，然后再上下纵联，是活动编缀。所用甲片上缘比下缘窄，大致呈一个上底和下底差别不大的梯形，因此，整个甲裙上窄下宽，便于活动。身甲和甲裙均在一侧开口，战士穿好后再用丝带结扣系合。两只甲袖左右对称，各由 13 列 52 片甲片编成，每列横联 4 片，由于甲片均有一定弧度，编联后构成下面不封口的环形。甲片宽度由肩向下递减，作下列依次叠压上列的活动编缀，形成上大下小可以伸缩的袖筒（图 2-135）。[①] 商代开始出现金属铠甲，早期用铜，战国以来开始用铁。秦始皇兵马俑的铠甲比较形象地展示了秦代铠甲的形制。秦始皇陵兵马俑 1 号坑发掘报告将 1 号兵马俑坑东端五个方内出土的 600 多件铠甲武士俑上的铠甲分为二类六型。第一类，铠甲是由甲片编缀而成的，可分为三型：一型铠甲，数量最多，是一般士卒穿的甲衣。身甲主要由长方形、方形甲片编缀而成。双肩有披膊，披膊呈覆瓦形，也是由甲片编缀而成的。胸甲背甲下边沿多呈圆弧形。甲衣领均为圆形。甲的开合口在胸的右上侧，有纽扣扣结。前后身甲的胁下部分连成筒形。

图2-135 皮甲复原图（湖北随州曾侯乙墓出土）（据《中国古兵器论丛（增订本）》临摹）

① 杨泓:《中国古兵器论丛（增订本）》，文物出版社，1985，第 5 页。

铠甲的开口位于胸的右上角，并有纽扣扣结（图2-136）。二型铠甲是戴长冠的下级军吏及车右所穿的铠甲，较一型铠甲的甲片多（图2-137）。三型铠甲为御手俑的铠甲，双肩无披膊（图2-138）。第二类，可分为三型：一型为车兵军吏俑的铠甲，仅在前身有护甲，两肩设有背带在背后交叉，与护甲腰部的系带相连，在身后打结系牢。护甲的四周留出较宽的边沿，居中联缀甲片，甲片较大（图2-139）。二型3件，为步兵军吏俑穿的铠甲，由身甲和披膊组成。身甲只在腹部和腰部以下缀甲片，前后胸部未嵌甲片，四周并留有宽大的边缘，下摆的边沿平齐。披膊很大，四周留有宽边，中间缀有甲片，甲片较小（图2-140）。三型3件，为车兵军吏俑穿的铠甲。前身较长，下摆呈尖角形，后身较短，下缘平直。可分为二式：一式只有身甲，无披膊。前身的下摆呈三角形，甲的左右肩及前胸、后背等没有嵌缀甲片的部分，上面缀有八处花结状的条带，即左右肩部各一处，前胸及后背各三处（图2-141）。二式形制与一式甲相似，但双肩有披膊（图2-142）。上述两类六型不同的铠甲中，第一类中的一型甲占的数量最多。它甲片大，而甲片的数量少，是普通士卒穿的甲。二型铠甲的数量较少，较一型甲的甲片小和甲札多。穿此型甲者头上都戴长冠，是高于一般士卒的下级军吏和战车上车右的甲衣。三型铠甲和二型铠甲的形制相近，但双肩无披膊，是御手穿的甲衣。第二类铠甲和一类铠甲相较，装饰华丽，绘有精致的彩绘花纹。其中的二型甲、三型甲身长，甲片小且数量多，近似鱼鳞甲。穿二类甲者都戴冠，地位较高。一类铠甲的甲片较大，有可能是皮甲；二类铠甲，尤其是二型甲和三型甲，甲片小，甲片有可能是用金属制造的。[1]此外，秦代还有一种铠甲，身甲较长，且在领部加有高的"盆领"，左右两肩的披膊向下延伸，一直护到腕部，其前还接缀由三片甲片编成的舌形护手（图2-143）。[2]

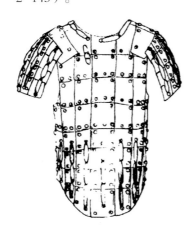

图2-136　秦代一类一型铠甲

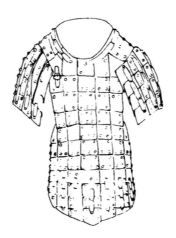

图2-137　秦代一类二型铠甲

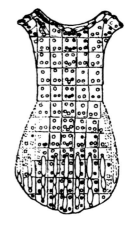

图2-138　秦代一类三型铠甲

① 陕西考古研究所、始皇陵秦俑坑考古发掘队：《秦始皇陵兵马俑坑一号坑发掘报告：1974—1984（上）》，文物出版社，1988，第127-135页。
② 杨泓：《中国古兵器论丛（增订本）》，文物出版社，1985，第16页。

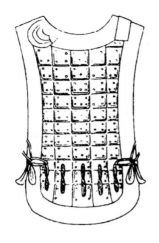

图2-139　秦代二类一型铠甲　　　　　　　图2-140　秦代二类二型铠甲

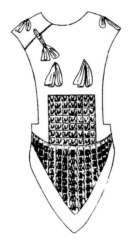
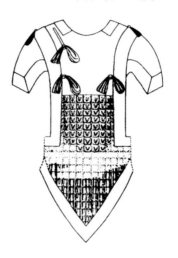

图2-141　秦代二类三型一式铠甲　　　　　图2-142　秦代二类三型二式铠甲

（以上均为始皇陵兵马俑坑1号坑出土）

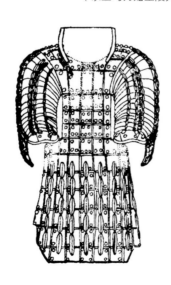
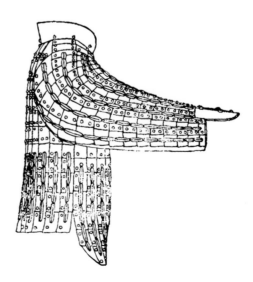

图2-143　秦代铠甲（根据《中国古兵器论丛》临摹）

汉代开始大量使用铁甲，当时铁甲又称玄甲。《史记·卫将军骠骑列传》："〔霍去病〕元狩六年而卒。天子悼之，发属国玄甲军，陈自长安至茂陵。"张守节正义："玄甲，铁甲也。"杨泓根据出土材料将西汉铁甲分为两类六型。第一类，札甲，可分为三型：一型，仅护住胸、背的札甲，胸甲和背甲在肩部用带系连，甲片较大。如陕西咸阳杨家湾出土的陶立俑和骑马俑（图2-144）。二型，除胸、背外，甲有披膊，甲片较小，如陕西咸阳杨家湾出土的陶立俑（图2-145）。三型，除胸、背外，甲有盆领，胸中开襟，用铁扣扣合，如辽宁朝阳二十家子镇出土的标本（图2-146）。第二类，鱼鳞甲，可分三型。一型：见于辽宁朝阳二十家子镇出土的残铠甲，甲片编缀形同鱼鳞（图2-147）。二型，甲片细密呈鱼鳞状，满城1号墓出土的标本属此型（图2-148）。三型，用一种小甲片编成，见洛阳3023号墓出土的标本（图2-149）。

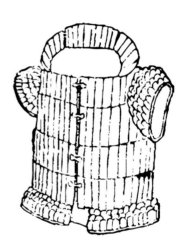

图2-144　西汉一类一型铠甲　　　　图2-145　西汉一类二型铠甲　　　　图2-146　西汉一类三型铠甲

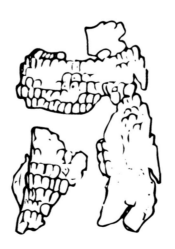

图2-147　西汉二类一型铠甲　　　　图2-148　西汉二类二型铠甲　　　　图2-149　西汉二类三型铠甲

（以上根据《中国古兵器论丛》临摹）

鱼鳞甲在西汉早期和中期是比较少见的，当时普遍使用的是大型甲片编成的札甲，如同杨家湾出土的一类一型。鱼鳞甲是新式的、较为先进的铠甲，只有身份地位高的人才能使用。研究者对满城中山王刘胜墓、广州南越王墓、临淄齐王墓和徐州狮子山楚王陵出土的铁甲进行了复原研究。中山王甲为前胸对开襟，形制上属于鱼鳞甲，甲身由较小的叶形甲片组成，甲片的横向排列一律由前向两侧后叠压，左右肩各为三行横列片，筒形袖。垂缘分为三段，由纵列七排长方甲片组成。袖及垂缘横向甲片一律由右向左顺序叠压。甲片以麻绳组编，面上无装饰。皮及绢衬里，内皮外锦包边缘。总计用甲片 2859 片（图 2-150、图 2-151）。[1]

西汉南越王甲为右襟，右侧开口以丝带系结，无袖无垂缘，用单种长方形抹角甲片组成，总数 709 片。横向甲片排列一律由前胸向两侧后叠压，左右肩纵列四行横片，甲身下段之片上均用丝带编缀成不等的套接菱形图案作为装饰，全部甲片组编用麻绳（图 2-152）。[2]

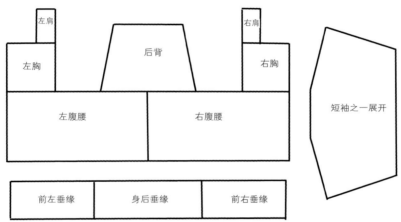

图2-150　满城汉墓铁甲各部位示意图

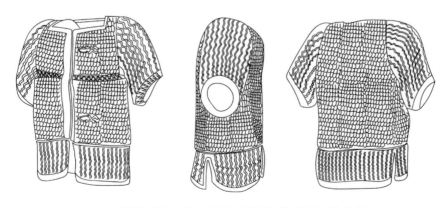

图2-151　满城汉墓铁甲复原图（据《满城汉墓发掘报告》临摹）

---

① 中国社会科学院考古研究所、河北省文物管理处：《满城汉墓发掘报告（上）》，文物出版社，1980，第 357-369 页。
② 中国社会科学院考古研究所技术室、广州市文物管理委员会：《广州西汉南越王墓出土铁铠甲的复原》，《考古》，1987 年第 9 期，第 853-859 页。

西汉齐王金饰甲为右襟，有披膊和垂缘，用叶形及长方形两种甲片组成。横向甲片一律由前胸当中向两侧后顺序叠压，披膊不可伸缩，左右肩由四列横置长方片组成。甲身下段及披膊上以金银片及丝带作装饰，共用甲片2244片，全部用麻绳组编（图2-153）。齐王素面甲为右襟，有披膊及垂缘，由叶形及长方形甲片组成，总计2142片。组成披膊之甲片二者兼有，上段固定式，下段伸缩式，左右肩各以五列纵编甲片组成，其余结构与金饰甲相同。全部甲片以麻绳组编（图2-154）。齐王铠甲的披膊形式可以认为较多地承袭了秦代武俑披膊上表现出的特点。齐王金饰甲上以金银片贴饰的图案，在陕西咸阳杨家湾出土的西汉彩绘俑的铠甲上曾有类似发现。①

徐州狮子山楚王陵出土的铠甲有三种，铁札甲，由身甲、盆领、肩、披膊、甲裙五部分组成。整体形制上与呼和浩特二十家子古城出土的西汉铁札甲较为相似，但楚王陵铁札甲为右开襟，而二十家子西汉铁札甲为前胸对开襟（图2-155）。大鱼鳞形铠甲，其甲片近似马蹄形，上平下圆，片上设8孔，按上下左右4对分布于四边的中部，惟片体

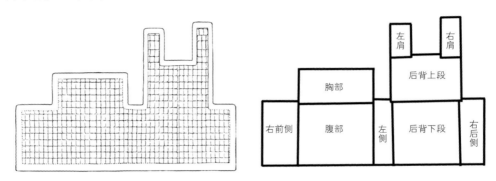

图2-152　南越王墓铁甲展开图及示意图
（据《广州西汉南越王墓出土铁铠甲的复原》临摹）

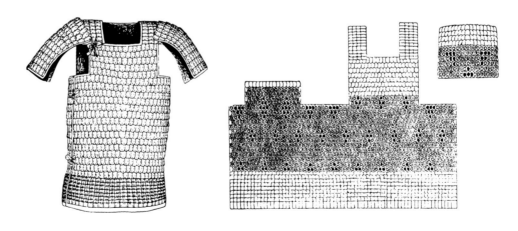

图2-153　金银饰铠甲（山东临淄西汉齐王墓出土）

---

① 山东淄博市博物馆、临淄区文管所、中国社会科学院考古研究所技术室：《西汉齐王铁甲胄的复原》，《考古》，1987年第11期，第1032-1046页。

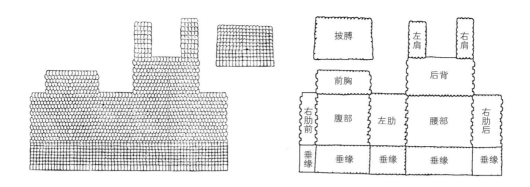

图2-154　素面铠甲展开图及示意图（山东临淄西汉齐王墓出土）
（以上据《西汉齐王铁甲胄的复原》临摹）

较大，故名大鱼鳞甲片，由其组成甲衣的主体身甲，称之为大鱼鳞甲。甲衣是右开身，与西汉齐王铁甲开襟形制是一致的。1 号小鱼鳞形铠甲，甲体由大量相对小型甲片组成，上甲片排列外观如鱼鳞状，故名小鱼鳞甲（图 2-156）。2 号小刀形鱼鳞铠甲（图 2-157），此甲身甲的特殊之处在于其状如鱼鳞的圆弧一端朝上，而不是习见的朝下，这种形态，实为缩合式裙甲片的一种形态。这与唐宋以后的某些甲衣的身甲可以上下收缩的形式颇为相似。这组铁甲的种类、形制各异，其具体用途亦有所不同，如 2 号小刀形鱼鳞裙甲，其复原甲长为 1.3 米左右，穿时裙甲至膝，不用于步行和骑马。从楚王陵陪葬兵马俑坑出土的踞坐车兵俑所穿长甲得知，该裙甲用途乃战车上穿服的长式铠甲。因此，这组铁铠甲是西汉前期根据当时车、骑、步等作战场合的实际需要而设计制作的一组不同功用的铁甲。[①]

10．弩：用机械发箭的弓。《周礼·夏官·司弓矢》："司弓矢掌六弓四弩八矢之法，辨其名物，而掌其守藏，与其出入。"尽管《周礼》据称是记录周代的制度，但是出土的弩的实物最早的大概是战国时期的，这与《史记·孙子吴起列传》中"于是令齐军善射者万弩，夹道而伏"的记载相符。杨泓根据出土的材料绘制了战国弩的复原图（图 2-158）。

　　秦代的弩基本上保持了战国时期的形制。秦俑坑出土的弩，弓材为木质，弓置于弩臂的含口内，弩臂为木质，通体涂褐色漆，长 70～76 厘米，宽 4～5 厘米，厚 5.5～7 厘米。弩臂的前端有承弓的含，含的上唇长 3.5 厘米，下唇长 4.5 厘米，上下唇的宽度与弩宽同。弩臂的前端距含 6～11.5 厘米处，左右两侧各有一长方形耳，耳长 2 厘米，宽 2 厘米，厚 1.5 厘米，用两根绳前端缚弓，后端分别系结于左右耳上，使弓固着于弩臂的含口内，以防射击时由于弓干松弛时的反作用力使弓与弩臂脱开。弩臂的后部有竹片作关，

① 葛明宇、邱永生、白荣金：《徐州狮子山西汉楚王陵出土铁甲胄的清理与复原研究》，《考古学报》，2008 年第 1 期，第 91-120 页。

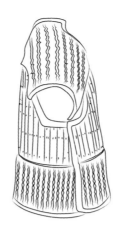

图2-155　西汉楚王陵铁札甲复原图

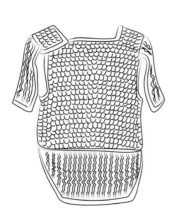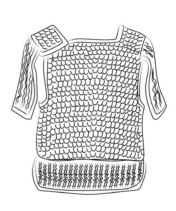

图2-156　西汉楚王陵1号小鱼鳞甲复原图

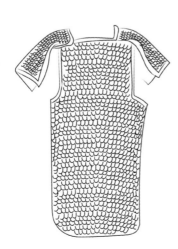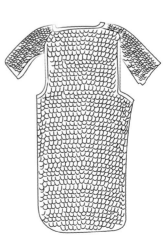

图2-157　西汉楚王陵2号小刀形鱼鳞甲
（以上据《徐州狮子山西汉楚王陵出土铁甲胄的清理与复原研究》临摹）

竹片宽 3.2 厘米，厚 0.5 厘米。关的内径宽 11 ~ 12.8 厘米，高 5.8 ~ 7 厘米。关后有木托。托呈长方橛状，长约 8 厘米，厚约 2 厘米，上端插于弩臂的铆口内，铜弩机安装在弩臂的后部，素面，无郭，望山和钩牙露出臂面，悬刀位于关内。弩臂的正面有承箭杆的槽，槽宽约 1 厘米，深 0.5 厘米。槽长由望山直达含端。弩臂的上部为平面，下部呈圆弧形，左右两侧的中部内凹呈弧形，便于握持（图 2-159）。[①]

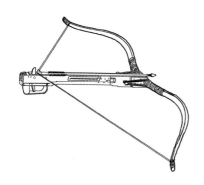

图2-158　战国弩复原图
（根据《中国古兵器论丛》临摹）

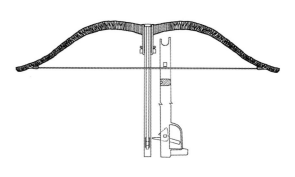

图2-159　弩复原图
（陕西西安秦始皇陵出土）

汉弩较战国的弩有了极大的进步，主要的改进表现在青铜铸造的弩机的构造方面。第一是在青铜扳机（牙、悬刀和牛）外面加装一个铜铸的机匣——郭。牙、悬刀和牛都用铜枢联装在铜郭内，再把铜郭嵌进木弩臂上凿出的机槽中去。值得注意的第二点，是弩上瞄准装置的改进。表现在两方面，一方面增高了望山的高度，并且从原来的弧曲度很大的弧面改成直面。另一方面，有的弩机还在望山面上增加了刻度（图 2-160）。[②]马王堆 3 号汉墓出土木弩 2 件，弩臂木制，两侧雕刻云纹，髹黑漆。前部承弓处呈抓手状，后部安弩机处包牛角片，并有锯齿状纹，可能表示原来是用铜包镶的，一方面为了加固，另一方面可作装饰。标本南 160，通长 68 厘米、高 8.9 厘米、宽 4 厘米。臂上部置箭处有凹槽，至钩弦处长 55.5 厘米。后部安角质弩机，有郭。弩机长 10.5 厘米、宽 1.6 ~ 2.1 厘米，槽宽 1.2 厘米。悬刀脱落，长 9.5 厘米、厚 0.7 厘米。标本南 172 与标本南 160 构造相同。髹黑漆，雕画云气纹。弩机亦为角质，长 10.7 厘米、宽 1.8 ~ 2.4 厘米。置箭凹槽长 53、宽 1 厘米。弩全长 60.9 厘米、最高 7.9 厘米、宽 4.5 厘米（图 2-161）。[③]江苏盱眙东阳汉墓出土的漆弩，弩臂全长 56.5 厘米，后宽前窄，后部约占弩臂全长的三分之一，最宽处约 4.2 厘米，尾端呈椭圆弧状。铜机郭全长 12.5 厘米、宽 2.7 厘米，安装在弩

① 陕西考古研究所、始皇陵秦俑坑考古发掘队：《秦始皇陵兵马俑坑一号坑发掘报告：1974—1984（上）》，文物出版社，1988，第 281-287 页。
② 杨泓：《中国古兵器论丛（增订本）》，文物出版社，1985，第 215-220 页。
③ 湖南省博物馆、湖南省文物考古研究所：《长沙马王堆二、三号汉墓．第一卷：田野考古发掘报告》，文物出版社，2004，第 207 页。

臂后部距尾端约 3.2 厘米处。木臂前部呈长条状，最窄处约 2.6 厘米，面上刻出宽约 1 厘米的矢道，向后与铜机郭面的矢道联贯成一体，向前直达臂端，矢道全长近 50 厘米。在近前端处，因装有弩弓之故，又在两侧加宽，最宽处与后部接近。侧视机臂最厚处在安装弩机前枢的地方，厚达 6.5 厘米，由此向前逐渐向上弧升，至臂端仅厚 5.5 厘米；由此向后则上曲呈圆弧，圆弧接尾端下伸的握手，悬刀即位于圆弧的中央处。握手的横截面呈椭圆形，长径约 5 厘米，短径约 4.2 厘米，自臂面至握手底面全高 11 厘米。在握手前侧下部开有竖直的窄槽，槽宽约 1.6 厘米、深约 2 厘米，当扳发弩机时，可将后扳的悬刀纳入槽中。弩弓横装于距臂前端约 8 厘米处，容弓孔宽约 4 厘米。出土时伴同漆弩有一竹弩弓，但已残损。由这件漆弩，可推定铜机郭与弩臂长之比为 1 ：4.5。木臂前窄后宽，后部装铜机郭处约占全臂长的三分之一（图 2-162）。[①]

11. 刘昭注：《汉制度》曰："戎，立车，以征伐。"《周官》"其矢箙"。《通俗文》曰："箭箙谓之步叉。"干宝亦曰："今谓之步叉。"郑玄注《既夕》曰："服，车箱也。"颜延之《幼诰》云："弩，矢也。"

长沙马王堆 3 号汉墓出土矢箙 1 件，木质，作梯形扁平盒状，上面两侧伸出两根尖状木柱，用朱、黄色绘三角纹、云纹。扁盒上部钻孔 12 个，并穿绳，作为固定箭杆之用。

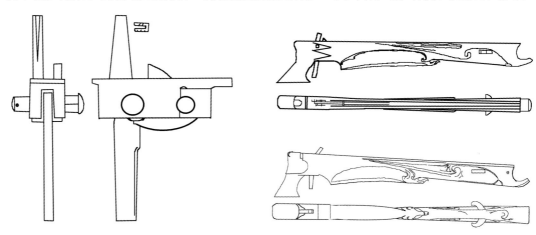

图 2-160　铜弩机（河北满城 1 号汉墓出土）　　　　图 2-161　木弩（湖南长沙马王堆 3 号墓出土）

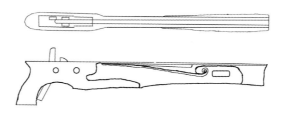

图 2-162　西汉漆弩（江苏盱眙东阳出土）

---

① 杨泓：《中国古兵器论丛（增订本）》，文物出版社，1985，第 222 页。

带箭杆通高 68.5 厘米、高 45.4 厘米。内盛箭杆十二枝。杆似为芦苇，前端髤黑漆，尾端 17.5 厘米。髤红漆，直径 0.8 厘米。尾端有羽，长 15.5 厘米，残留的羽毛可见。无镞。箭杆全长 76 厘米。矢箙漆画粗糙，当是明器（图 2-163）。[①]

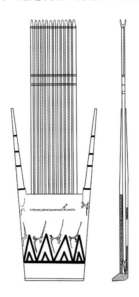

图2-163 汉代矢箙（湖南长沙马王堆3号墓出土）

猎车[1]，其饰皆如之。重辋[2]缦轮[3]，缪龙绕之。一曰阘猪车，亲校猎[4]乘之。

【注释】

1. **猎车**：帝王等狩猎时所乘之车。猎车的名字汉以前未见，但《周礼·巾车氏》记载："王之五路……木辂，前樊鹄缨，建大麾，以田。"田就是田猎，也就是说，周代帝王狩猎时也是乘车的，所用的是五路之一的木辂。郑玄注解释其形制为"不鞔以革，漆之而已"。刘昭注："魏文帝改曰阘虎车。"

2. **辋**：轮的外周、外框；现代所谓的轮圈。汉代以前称"牙"。《释名·释车》："辋，罔也，罔罗周轮之外也。"

① 湖南省博物馆、湖南省文物考古研究所：《长沙马王堆二、三号汉墓.第一卷：田野考古发掘报告》，文物出版社，2004，第 207 页。

3. **缦轮：** 王先谦集解："惠栋曰：'缦《宋志》作轖。'黄山曰：字书无轖字，乃轜字之讹。《众经音义》十四引《仓颉篇》'布帛张车上为轜'，明不属于轮毂，《宋志》误也。《（周礼·）巾车》郑注：'夏篆，五采画毂约也。夏缦，亦五采画，无瑑尔。'贾疏：'言缦者，亦如缦帛无文章。'此缦轮之制。"

4. **校猎：** 狩猎、田猎。"校"音 jiào，即围栏、栅栏，《墨子·备穴》："为铁校，卫穴四。"孙诒让间诂："铁校，盖铸铁为阑校，以御敌。"狩猎时先设栅栏以圈围野兽，然后猎取。古代田猎同时也是一种军事演习的方式。《汉书·司马相如传》："背秋涉冬，天子校猎。"李奇注："以五校兵出猎也。"颜师古注："李说非也。校猎者，以木相贯穿，总为阑校，遮止禽兽而猎取之。说者或以为《周官》校人掌田猎之马，因云校猎，亦失其义。养马称校人者，谓以为阑校以养马耳，故呼为闲也。事具《周礼》，非以猎马故称校人。"又《成帝纪》："冬，行幸长杨宫，从胡客大校猎。"如淳注："合军聚众，有幡校击鼓也。周礼校人掌王田猎之马，故谓之校猎。"颜师古注："如说非也。此校谓以木自相贯穿为阑校耳。《校人职》云'六厩成校'，是则以遮阑为义也。校猎者，大为阑校以遮禽兽而猎取也。军之幡旗虽有校名，本因部校，此无豫也。"

太皇太后、皇太后[1]法驾[2]，皆御金根，加交络帐裳[3]。非法驾，则乘紫罽軿车[4]，云橑文画辀，黄金涂五末[5]、盖蚤。左右騑，驾三马。长公主赤罽軿车。大贵人、贵人、公主、王妃、封君油画軿车[6]。大贵人加节画辀。皆右騑[7]而已。

【注释】

1. 王先谦集解引陈景云曰："当有皇后二字。"

2. **法驾：** 天子等所用的礼制所规定的一种车驾。刘昭注："重翟羽盖者也。"《史记·吕太后本纪》："乃奉天子法驾，迎代王于邸。"裴骃集解引蔡邕曰："天子有大驾、小驾、法驾。法驾上所乘，曰金根车，驾六马，有五时副车，皆驾四马，侍中参乘，属车三十六乘。"

3. **交络帐裳：** 刘昭注引徐广曰："青交络，青帷裳。""交络"一本作"交路"，王先谦集解引陈景云曰："路当作络，《刘盆子传》引此文正作络。"

   交络： 即车网。王先谦集解引黄山曰："交络即车网。《说文》'网'象网交文。"《后汉书·礼仪志下》："载饰以盖，龙首鱼尾，华布墙，繡上周，交络前后，云气画帷裳。"

　　帐裳：即帷裳，亦称"裳帏""童容"。围车之帐
幔。因如下裳，故称。《诗经》时代即有使用。《诗经·卫
风·氓》："淇水汤汤，渐车帷裳。"毛传："帷裳，妇
人之车也。"郑玄笺："帷裳，童容也。"孔颖达疏："以
帏障车之傍如裳，以为容饰，故或谓之帏裳，或谓之
童容。"《释名·释车》："容车，妇人所载小车也，其
盖帷，所以隐蔽其形容也。"宋人陈祥道构拟过帷裳的
形象（图2-164）。

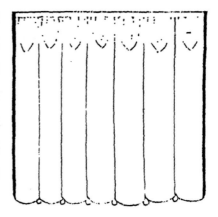

图2-164　帷裳　宋陈祥道（引自《礼书》）

　　4. 軿车：一种车箱类似后世轿子的小车。车箱四面遮
挡，上有盖，坐乘。刘昭注："《字林》曰：'軿车有
衣蔽，无后辕者谓之辎也。'《释名》：'軿，屏也。四屏蔽，妇人乘牛车也。有邸曰辎，
无邸曰軿。'傅子曰：'周曰辎车，即辇也。'"《西京杂记》卷一："吕后命力士于被
中缢杀之……以绿囊盛之，载以小軿车，入见。"《说文解字·车部》："軿，辎车也。"
朱骏声《通训定声》："辎、軿皆衣车。前后皆蔽曰辎，前有蔽曰軿。"内蒙古和林格尔
汉墓中室描绘"使君从繁阳迁度关时"的壁画上一辆马车榜题"夫人軿（？）车从骑"（图
2-165），[①]研究者认为当是汉代軿车。

　　5. 五末：五部分的末端，具体是哪五部分未详，可能是车辕的一端，衡和毂的两端。刘昭
注引徐广曰："未详。疑谓前一辕及衡端毂头也。"

　　6. 油画軿车：省称"油軿车""油軿"。油涂抹后在上添加彩绘的軿车。颜色光亮且能防
尘、防泥。《急就篇》卷三："革鞲髤漆油黑苍。"颜师古注："油者，以油油之，所以
为光色而御尘泥。"

　　7. 王先谦集解引惠栋曰："徐广云：'皆驾二右騑而已。'"

图2-165　軿车（内蒙古和林格尔汉墓墓室壁画）

---

①　内蒙古文物工作队、内蒙古博物馆：《和林格尔发现一座重要的东汉壁画墓》，《文物》，1974年第1期，第12页。

皇太子、皇子皆安车，朱班轮，青盖，金华蚤[1]，黑櫎文，画轓[2]文辀，金涂五末。皇子为王，锡[3]以乘之，故曰王青盖车。[4]皇孙则绿车[5]以从。皆左右騑，驾三。公、列侯安车，朱班轮，倚鹿较，伏熊轼，[6]皂缯盖，黑轓，右騑。[7]

【注释】

1. 金华蚤：王先谦集解引黄山曰："《董卓传》：'乘金华青盖爪'。李贤注：'金华，以金为华饰车也。爪者，盖弓头为爪形也。'"

2. 轓：车箱两旁反出如耳的部分，用以障蔽尘泥。王先谦集解引黄山曰："轓，后起字，《说文》所无。汉所谓轓实则《（周礼）·巾车》所谓蔽，巾车、木车蒲蔽，素车棼蔽，藻车藻蔽，駹车萑蔽与漆车藩蔽，皆以蔽为主名。郑注：'蔽，车旁御风尘者是也'。"《汉书·景帝纪》："令长吏二千石车，朱两轓；千石至六百石，朱左轓。"应劭曰："车耳反出，所以为之藩屏，翳尘泥也。二千石双朱，其次乃偏其左。軬以簟为之，或用革。"如淳曰："轓音反，小车两屏也。"颜师古注："据许慎、李登说，轓，车之蔽也。左氏传云'以藩载栾盈'，即是有鄣蔽之车也。言车耳反出，非矣。"从目前考古发现来看，汉代"轓"指的应该是车耳，颜师古注中所说应该是指车箱的"轓"。《周礼·春官·巾车》："漆车藩蔽。"郑玄注："藩，今时小车藩，漆席以为之，以蔽御风尘也。"荥阳苌村东汉壁画墓中绘有皂盖朱左轓和皂盖朱两轓的轺车。朱两轓的轺车隶体墨书榜题"巴郡太守时车"，朱左轓的轺隶体墨书榜题"供北陵令时车"（图 2-166、图 2-167）。[①]二者的车马形制，与下文"中二千石、二千石皆皂盖，朱两轓；其千石、六百石，朱左轓"的记载相符合。

3. 锡：通"赐"。刘昭注引徐广曰："旂旗九旒，画降龙。""金涂五末"是同姓诸侯用车的旧例。刘昭注称魏武帝令问东平王："有金路何意？为是特赐非？"侍中郑称对曰："天子五路，金以封同姓，诸侯得乘金路，与天子同。此自得有，非特赐也。"

4. 王青盖车：省称"青盖车"。《后汉书·桓帝纪》："质帝崩，太后遂与兄大将军冀定策禁中……以王青盖车迎帝入南宫，其日即皇帝位。"研究者认为满城 1 号汉墓中，"出土的盖弓帽多作花形，并鎏金。衡末铜饰亦皆鎏金。车軎为鎏金或错金。其中如 2 号车，盖弓帽皆作鎏金花形，除鎏金衡饰和错金车軎外，还发现鎏金辕饰，与'金华蚤'和'金涂五末'的记载相合，或即所谓'王青盖车'。"[②]

---

① 郑州文物考古研究所、荥阳文物保护管理所：《河南荥阳苌村汉代壁画墓调查》，《文物》，1996 年第 3 期，第 18-27 页。

② 中国社会科学院考古研究所、河北省文物管理处：《满城汉墓发掘报告（上）》，文物出版社，1980，第 204 页。

5. 绿车： 又称皇孙车。刘昭注引蔡邕《独断》曰："绿车名曰皇孙车，天子有孙乘之。"《汉书·金日磾传》："上拜涉为侍中，使待幸绿车载送卫尉舍。"颜师古注："如淳曰：'幸绿车常置左右以待召载皇孙，今遣涉归，以皇孙车载之，宠之也。'晋灼曰：'《汉注》：绿车名皇孙车，太子有子乘以从。'"

6. 王先谦集解引惠栋曰："颜籀（按：即颜师古）曰：'倚鹿校者，画鹿于车之前两藩外也。伏熊轼者，车前横轼为伏熊之形也。'"

7. 刘昭注："车有轓者谓之轩。"《说文解字·车部》："轩，曲辀藩车。"段玉裁注："曲辀、所谓轩辕也。杜注《左传》于轩皆曰大夫车。"荥阳苌村有赤盖轩车图像。详见第112页"乘舆法驾"一段注释7。

图2-166　朱左轓轺车

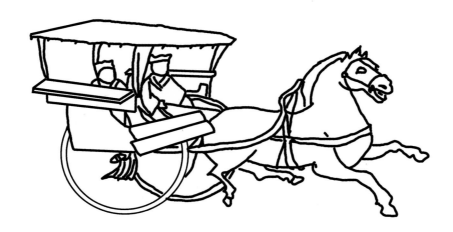

图2-167　朱两轓轺车（河南荥阳苌村东汉墓壁画）

中二千石、二千石皆皂盖，朱两轓。其千石、六百石，朱左轓。[1]轓长六尺，下屈[2]广八寸，上业[3]广尺二寸，九文，十二初，后谦[4]一寸，若月初生，示不敢自满也。[5]景帝中元五年，始诏六百石以上施车轓，得铜五末，轭有吉阳筩。中二千石以上右騑，三百石以上皂布盖，千石以上皂缯覆盖，二百石以下白布盖，皆有四维[6]杠[7]衣。贾人不得乘马车。除吏赤画杠，其余皆青云。[8]

【注释】

1. 汉制，官吏的官秩等级用"石"区分，根据唐代颜师古的观点，按照俸禄来计算，中二千石即月俸一百八十斛谷。《汉书·百官公卿表第七上》颜师古注："汉制，三公号称万石，其俸月各三百五十斛谷。其称中二千石者月各百八十斛，二千石者百二十斛，比二千石者百斛，千石者九十斛，比千石者八十斛，六百石者七十斛，比六百石者六十斛，四百石者五十斛，比四百石者四十五斛，三百石者四十斛，比三百石者三十七斛，二百石者三十斛，比二百石者二十七斛，一百石者十六斛。"有学者认为，西汉时"石"是定秩俸等级的虚名，"斛"是实俸，但真正发放时，又往往折合成钱。到东汉时，定秩等级的方式与西汉相同，但实际发放时，是"半钱半谷"的原则，准确地说就是部分钱、部分谷。[①]这里所记述的"皂盖"与"朱轓"与荥阳苌村出土情况相合。具体形象见第100页"皇太子、皇子"一段注释2。

2. **屈**：弯曲。这里指轓曲折向下的部分。《玉篇·出部》："屈，曲也。"《广韵·物韵》："屈，拗曲。"

3. **业**：本指大版。具体指覆在悬挂钟、鼓等乐器架横木上的装饰物，刻如锯齿形，涂以白色。《说文解字·丵部》："業（业），大版也。所以饰县钟鼓。捷业如锯齿，以白画之。象其鉏铻相承也。"这里指轓的平板形的构件。

4. **谦**：减损。《逸周书·武称》："既胜人举旗以号令，命吏禁掠，无取侵暴，爵位不谦，田宅不亏，各宁其亲，民服如化，武之抚也。"孔晁注："谦，损也。"

5. 刘昭注：案本传，旧典，传车骖驾乘赤帷裳，唯郭贺为荆州，敕去襜帷。谢承书（按：指谢承的《后汉书》）曰："孔恂字巨卿，新淦人。州别驾从事车前旧有屏星，如刺史车曲翳仪式。是时刺史行部，发去日晏，刺史怒，欲去别驾车屏星。恂谏曰：'明使君传车自发晚，而欲彻去屏星，毁国旧仪，此不可行。别驾可去，屏星不可省。'即投传去。刺史追辞谢请，不肯还，于是遂不去屏星。"《说文》曰："车当谓之屏星。"

① 安作璋、熊铁基：《秦汉官制史稿（下册）》，齐鲁书社，1984，第453-454页。

6. 维: 用来维系车盖的大绳。《说文解字·系部》:"维,车盖维也。"段玉裁注:"车盖之制,详于《考工记》,而其维无考。许以此篆专系之车盖,盖必有所受矣。"王筠《句读》:"盖之维所以维其弓也,今之伞固然。"桂馥《义证》:"维,谓系盖之绳。"

7. 杠: 车盖柄的下部。《周礼·考工记·轮人》:"轮人为盖,达常围三寸。"郑玄注引郑司农曰:"达常盖斗柄下入杠中也。"贾公彦疏:"盖柄有两节,此达常是上节,下入杠中也。"杠衣即是包裹车盖柄的布。包山楚墓2号墓出土单层车伞4件,伞柄又分两段,都是圆柱形,上端凿锥状榫,两段柄及伞盖均套接,接榫处均用两节铜箍相套加固。4件单层伞中两段伞柄合起来长度分别为203厘米、203.2厘米、203.5厘米、187.2厘米,箍长分别是21厘米、11.8厘米、14.5厘米、14厘米,直径4.6厘米左右(图2-168)。[1]曾侯乙墓伞柄为圆柱形,由三段拼接而成,拼接时,上面一根下端剜有圆孔,孔呈空圆锥形,下面一根上端修成尖锥状,因为安装较深(18厘米)、衔接较紧,所以竖立起来是较稳固的。

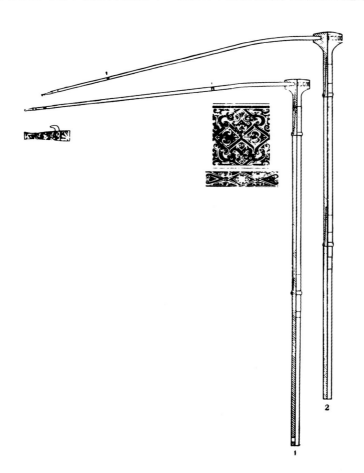

图2-168　单层车伞结构图(湖北荆门包山2号楚墓出土)

---

[1]　湖北省荆沙铁路考古队:《包山楚墓》,文物出版社,1991,第225-226页。

全伞高 243 厘米、柄径 4 厘米。另外一件被称为"华盖"的双层伞，伞柄，上层一直贯穿，与盖近平，柄顶为实心，下作脚锥尖榫状；下层也一直贯穿，亦与盖近平，然柄为空心，应为承插上层之柄，其下和伞柄一样，也是一节一节组装起来的，但是已有残缺，不能复原实际高度（图 2-169）。^① 江陵望山 2 号墓出土的伞柄，木质，分上、中、下三段。上段之柄与顶盘相连，柄为圆柱形，径 4.5 厘米、长 26 厘米。下部中空 16 厘米，以安插中段之柄的榫头，下端之柄也有榫头插入中段柄内，中段与下段柄各长 85 厘米、95 厘米，上、中、下三段连接处均以铜箍固定。柄下端有一小长方孔，径 1.8 厘米 ×1.2 厘米，柄全长 207 厘米（图 2-170）。^②

8. 刘昭注引晋崔豹《古今注》曰："武帝天汉四年，令诸侯王大国朱轮，特虎居前，左兕右麋。小国朱轮画，特熊居前，寝麋居左右，卿车者也。"

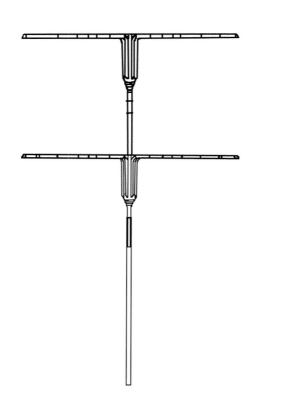 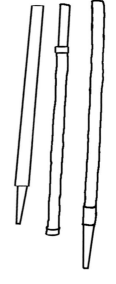

图2-169　华盖（湖北随州曾侯乙墓出土）　　图2-170　漆木伞柄（江陵望山2号墓出土）

① 湖北省博物馆：《曾侯乙墓（上）》，文物出版社，1989，第 310-311 页。
② 湖北省文物考古研究所：《江陵望山沙冢楚墓》，文物出版社，1996，第 140 页。

公、列侯、中二千石、二千石夫人，会朝¹若²蚕³，各乘其夫之安车，右騑，加交络帷裳，皆皂。非公会，不得乘朝车，得乘漆布辎䡩车⁴，铜五末。

【注释】

1. 会朝： 诸侯或群臣朝会盟主或天子。这里专指群臣等朝会天子。《左传·襄公二十一年》："会朝，礼之经也。"孔颖达疏："会以训上下之则，朝以正班爵之义，是会朝为礼之常法也。"

2. 若： 连词。和，及。《尚书·召诰》："拜手稽首，旅王若公。"《史记·魏其武安侯列传》："愿取吴王若将军头，以报父之仇。"

3. 蚕： 蚕桑之事。这里专指帝后带领诸命妇进行关于蚕桑的仪式性活动。《周礼·天官·内宰》："中春，诏后帅外内命妇始蚕于北郊，以为祭服。"孔颖达疏："内宰以仲春二月诏告也，告后帅领外命妇、诸臣之妻、内命妇、三夫人已下，始蚕於北郊。"孙诒让正义："凡蚕桑之事通谓之蚕。"又《天官·内宰》："诏王后帅六宫之人而生穜稑之种。"孔颖达疏："王亲耕，后亲蚕，皆为祭事。"

4. 辎䡩车： 本为辎车与䡩车的合称。辎车、䡩车均为有帷有盖的车，后引申为帷车之通称。《说文解字·车部》释"辎"云："辎䡩，衣车也。䡩，车前衣也；车后为辎。"段玉裁注："前有衣为䡩车，后有衣为辎车。"又《车部》释"䡩"："䡩，辎车也。"朱骏声《通训定声》："辎、䡩皆衣车。前后皆蔽曰辎，前有蔽曰䡩。"《汉书·张敞传》："礼，君母出门则乘辎䡩。"颜师古注："辎䡩，衣车也。"《释名·释车》："辎车，载辎重，卧息其中之车也。辎，厕也，所载衣物杂厕其中也。……䡩，屏也，四面屏蔽，妇人所乘。"《宋书·礼志》引《字林》："䡩车有衣蔽，无后辕。其有后辕者谓之辎。"王振铎认为在汉画像中识别辎车是比较容易的，辎车的盖为篷式盖，轺、轩诸车为伞式盖。轺车设藩，轩车的屏蔽在盖与屏蔽之间留有空隙，而辎车盖与屏蔽不留任何缝隙，封闭严实。在辎车的两屏上开有棱窗，窗可启可闭。䡩车外形与辎车雷同，区别在于辎车尚属半封闭式，而䡩车则属于全封闭式，即车箱全部为屏蔽所隐（图2-171～图2-173）。①

---

① 王振铎、李强：《东汉车制复原研究》，科学出版社，1997，第76页。

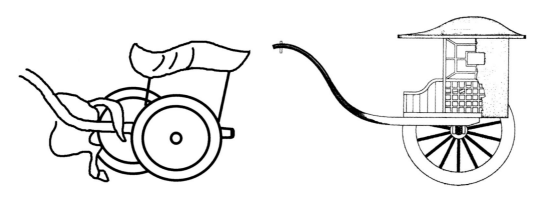

图2-171　辎车（山东嘉祥出土画像石）　　　图2-172　王振铎辎车复原图（据《东汉车制复原研究》临摹）

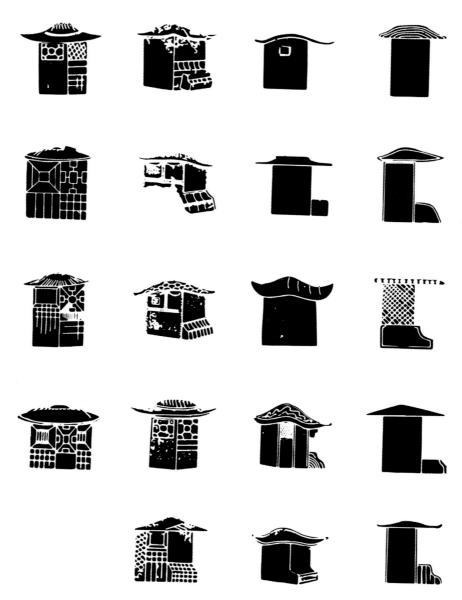

图2-173　汉画像中辎軿车舆举例　王振铎整理（据《东汉车制复原研究》临摹）

乘舆大驾[1]，公卿奉引[2]，太仆[3]御，大将军[4]参乘。属车[5]八十一乘，备千乘万骑。西都行祠天郊，甘泉备之。官有其注，名曰甘泉卤簿[6]。东都唯大行[7]乃大驾。大驾，太仆校驾；法驾，黄门令[8]校驾。

【注释】

1. 大驾：皇帝出行仪仗队之规模最大者，在法驾、小驾之上。蔡邕《独断》："天子出，车驾次第谓之卤簿，有大驾，有小驾，有法驾。大驾则公卿奉引，大将军参乘，太仆御，属车八十一乘，备千乘万骑。"

2. 奉引：皇帝出行仪仗中的导引车驾。《史记·韩长孺列传》："丞相田蚡死，安国行丞相事，奉引堕车，蹇。"《汉书·郊祀志下》："前上甘泉，先驱失道；礼月之夕，奉引复迷。"颜师古注引韦昭曰："奉引，前导引车。"张衡《东京赋》："奉引既毕，先辂乃发。"

3. 太仆：官职名称。《周礼》记载太仆是帝王身边的仆从之类的官员，其中有与舆服相关的职责，如执掌王服，为王驾车。秦汉时期，太仆为九卿之一，职责是掌管舆马畜牧相关事宜，同时为天子驾车。《周礼·夏官·太仆》："太仆掌正王之服位，出入王之大命。……王出入，则自左驭而前驱。……"《汉书·百官公卿表上》："太仆，秦官，掌舆马，有两丞。属官有大厩、未央、家马三令，各五丞一尉。又车府、路軨、骑马、骏马四令丞；又龙马、闲驹、橐泉、騊駼、承华五监长丞；又边郡六牧师菀令，各三丞；又牧橐、昆蹄令丞皆属焉。中太仆掌皇太后舆马，不常置也。武帝太初元年更名家马为挏马，初置路軨。"

4. 大将军：高级武官职位。汉代大将军，掌管征伐背叛，位比三公。但汉代大将军职位的设置，时断时续，多由贵戚担任。《后汉书·百官志一》："将军，不常置。比公者四：第一大将军……"李贤注引蔡质《汉仪》曰："汉兴，置大将军、骠骑，位次丞相。"又《百官志一》："初，武帝以卫青数征伐有功，以为大将军，欲尊宠之。……自安帝政治衰缺，始以嫡舅耿宝为大将军，常在京都。顺帝即位，又以皇后父、兄、弟相继为大将军，如三公焉。"

5. 属车：帝王出行仪仗中，跟随在帝王车驾之后的侍从车。秦汉以来，皇帝大驾属车八十一乘，法驾属车三十六乘，分左中右三列行进。刘昭注引薛综曰："属之言相连属也，皆在后，为三行。"《汉书·贾捐之传》："鸾旗在前，属车在后。"颜师古注："属车，相连属而陈於后也。"《文选·张衡〈东京赋〉》："属车九九，乘轩并毂。"薛综注："副车曰属。"高承《事物纪原·舆驾羽卫·属车》："周末诸侯有贰车九乘，贰车即属车也，亦周制所有。秦灭九国，兼其车服，故八十一乘。"

6. **卤簿：** 帝王出行时所用的车驾等仪仗。蔡邕《独断》卷下："天子出，车驾次第谓之卤簿。"《西汉会要·舆服上》引《三辅黄图》云："大驾则公卿奉引，大将军参乘，大仆御，属车八十一乘，作三行，尚书御史乘之，最后一车垂豹尾，豹尾以前为省中，备千乘万骑出长安。"王先谦集解引惠栋曰："封演云：案《宋书》：卤，大盾也。字亦作橹，又作楯，音义皆同。卤以甲为之，所以扞敌。……甲盾有先后部伍之次，皆著之簿。天子出入则按部次导从，故谓之卤簿耳。仪卫具五兵，今不言他兵，但以甲盾为名者，行道之时，甲盾居外，余兵在内，但言卤簿是举凡也。《五礼精义》曰：'卤，大盾也。以大盾领一部之人，故言卤簿。'""甘泉卤簿"在东汉时代已经难得一见，刘昭注引蔡邕《表志》曰："国家旧章，而幽僻藏蔽，莫之得见。"

7. **大行：** 称刚死而尚未定谥号的皇帝、皇后。《史记·孝景本纪》："更名大行为行人。"裴骃集解引服虔曰："天子死而未有谥，称大行。"《后汉书·安帝纪》："孝和皇帝懿德巍巍，光于四海；大行皇帝不永天年。"李贤注引韦昭曰："大行者，不反之辞也。天子崩，未有谥，故称大行也。"

8. **黄门令：** 汉代宫内官职名。《后汉书·百官志一》："黄门令一人，六百石。本注曰：宦者。主省中诸宦者。"李贤注引董巴曰："禁门曰黄闼，以中人主之，故号曰黄门令。"

乘舆法驾，公卿不在卤簿中。河南尹[1]、执金吾[2]、洛阳令奉引，奉车郎[3]御，侍中[4]参乘。属车三十六乘。前驱有九斿云罕[5]，凤皇闟戟[6]，皮轩[7]鸾旗，皆大夫载。[8]鸾旗[9]者，编羽旄，列系幢旁。民或谓之鸡翘[10]，非也。后有金钲[11]黄钺[12]，黄门[13]鼓车[14]。

【注释】

1. **河南尹：** 东汉官名。管理京都洛阳，官秩属二千石。《后汉书·百官五》："凡州所监都为京都……"李贤注引《汉官》曰："河南尹员吏九百二十七人，十二人百石。诸县有秩三十五人，官属掾史五人，四部督邮吏部掾二十六人，案狱仁恕三人，监津渠漕水掾二十五人，百石卒吏二百五十人，文学守助掾六十人，书佐五十人，修行二百三十人，干小史二百三十一人。"

2. **执金吾：** 汉代官名。《后汉书·百官志四》："执金吾一人，中二千石。本注曰：掌宫外戒司非常水火之事。月三绕行宫外，及主兵器。吾犹御也。"李贤注引胡广曰："卫尉巡行宫中，则金吾徼于外，相为表里，以擒奸讨猾。"又引应劭曰："执金革以御非常。"吾就是棒，是指由侍从手持，以保卫主人的兵器。晋崔豹《古今注》："汉朝执金吾，亦棒也，以铜为之，黄金涂两末，谓为金吾。御史大夫、司隶校尉亦得执焉。御史、校尉、郡守、都尉、县长之类，皆以木为吾焉。"吾的作用虽比不上刀剑，但在近身防御中，随手可打，也是有一定效能的。它更重要的作用是作为一种仪仗，以表示主人的身份地位，出则用以夹车，居则用以侍卫。因此，汉代画像中常常能见到执吾的形象（图2-174）。

图2-174　执吾侍从（河南南阳草店画像石）

3. 奉车郎：掌管乘舆车的官职。西汉时设有奉军都尉，东汉设有奉车都尉，都是掌管车舆的，未见奉车郎的记载。《汉书·百官公卿表上》："奉军都尉掌御乘舆车。"《后汉书·百官志二》："奉车都尉，比二千石。本注曰：无员。掌御乘舆车。"

4. 侍中：侍从皇帝左右的官员。秦代开始设置，两汉时为加官，多选德高望重、博学多识的旧臣，以备皇帝问询。《汉书·百官公卿表上》："侍中、左右曹、诸吏、散骑、中常侍，皆加官。所加或列侯、将军、卿大夫、将、都尉、尚书、太医、太官令至郎中，亡员，多至数十人。侍中、中常侍得入禁中，诸曹受尚书事，诸吏得举法，散骑骑并乘舆车。"颜师古注引应劭曰："入侍天子，故曰侍中。"《后汉书·百官志三》："侍中，比二千石。本注曰：无员。掌侍左右，赞导众事，顾问应对。法驾出，则多识者一人参乘，余皆骑在乘舆车后。本有仆射一人，中兴转为祭酒，或置或否。"李贤注引蔡质《汉仪》曰："侍中、常伯，选旧儒高德，博学渊懿。仰占俯视，切问近对，喻旨公卿，上殿称制，参乘佩玺秉剑。员本八人，陪见旧在尚书令、仆射下，尚书上；今官出入禁中，更在尚书下。司隶校尉见侍中，执板揖，河南尹亦如之。又侍中旧与中官俱止禁中，武帝时，侍中莽何罗挟刃谋逆，由是侍中出禁外，有事乃入，毕即出。王莽秉政，侍中复入，与中官共止。章帝元和中，侍中郭举与后宫通，拔佩刀惊上，举伏诛，侍中由是复出外。"

5. **云罕**：旗名，形制不详。刘昭注："徐广曰：'斿车有九乘。'前史不记形也。武王克纣，百夫荷罕旗以先驱。《东京赋》曰：'云罕九斿。'薛综曰：'旌旗名。'"司马相如《上林赋》："载云罕，掩群雅。"李善注引张揖曰："先用云罕以猎兽，今载之于车，而捕群雅之士也。"

6. **闟戟**：有两种解释，一种认为是取四支戟插在车边。刘昭注引薛综曰："闟之言函也，取四戟函车边。"一说是一种长戟。《史记·商君传》："持矛而操闟戟者旁车而趋。"司马贞索隐："闟，亦作'钑'。"张守节正义引顾野王云："铤也。"《文选·张衡〈东京赋〉》："云罕九斿，闟戟缪輭。"李善注："闟，铤也。"戟的出现可以追溯到商代，至春秋战国时期真正成为军队的主要兵器之一，在南北朝以后重要性逐渐降低，到了宋代已经很难再见到其原来的形制。宋代《武经总要》的记载略存其义，而清人戴震的构拟也与出土实物有较大出入（图2-175、图2-176）。戟可以认为是矛和戈的结合体，可以刺，可以勾，还可以啄，因此，长柄的戟在车战和步战中具有很大的威力。随着骑马作战的方式的普及，兵器的扎刺功能被强化，戟也就逐渐退出战场，成为仪仗性的杂兵器。杨泓认为在河北藁城台西商代墓中出土的矛和戈应就是矛戈合体的戟（图2-177）。随着金属的

使用，青铜戟在西周和春秋时期流行，有整体合铸的，如甘肃灵台白草坡西周墓出土的十字形戟，高23.1厘米、广15.5厘米，重130克（图2-178），形制轻薄，长胡二穿，援和刺身有棱脊，基部一圆孔，方柲。其也有矛、戈分铸联装的，如包山2号楚墓出土的3件戟，均为戈、矛分铸联装戟。铜质刺、勾、镈，积竹柲。矛刺较小，有脊，圆骹，上有一圆穿。勾为一窄援戈，援上扬，内三边作刃，内尾内斜，窄栏。栏侧两穿，内一穿。积竹柲截面前扁后圆，外髹黑红相间两色漆。镈扁圆筒形，有穿无尾。刺、镈分别套入柄两端，用竹钉插入穿内固定；勾侧装，以一丝带由上往下对穿捆扎，至栏后结死结。标本2：229，柲上部残留有一匝羽毛和一束人发。其捆扎方法是先

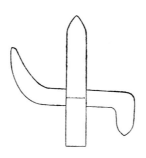

图2-175　宋代戟刀
（引自《武经总要》）

图2-176　清戴震绘制的戟
（引自《考工记图》）

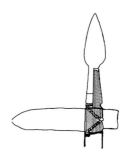

图2-177　戟（河北藁城台西商代墓中出土）

将羽毛根部用丝带编结，而后羽尖向上由上往下绕柲缠绕，下部用丝带缠数道，外包一绢带，结死结。戟全长 370 厘米（图 2-179）。[1]汉代流行的是铁戟，满城西汉 1 号墓出土的戟为卜字形，援的内端有一铜箍以冒柲首。胡上四穿，援上一穿，用麻来回交叉贯穿缚柲。一件长约 2.26 米，一件长约 1.93 米（图 2-180）。[2]江苏盱眙东汉墓出土一件完好的戟，刺、援连接处安铜柲，柲銎内装木柄，全长 2.49 米（图 2-181）。[3]徐州狮子山西汉楚王陵出土的铜戟援上昂，起中脊，上刃微弧，下刃三度弧曲，形成两个锋尖。长胡四穿。内呈刀形，上昂，下刃有一锋尖，近栏处开一梯形穿。整器一次铸成（图 2-182）。[4]

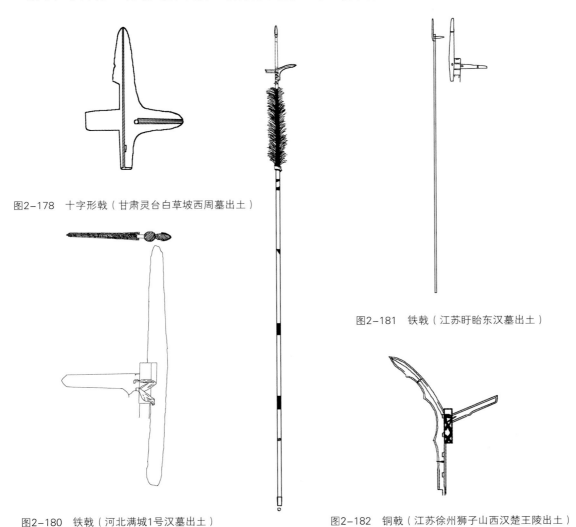

图2-178　十字形戟（甘肃灵台白草坡西周墓出土）

图2-181　铁戟（江苏盱眙东汉墓出土）

图2-180　铁戟（河北满城1号汉墓出土）

图2-182　铜戟（江苏徐州狮子山西汉楚王陵出土）

图2-179　戟（湖北荆门包山2号楚墓出土）

① 湖北省荆沙铁路考古队：《包山楚墓》，文物出版社，1991，第 202 页。
② 中国社会科学院考古研究所、河北省文物管理处：《满城汉墓发掘报告（上）》，文物出版社，1980，第 106 页。
③ 南京博物院：《江苏盱眙东阳汉墓》，《考古》，1979 年第 5 期，第 423 页。
④ 狮子山楚王陵考古工作队：《徐州狮子山西汉楚王陵发掘简报》，《文物》，1998 年第 8 期，第 12 页。

7. 皮轩：以虎皮为车之屏蔽，故名。刘昭注："胡广曰：'皮轩，以虎皮为轩。'郭璞曰：'皮轩革车'，或曰即《曲礼》'前有士师，则载虎皮。'"轩是一种前顶较高且有帷幕的车，先秦时期供大夫以上乘坐。《左传·哀公十五年》："大子与之言曰：'苟使我入获国，服冕乘轩，三死无与。'"杜预注："轩，大夫车。"其形制为曲辀，车上有帷幔和轓，汉代天子也有乘坐。《史记·留侯世家》："偃革为轩。"据《索引》，苏林引《说文》："轩，曲周（辀）屏车。"《汉书·外戚·孝武卫皇后》："帝起更衣，子夫侍尚衣，轩中得幸。"颜师古将"轩"训为车，曰："轩谓轩车，即今车之施幰者。"前文"皇太子、皇子皆安车"部分刘昭注云："车有轓者谓之轩。"又可泛指车。《左传·哀公十一年》："或淫于外州，外州人夺之轩以献。"杜预注："轩，车也。"《文选·江淹〈别赋〉》："龙马银鞍，朱轩绣轴。"李善注引郑玄曰："轩，车通称也。"从文献来看，还有"鱼轩""犀轩""皮轩""文轩""朱轩""辒轩"之称。鱼轩用鱼皮为饰，是贵族妇女所乘的车。《左传·闵公二年》："归夫人鱼轩，重锦三十两。"杜预注："鱼轩，夫人车，以鱼皮为饰。"犀轩用犀皮为饰，是卿所乘的车。《左传·定公九年》："乃得其尸，公三襚之，与之犀轩与直盖。"杜预注："犀轩，卿车。"孔颖达疏："犀轩，当以犀皮为饰也。"皮轩以虎皮为饰，汉代属于天子仪仗中车的一种。《文选·司马相如〈上林赋〉》："拖蜺旌，靡云旗，前皮轩，后道游。"郭璞注引文颖曰："皮轩，以虎皮饰车。天子出，道车五乘，游车九乘。"《汉书·霍光传》："驾法驾，皮轩鸾旗，驱驰北宫、桂宫。"高承《事物纪原·舆驾羽卫·皮轩》："《通典》曰：皮轩车，汉制，以虎皮为轩。《宋朝会要》曰：汉制，前驱车也，取《曲礼》'前有士师，则载虎皮'之义也。"文轩是装饰华美的车子。《墨子·公输》："今有人于此，舍其文轩，邻有敝舆，而欲窃之。"《后汉书·张衡传》："士或解褐褐而袭黼黻，或委臿筑而据文轩者，度德拜爵，量绩受禄也。"《尸子》："文轩无四寸之键，则车不行。"《列子·力命》："乘其荜辂，若文杅之饰。"《后汉书·崔骃传》："赐号义成夫人，金印紫绶，文轩丹毂。"朱轩，如《后汉书·陈宠传》："朱轩骈马，相望道路。"《风俗通》："朱轩驾驷，威烈赫奕。"辒轩，是使者所乘的轻车。扬雄《答刘歆书》："尝闻先代辒轩之使，奏籍之书皆藏于周秦之室。"《文选·左思〈吴都赋〉》："辒轩蓼扰，毂骑炜煌。"李周翰注："辒轩，轻车也。"

河南荥阳苌村东汉壁画墓前室壁画上有赤盖轩车（图2-183）。[1] 王振铎认为轩车的车体较辒车略大，上施帷幕等屏蔽，屏蔽上饰以纹饰（图2-184），盖为华盖，形似花瓣，多有盖衣。与辒车相比，辒车上的屏蔽，是倚边另起屏蔽，可拆可设，而轩车上的屏蔽则是一个整体，是车上常设之物。朱轩主要是指朱轓。另外还认为先秦所说的辒车和后来的辒轩其实多为轩车的别称。[2]

---

① 郑州市文物考古研究所、荥阳市文物保持管理所：《河南荥阳苌村汉代壁画墓调查》，《文物》，1996年第3期，第19页。

② 王振铎、李强：《东汉车制复原研究》，科学出版社，1997，第72-73页。

8. 刘昭注引应劭《汉官卤簿图》曰："乘舆大驾，则御凤皇车，以金根为列。"

9. **鸾旗：**皇帝仪仗中先导车上的赤色大旗。用羽毛制成或说其上绣鸾鸟图案。刘昭注引胡广曰："建盖在中。"《汉书·贾捐之传》："鸾旗在前，属车在后。"颜师古注："鸾旗，编以羽毛，列系橦旁，载于车上。大驾出，则陈于道而先行。"清王先谦补注："沈钦韩曰：《宋史·舆服志》：'鸾旗车，汉为前驱，赤质曲壁一辕，上载赤旗，绣鸾鸟，驾四马，驾士十八人。'"《文选·张衡〈东京赋〉》："鸾旗皮轩，通帛綪斾。"张铣注："鸾旗，谓以象鸾鸟也。蔡邕《车服志》曰：'俗人名曰鸡翘。'"一说指的是车衡上的铜制鸾鸟。这又与"鸾鸟立衡"相近，刘昭注："胡广曰：'鸾旗，以铜作鸾鸟车衡上。'与本志不同。"

10. **鸡翘：**指鸡尾曲垂之羽。《急就篇》卷二："春艸鸡翘凫翁濯。"颜师古注："鸡翘，鸡尾之曲垂也。"在《中国古代服饰研究》中，沈从文认为图2-185中的纹样为"鸡翘纹"。[①]

11. **金钲：**即钲。钲、铙、镯三者在《说文解字》中互相解释，应该是相似的东西。"丁宁"也被认为是钲的别名。一种金属乐器，作战时鸣钲表示撤退或停止等。《说文解字·金部》：

图2-183　赤盖轩车（河南荥阳苌村东汉壁画墓出土）

图2-184　画像石（山东武荣祠出土）　　　图2-185　鸡翘纹锦（据《中国古代服饰研究》临摹）

---

① 沈从文：《中国古代服饰研究》，上海书店出版社，2002，第203页。

"镯，钲也""钲，铙也""铙，小钲也"。《诗经·小雅·采芑》："方叔率止，钲人伐鼓，陈师鞠旅。"毛传："钲以静之，鼓以动之。"孔颖达疏："《说文》云：'钲，铙也。似铃，柄中上下通。'然则钲即铙也。"陈奂传疏："《诗》言誓师，则钲即《大司马》之铎、镯、铙矣……郑司农注《周礼》亦以铎、镯、铙谓钲之属，然则钲其大名也。"《文选·张衡〈东京赋〉》："戎士介而扬挥，戴金钲而建黄钺。"薛综注："金钲，镯、铙之属也。"《周礼·地官·鼓人》："以金铙止鼓。"郑玄注："铙，如铃，无舌，有秉，执而鸣之，以止击鼓。"贾公彦疏："进军之时击鼓，退军之时鸣铙。"又《夏官·大司马》："鸣铙且却，及表乃止。"郑玄注："铙所以止鼓，军退，卒长鸣铙以和众鼓人，为止之也。"《国语·吴语》："昧明，王乃秉枹，亲就鸣钟鼓。丁宁，錞于振铎，勇怯尽应。"韦昭注："丁宁，谓钲也，军行鸣之，与鼓相应。"清代段玉裁认为钲象铃，但没有舌，靠柄上下活动，撞击钲中心壳体，发出声响。《说文解字·金部》："钲，铙也，似铃，柄中上下通。"段玉裁注："镯、铃、钲、铙四者，相似而有不同。钲似铃而异于铃者，镯、铃似钟有柄，为之舌以有声。钲则无舌。柄中者，柄半在上，半在下，稍稍宽其孔为之抵拒，执柄摇之，使与体相击为声。"又《金部》："铙，小钲也。"段玉裁注："钲、铙一物，而铙较小，浑言不别，析言则有辨也。"但今人钱玄认为："段氏以'半在上，半在下'释《说文》'上下通'，不误。但云摇之击体作声，不确。钲体重，无法执而摇之；即使能摇，其发声不大。钲的管状之柄较长，套在座之小木柱上，更为稳固。钲也是以槌击之作声，不是摇之作声。"并说钲"体大，形较长。有较粗管状的柄，通入钲体腔内。湖南宁乡县出土一钲通高103厘米，重222.5公斤；另一钲重109公斤，通高89厘米。其小者有重几公斤、十余公斤。此类大者，不能手执，或设有木座，上立小木柱，将钲的管状柄套入小木柱，置于座上，然后打击作声。"[1] 李纯一根据段说制成示意图（图2-186），认为这种形制不仅无先秦乃至汉晋文献可证，而且在考古先秦各种铜制体鸣击乐器中也从未见过。这纯属段氏的主观臆说，不足为训。《说文》谓钲"柄中上下通"，当是指空心柄内腔上下相通而言。[2] 方建国详细辨析了钲、铎、勾鑃、甬钟和纽钟的形制，认为与铎相比，钲大且柄长，演奏方式为击奏，铎柄短，属于摇奏或击奏。与勾鑃相比，钲柄有穿、旋或者有冠，勾鑃没有。与甬钟、纽钟的最大区别在于，大多数甬钟和纽钟上有枚（凸起的乳丁），钲一律没有。从考古发现来看，钲最早出现在春秋时期的黄河流域，但长江流域出土的数量最多，时代大约从春秋中晚期到汉代（图2-187、图2-188）。[3]

---

[1] 钱玄：《三礼通论》，南京师范大学出版社，1996，第261-262页。
[2] 李纯一：《无者俞器为钲说》，《考古》，1986年第4期，第354页。
[3] 方建国：《论东周秦汉铜钲》，《中国音乐》，1993年第1期，第88-90页。

长沙楚墓中有7座墓出土的钲可分为三式。I式有3件。标本M396：37，甬作六棱形，于的弧度较小，钲上部有由卷云纹、斜线、圆点组成的花纹一周，通高18厘米、甬长6.5厘米、铣间宽7厘米（图2-189a）；标本M1624：1，褐绿色。甬近圆柱状，作十棱形，首端稍外移，钲作筒状，钲身较短，于部内凹如舌形。光素。靠首端处有横穿孔，可以穿绳便于悬挂。舞部有合范痕。通高23厘米、甬长10厘米、铣间宽6.3厘米，重0.3公斤（图2-189b）；标本M1625：5，甬作十棱柱状，首端呈壶形，通高24.5厘米、甬长11.2厘米、铣间宽6厘米（图2-189c）。II式有1件。标本M446：5，保存完好，黑褐色。甬为扁圆柱状，甬上端有环钮，钲身瘦长，作筒状，于部内凹如舌形。甬部饰云纹，钲上部饰绚纹和蟠螭纹，中部饰二个三角形纹，两顺一倒，在三角形内饰两端内卷的云纹，按大小顺序排列，鼓部光素：通高25.1厘米、甬长9.9厘米、铣间宽7.1厘米（图2-190）。III式有1件。标本M1385：1，甬作圆柱状，首端呈壶形，钲身呈梯形，于稍弧：通高20厘米（图2-191）。①

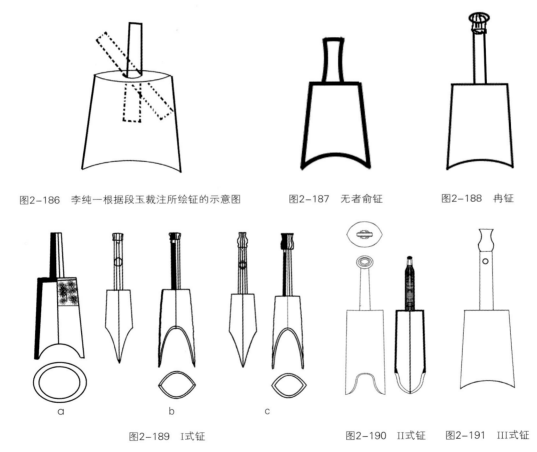

图2-186 李纯一根据段玉裁注所绘钲的示意图　　图2-187 无者俞钲　　图2-188 冉钲

a　　　　b　　　　c

图2-189　I式钲　　　　　图2-190　II式钲　　图2-191　III式钲

（图2-189～图2-191均为湖南长沙楚墓出土）

---

① 湖南省博物馆、湖南省文物考古研究所、长沙市博物馆、长沙市文物考古研究所：《长沙楚墓（上）》，文物出版社，2000，第166页。

在临淄齐王墓出土的西汉铜钲（出土报告称作"甬钟"），管形甬，中空，中部有一环钮，长 10.3 厘米。钲身横断面呈椭圆形。宽 15 厘米，通高 27.3 厘米（图 2-192）。[1] 河南襄城县发现过一件新莽天凤四年（17 年）所铸铜钲，器重 11.35 公斤，呈甬钟形，素面无纹饰，器身高 40 厘米，肩宽 26 厘米，口宽 31 厘米。其上有柄，柄高 24 厘米，柄之直径上小下大为 5～6 厘米，柄上有等距离之弦纹两条，柄背面两干之间有一半环形耳（图 2-193）。[2]

图2-192　西汉铜钲（山东临淄齐王墓出土）　　　　图2-193　新莽时期铜钲（河南襄城县出土）

12. 黄钺： "钺"字本写作"戉"。形似斧头，但比斧头大。刘昭注引《说文》曰："钺，大斧也。《司马法》曰：'夏执玄钺，殷执白钺，周杖黄钺。'"今本《说文解字·戉部》作："戉，斧也。《司马法》曰：'夏执玄戉，殷执白戚，周左杖黄戉，右秉白髦。'"段玉裁注认为应是"大斧"，"一本夺大字，非"。而《金部》"钺"字下解释为"车銮声也。"宋代徐铉等认为："今俗作鏚，以钺作斧戉之戉。非是"。黄钺是在钺上装饰黄金。黄钺是帝王权威的象征。帝王出师征讨，持黄钺誓师。将军出师持黄钺则代表皇帝行使征杀之权。《虢季子白盘》铭曰："赐用戉，用征蛮方。"《尚书·牧誓》："王左杖黄钺，右秉白旄以麾。"孔安国传："钺以黄金饰斧。"孔颖达疏引《广雅》："钺，斧也。斧称黄钺，故知以黄金饰斧也。"从出土实物来看，钺有铜、玉、石等多种材质。河南安阳小屯村商妇好墓出土两件钺，其中大者通长 39.5 厘米，宽 37.3 厘米；重 9 公斤（图 2-194）。[3] 安阳郭家庄商代墓葬出土玉钺一件，浅灰色，有墨绿色斑点，体近扁平椭圆形，顶与刃为弧形。钺身上部有一对小圆孔，中部有大圆孔。通长 16.8 厘米，刃宽 16.5 厘米，厚 0.9 厘米（图 2-195）。[4] 汉代画像留存有不少执斧钺的形象，如河南唐河县针织厂出土的西汉画像石中一人双手执钺（图 2-196）；河南方城县杨集乡余庄村出土的东汉画像石上，一胡奴拥彗执钺（图 2-197）。

① 山东省淄博市博物馆：《西汉齐王墓随葬器物坑》，《考古学报》，1985 年第 2 期，第 243 页。
② 姚垒：《襄城县出土新莽天凤四年铜钲》，《中原文物》，1981 年第 2 期，第 61 页。
③ 钱玄：《三礼通论》，南京师范大学出版社，1996，第 214 页。
④ 中国社会科学院考古研究所：《安阳殷墟郭家庄商代墓葬：1982 年—1992 年考古发掘报告》，中国大百科全书出版社，1998，第 115 页。

图2-194　铜钺（河南安阳妇好墓出土）

图2-195　玉钺（河南安阳郭家庄商代墓葬出土）

图2-196　执钺形象（河南唐河县出土）

图2-197　胡奴执钺形象（河南方城县出土）

13. 黄门：官署名。秦汉时设有黄门官，给事于黄门之人，称给事黄门、黄门侍郎、黄门令等。东汉给事内廷的黄门令、中黄门诸官皆以宦官充任，后世遂称宦官为黄门。《汉书·元帝纪》："诏罢黄门乘舆狗马。"颜师古注："黄门，近署也，故亲幸之物属焉。"

14. 鼓车：天子卤簿中为前导车。汉代的鼓吹车与戏车或合为一车，或分为二车。王先谦集解引黄山曰："此车载黄门鼓吹乐人也。汉乐人皆曰鼓员，见《前书（即《汉书·礼乐志》，故车亦曰鼓车，实即鼓吹车。"《汉书·韩延寿传》记载他的仪仗中有"鼓车、歌车、功曹引车，皆驾四马，载棨戟"。《汉书·武五子传》："（刘）旦遂招来郡国奸人，赋敛铜铁作甲兵，数阅其车骑材官卒，建旌旗鼓车，旄头先驱。"《后汉书·循吏传序》："建武十三年，异国有献名马者，日行千里；又进宝剑，贾兼百金。诏以马驾鼓车，剑赐骑士。"河南唐河针织厂墓出土的车骑出行图中，前面两人骑马持弩，其后跟随一辆鼓车（见图2-211）。①

---

①　中国画像石全集编辑委员会：《中国画像石全集·第6卷·河南汉画像石》，山东美术出版社，河南美术出版社，2000，第4页。

古者诸侯贰车[1]九乘。秦灭九国，兼其车服，故大驾属车八十一乘，法驾半之。属车皆皂盖赤里，朱轓，戈矛弩箙，尚书[2]、御史[3]所载。最后一车悬豹尾[4]，豹尾以前比省中[5]。

【注释】

1. 贰车： 亦称"次车"，即副车。《周礼》记载王、诸侯、卿、大夫、士并有贰车。通言之，副车均可称为"贰车"，析言之，只有象辂的副车可以称为"贰车"。《周礼·夏官·驭夫》："驭夫掌驭贰车。"郑玄注："贰车，象路之副也。"孙诒让正义："《大行人》说五等诸侯来朝，各有贰车，乘数不同，亦不必皆象路也。盖分言之，则象路称贰车，戎路称倅车，田路称佐车；通言之，则王五路之副各十二，共六十乘，统称贰车。"《仪礼·士丧礼》："贰车毕乘，主人哭，拜送。"郑玄注："贰车，副车也。其数各视其命之等。"贾公彦疏："《周礼·大行人》云：'上公贰车九乘，侯伯贰车七乘，子男贰车五乘。故知视命数也。'"《礼记·少仪》："乘贰车则式，佐车则否。"郑玄注："贰车，佐车，皆副车也。朝祀之副曰贰，戎猎之副曰佐。"

2. 尚书： 职官名。始置于战国时，尚即执掌之义。秦为少府属官，掌殿内文书。汉武帝提高了皇权的地位后，因尚书在皇帝左右办事，掌管文书奏章，地位也逐渐重要。《汉书·百官公卿表上》："龙作纳言，出入帝命。"颜师古注引应劭曰："纳言，如今尚书，管王之喉舌也。"《后汉书·百官志三》："成帝初置尚书四人，分为四曹：常侍曹尚书主公卿事；二千石曹尚书主郡国二千石事；民曹尚书主凡吏上书事；客曹尚书主外国夷狄事。"

3. 御史： 御史在春秋战国时期是国君的近臣，主要负责文书及记事。秦开始设立御史大夫一职，地位尊贵，同时开始用御史监察各郡官吏，有纠察弹劾之权。汉以后，御史专掌管纠弹，而文书记事则右太史掌管。《史记·萧相国世家》："秦御史监郡者与从事，常辨之。何乃给泗水卒史事，第一。"

4. 豹尾： 豹的尾巴。这里指挂在最后一辆属车上的饰物，可能是真正的豹尾，也可能是豹纹饰物。汉蔡邕《独断》下："秦灭九国，兼其车服，故大驾属车八十一乘也，尚书、御史乘之。最后一车悬豹尾。"刘昭注引薛综曰："侍御史载之。"

5. 省中： 宫禁之内。汉代对禁中的避讳称呼，避西汉孝元皇后之父名"禁"，改为"省中"。《史记·梁孝王世家》："饮于省中，非士人所得入也。"《汉书·昭帝纪》："共养省中。"颜师古注引伏俨曰："蔡邕云，本为禁中。门阁有禁，非侍御之臣不妄入。……孝元皇后父名禁，避之，故曰省中。"一说诸公所居为省中。《文选》六晋左思《魏都赋》：

"禁台省中，连闼对廊。"李善注引《魏武集》："荀欣等曰：'汉制，王所居曰禁中，诸公所居曰省中。'"

豹尾之后，整个仪仗就结束了。刘昭注引《小学汉官篇》曰："豹尾过后，罢屯解围。"又引汉胡广曰："施于道路，豹尾之内为省中，故须过后，屯围乃得解，皆所以戒不虞也。"《淮南子》曰：'军正执豹皮，所以制正其众'，《礼记》：'前载虎皮'，亦此之义类。"

　　行祠天郊以法驾，祠地、明堂[1]省什三，祠宗庙尤省，谓之小驾[2]。每出，太仆奉驾上卤簿，中常侍[3]、小黄门[4]副；尚书主者，郎令史[5]副；侍御史[6]，兰台令史[7]副。皆执注[8]，以督整车骑，谓之护驾。春秋上陵[9]，尤省于小驾，直事[10]尚书一人从，其余令以下，皆先行后罢。

【注释】

1. 明堂：帝王宣明政教的地方。凡朝会、祭祀、庆赏、选士、养老、教学等大典，都在此举行。《孟子·梁惠王下》："夫明堂者，王者之堂也。"《玉台新咏·木兰辞》："归来见天子，天子坐明堂。"

2. 小驾：汉代祭祀宗庙时，皇帝乘的车驾仪仗，后世行凶礼时也使用。《新唐书·礼乐志十》："若临丧……皇帝小驾、卤簿，乘四望车，警跸，鼓吹备而不作。"《续资治通鉴·宋真宗大中祥符元年》："帝以前诏惟祀事丰洁，余从简约，于是改用小驾仪仗，寻改小驾名曰鸾驾。"

3. 中常侍：简称为"常侍"，职官名。秦代开始设置，为皇帝侍从，出入宫廷，常在皇帝左右以备顾问。西汉时是加官，以士人或宦者为之。东汉时，则专用宦官，以传达诏令和掌理文书。至汉末袁绍大诛宦者，乃复参用士人。《汉书·百官公卿表上》："侍中、左右曹、诸吏、散骑、中常侍，皆加官，所加或列侯、将军、卿大夫、将、都尉、尚书、太医、太官令至郎中，亡员。"颜师古注引如淳曰："将谓郎将以下也。自列侯下至郎中，皆得有散骑及中常侍加官。是时散骑及常侍各自一官，亡（无）员也。"《后汉书·百官志三》："中常侍，千石。本注曰：宦者，无员。后增秩比二千石。掌侍左右，从入内宫，赞导内众事，顾问应对给事。"

4. 小黄门： 职官名。汉代宫中执役的人，地位低于黄门侍郎，多为宦官担任。《后汉书·百官志三》："小黄门，六百石。本注曰：宦者，无员。掌侍左右，受尚书事。上在内宫，关通中外，及中宫已下众事。诸公主及王太妃等有疾苦，则使问之。"

5. 郎令史： 郎与令史二者都是尚书的属官。《后汉书·百官志三》："尚书六人……侍郎三十六人，四百石。本注曰：一曹有六人，主作文书起草。令史十八人，二百石。本注曰：曹有三，主书。"

6. 侍御史： 负责监察弹劾的官员。《后汉书·百官志三》："侍御史十五人，六百石。本注曰：掌察举非法，受公卿群吏奏事，有违失举劾之。凡郊庙之祠及大朝会、大封拜，则二人监威仪，有违失则劾奏。"

7. 兰台令史： 负责奏事和制印的官员。《后汉书·百官志三》："兰台令史，六百石。本注曰：掌奏及印工文书。"

8. 执注： 王先谦集解引惠栋曰："注谓仪注，即卤簿也。"但上述官吏都是文职，执甲盾以整车骑，不甚合理。在出土的公元五世纪初高句丽德兴里古墓射戏壁画里，有人正骑马驰射，旁侧有一人站立。榜题曰："射戏注记人。"注记人一手执笔，一手持牍而书

图2-198　射戏注记

图2-199　注记人（高句丽德兴里古墓壁画）

（图2-198、图2-199）。[①]考虑到尚书、郎、令史、侍御史、兰台令史职责都与书写有关，因此这里的执注或可理解为执笔书写，注记那些不遵守纪律的车马随从。

9. 上陵：皇帝到先祖陵墓进行祭祀。《后汉书·皇后纪上·光烈阴皇后》："明旦日吉，遂率百官及故客上陵。"

10. 直事：即今天所说的值班。《文选·左思〈魏都赋〉》："禁台省中，连闼对廊，直事所繇，典刑所藏。"李善注："直事，若今之当直也。"

　　轻车[1]，古之战车也。洞朱[2]轮舆，不巾不盖，建矛戟幢麾，轛轵[3]弩服[4]。藏在武库[5]。大驾、法驾出，射声校尉[6]、司马[7]吏士载，以次属车，在卤簿中。诸车有矛戟，其饰幡旌旗帜皆五采，制度从《周礼》。《吴孙兵法》[8]云："有巾有盖，谓之武刚车[9]。"武刚车者，为先驱。又为属车轻车，为后殿焉。

【注释】

1. 轻车：亦称"轚车"。作战狩猎用的战车，兵车中最轻便的一种。《周礼·春官·车仆》："掌戎路之萃，广车之萃，阙车之萃，苹车之萃，轻车之萃。"郑玄注："此五者皆兵车，所谓五戎也……轻车，所用驰敌致师之车也。"孙诒让正义："轻车在五戎中最为便利，宜于驰骤，故用为驰敌致师之车，又兼用之田狩也。"《诗经·秦风·驷驖》："轚车鸾镳。"毛传："轚，轻也。"郑玄笺："轻车，驱逆之车也。"马融《广成颂》："狗马角逐，鹰鹯竞鸷，骁骑旁佐，轻车横厉。"

2. 洞朱：洞意为深，洞朱即深红色。《楚辞·招魂》："姱容修态，絚洞房些。"洪兴祖注引《文选》五臣注云："洞，深也。"《文选·颜延年〈五君咏〉》："识密鉴亦洞。"李善注引《广雅》："洞，深也。"洞，一作彤，王先谦集解引惠栋曰："洞，颜籀引作彤。"

3. 轵：音zhé，又称车耳。车箱左右板上端向外翻出的部分，像耳下垂，《说文解字·车部》："轵，车两輢也。"段玉裁注："按车必有两輢，如人必有两耳。故从耴。耴，耳垂也。"朱骏声《通训定声》"轛"字："轛之崇处反出者曰轵。"王念孙《经义述闻·名字解诂·郑公孙辄字子耳》："耳垂谓之耴，故车耳亦谓之轵。"（具体部位见图2-48、图2-49）

---

① 邢义田：《汉代简牍的体积、重量和使用——以中研院史语所藏居延汉简为例》，《古今论衡》，2007年第17期，第86页。

4. **弩服：** 轻车驾两匹马，弩架在车轼上。刘昭注引徐广曰："置弩于轼上，驾两马也。"

5. **武库：** 储藏兵器的仓库，也可指掌管兵器的官署。汉代设置有武库署，有武库令、丞，掌藏兵器，属执金吾。《汉书·高帝纪下》："萧何治未央宫，立东阙、北阙、前殿、武库、大仓。"汉代武库的具体情况可参看杨泓《中国古兵器论丛》中的《汉魏武库和兰锜》一章。河南唐河针织厂出土有武库图像（图2-200）。

6. **射声校尉：** 汉武帝设置的八校尉之一，掌管待诏射士等。《汉书·百官公卿表上》："射声校尉掌待诏射声士。"颜师古注引服虔曰："工射者也。冥冥中闻声则中之，因以名也。"又引应劭曰："须诏所命而射，故曰待诏射也。"《后汉书·百官志四》："射声校尉一人，比二千石。本注曰：掌宿卫兵。"

7. **司马：** 本是掌管军事方面的武官，汉代各校尉下都设有司马之职。《汉书·百官公卿表上》："城门校尉掌京师城门屯兵，有司马、十二城门候。"颜师古注："八屯各有司马也。"又《百官公卿表上》："凡八校尉，皆武帝初置，有丞、司马。"

8. **《吴孙兵法》：** 又称为《吴孙子兵法》，即孙武兵法。《汉书·艺文志》："吴孙子兵法八十二篇。图九卷。"颜师古注："孙武也，臣于阖庐（闾）。"

9. **武刚车：** 军中运输车，一说战车。有巾盖为蔽障。《史记·卫将军骠骑列传》："大将军（卫青）军出塞千余里，见单于兵陈而待，于是大将军令武刚车自环为营，而纵五千骑往当匈奴。"裴骃集解引《孙吴兵法》曰："有巾有盖，谓之武刚车。"

图2-200 武库图（河南唐河针织厂出土）

大使车，立乘，驾驷，赤帷。持节[1]者，重导从：贼曹[2]车、斧车[3]、督车、功曹[4]车皆两；大车，伍伯[5]璅弩[6]十二人；辟车[7]四人；从车[8]四乘。无节，单导从，减半。

【注释】

1. 节：节是一种信物、凭证，主要是接受任命者和使者用。节象征着王命的权威，也可以证明身份。《左传·文公八年》："司马握节以死，故书以官。"杜预注："节，国之符信也。握之以死，示不废命。"《周礼》记载的节，根据材质可以分为玉节、角节、金节、竹节，根据适用范围可以分为王畿用节和诸侯国用节。《周礼·地官·掌节》："掌节，掌守邦节而辨其用，以辅王命。守邦国者用玉节，守都鄙者用角节。凡邦国之使节，山国用虎节，土国用人节，泽国用龙节，皆金也，以英荡辅之。门关用符节，货贿用玺节，道路用旌节，皆有期以反节。凡通达於天下者，必有节，以传辅之。无节者，有几则不达。"郑玄注："谓诸侯於其国中，公卿大夫、王子弟於其采邑，有命者亦自有节以辅之。"又《秋官·小行人》："达天下之六节：山国用虎节，土国用人节，泽国用龙节，皆以金为之。道路用旌节，门关用符节，都鄙用管节，皆以竹为之。"孔颖达疏："言'达天下之六节'者，据诸侯国而言。《掌节》所云，据畿内也。虎节、人节、龙节三者，据诸侯使臣出聘所执。旌节、符节、管节三者，据在国所用。"也就是说，《地官·掌节》所说的是王畿（天子脚下）的节，而《秋官·小行人》所说的是诸侯国的节。古人曾经构拟过各种节的形状，如宋人陈祥道在《礼书》中构拟了一系列节（图 2-201）。

秦汉时期的节与《周礼》的记载有所变化。郑玄《周礼·掌节》注："符节者，如今宫中诸官诏符也。玺节者，今之印章也。旌节，今使者所拥节是也。将送者执此节以送行者，皆以道里日时课，如今邮行有程矣。以防容奸，擅有所通也。"孙诒让正义："旌节，盖即以竹为橦，又析羽缀橦以为节。其异于九旗者，无縿斿也。汉节即放古旌节为之，故郑举以相况。"《汉书·高帝纪上》："沛公至霸上，秦王子婴素车白马，系颈以组，封皇帝玺符节，降轵道旁。"颜师古注："符谓诸所合符以为契者也。节以毛为之，上下相重，取象竹节，因以为名，将命者持之以为信。"《后汉书·光武帝纪上》："持节北度河，镇慰州郡。"李贤注："节，所以为信也，以竹为之，柄长八尺，以旄牛尾为其眊三重。冯衍与田邑书曰：'今以一节之任，建三军之威，岂特宠其八尺之竹，牦牛之尾哉！'"颜师古、李贤所说节类似于《周礼》记载的旌节。

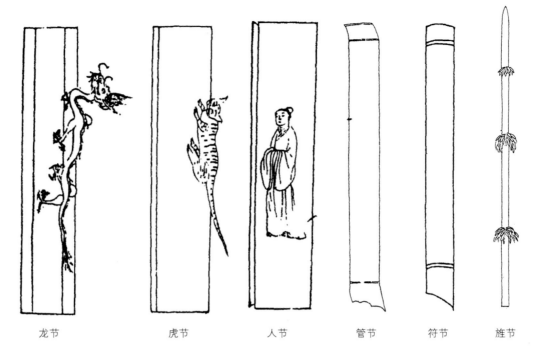

龙节　　　　　　虎节　　　　　　人节　　　　　管节　　　符节　　　旄节

图2-201　节（引自宋陈祥道《礼书》）

汉代铜虎符，相当于《周礼》中的金质虎节、龙节。《史记·孝文本纪》："九月，初与郡国守相为铜虎符、竹使符。"裴骃集解引应劭曰："铜虎符第一至第五，国家当发兵，遣使者至郡合符，符合乃听受之。竹使符皆以竹箭五枚，长五寸，镌刻篆书，第一至第五。"司马贞索隐《汉旧仪》："铜虎符发兵，长六寸。竹使符出入征发。"西汉南越王墓出土虎节一件，作蹲踞状虎形，正面刻"王命=车徒"字样（图2-202）。[①]

符节在政治生活中发挥了重要作用，西汉时设立有司隶校尉，持节帮助皇帝监察京师百官。东汉专门设有符节令、尚符玺郎中等官职。《后汉书·百官志》："司隶校尉一人，比二千石。本注曰：孝武帝初置，持节，掌察举百官以下，及京师近郡犯法者。元帝去节，成帝省，建武中复置，并领一州。从事史十二人。"又"符节令一人，六百石。本注曰：为符节台率，主符节事。凡遣使掌授节。尚符玺郎中四人。本注曰：旧二人在中，主玺及虎符、竹符之半者。"

汉代画像中保存了一些持旄节人物形象。如河南南阳县军帐营出土的画像石上，刻画了两位戴冠着长袍的官吏，一人双手捧笏，一人双手持节，相互躬身对拜的情形（图2-203）。四川新津崖墓石函画像上刻画了骑马持节官吏出阙而行的情景（图2-204）。河南淅川出土的画像砖上，刻画了一组造型相同的持节官吏，都头戴冠帽，身着宽袖长衣，作拱手持节躬身站立状（图2-205）。

① 广州市文物管理委员会、中国社会科学院考古研究所、广东省博物馆：《西汉南越王墓（上册）》，文物出版社，1991，第87页。

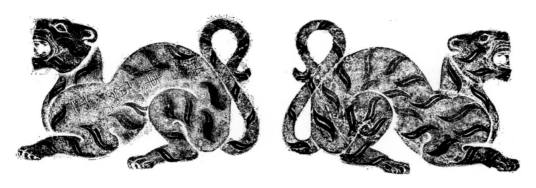

图2-202　虎符（广东广州西汉南越王墓出土）

图2-203　持节门吏画像（河南南阳县军帐营出土）

图2-204　四川新津崖墓石函画像上的骑马持节官

图2-205　持节门吏图（河南淅川下寺汉墓出土）

2. **贼曹：**主管有关盗贼的事务的官吏。《后汉书·百官志二》："贼曹主盗贼事。"

3. **斧车：**载有斧钺的仪仗车。孙机认为前文"乘舆法驾"一段中的黄钺即是将钺置于车上，名黄钺车。①此处县令以上、公卿以下出行则以斧车为前导车。①从河南荥阳苌村东汉壁画墓、四川彭县东汉画像砖、山东沂南画像石以及辽阳棒台子屯汉墓壁画来看：多是一匹马，没有车盖，车箱上竖一柄大斧（图2-206～图2-208）。

4. **功曹：**汉代有郡功曹和县功曹。郡功曹主要掌管官吏的选拔、考核、赏罚等事务。县功曹又称"主吏"，是县廷中主要的下属官员。《后汉书·百官志五》载"凡州所监都为京都，置尹一人，二千石，丞一人。每郡置太守一人，二千石，丞一人。……皆置诸曹掾史。本注曰：诸曹略如公府曹，无东西曹。有功曹史，主选署功劳。有五官掾，署功曹及诸曹事。"

5. **伍伯：**亦作"五百""伍百"。汉代县令以上使用的兵卒差役，掌管护卫、引导、行杖等。《后汉书·百官志四》："丞一人，中二千石。……缇骑二百人。本注曰：无秩，比吏食奉。"刘昭注引《汉官》曰："执金吾缇骑二百人，持戟五百二十人，舆服导从，光满道

图2-206　汉代斧车（河南荥阳苌村东汉壁画墓）

图2-207　汉代斧车（四川彭县东汉画像砖）　　　图2-208　汉代斧车（辽宁辽阳棒台子屯汉墓壁画）

① 孙机：《中国古舆服论丛（增订本）》，文物出版社，2001，第360页。

路。"毕沅《释名补遗》："五百，字本为伍伯。伍，当也；伯，道也。使之导引当道伯中，以驱除也。"汉代画像砖中的车骑出行，前面都有步行和骑马的导引。也有一些画像砖中仅有几个手拿长兵器的人物，作奔跑状，一般为四人或六人排成两列，被称为"伍伯画像"，如四川德阳出土的画像砖上为四人（图2-209）、四川彭县伍伯画像砖上是六人（图2-210）。

6. 璪弩： 河南唐河针织厂出土的车马出行图中，前有两个骑士持弩前导，中部车上竖立一个建鼓，后跟一辆辎车（图2-211）。四川成都出土的车骑出行图中的队伍中，有六名步行者手持弩，排成两列（图2-212）。或许与这里所谓伍伯璪弩制度有关。

7. 辟车： 官员车辆仪仗前，督促行人避让的差役。刘昭注引《周礼·涤狼氏》干宝注曰："今卒辟车之属。"《周礼·秋官·条狼氏》："掌执鞭以趋辟。"，郑玄注："趋辟，趋而辟行人；若今卒辟车之为也。"

图2-209　伍伯画像砖（四川德阳出土）

图2-210　伍伯画像砖（四川彭县出土）

8. **从车：** 车队仪仗中跟在主车之后的随从车辆。《周礼·夏官·驭夫》："尝驭贰车，从车。"郑玄注："从车，戎路（兵车）、田路之副也。"又《春官·巾车》："从车，持旌。"《庄子·列御寇》："从车百乘。"《战国策》："故敝邑秦王使使臣献书大王之从车下风，须以决事。"

图2-211　车马出行图（河南唐河针织厂出土）

图2-212　持弩者（四川成都出土）

小使车，不立乘，有衡，赤屏泥油[1]，重绛帷。导无斧车。

【注释】

1. **赤屏泥油：** 屏泥，车轼前的装饰，亦用以遮挡泥土。《汉书·黄霸传》："居官赐车盖，特高一丈，别驾主簿车，缇油屏泥于轼前，以章有德。"《资治通鉴·汉王莽地皇二年》："钩牧车屏泥，刺杀其骖乘，然终不敢杀牧。"胡三省注："屏泥，缇油饰之，在轼前。""赤屏泥油"颇为费解，参考《汉书·黄霸传》中"缇油屏泥"句式，疑为"赤油屏泥"之误。

近小使车，兰舆[1]赤毂，白盖赤帷。从驺骑[2]四十人。此谓追捕考案，有所敕取者之所乘也。

【注释】

1. 王先谦集解引黄山曰："兰谓阑槛。《说文》：'阑，门遮也。'通作兰。前书（《汉书》）《王莽传》：'与牛马同兰。'颜注：'兰谓遮兰之，若牛马兰圈也。'《释名·释车》：'车上施阑槛，以格猛兽，亦因禁罪人之车也。'近小使车主追捕敕取，故舆有阑槛。"

2. **驺骑**：官名，为皇帝、百官的导从护卫骑士。《汉书·惠帝纪》："太子即皇帝位，尊皇后曰皇太后，赐爵……外郎满六岁二级……驺比外郎。"颜师古注："驺本厩之驭者，后又令为骑，因谓驺骑耳。"

诸使车皆朱班轮，四辐，赤衡轭。其送葬，白垩[1]已下，洒[2]车而后还。公、卿、中二千石、二千石，郊庙、明堂、祠陵，法出[3]，皆大车，立乘，驾驷。他出，乘安车。

【注释】

1. **白垩**：白土，石灰岩的一种。《山海经·中山经》："葱聋之山，其中多大谷，是多白垩，黑、青、黄垩。"《吕氏春秋·察微》："六曰使治乱存亡若高山之与深溪，若白垩之与黑漆。"

2. **洒**：此处为洗涤的意思。王先谦集解："（洒）此当用涤义。"

3. **法出**：法是法度、规范，《周礼·天官·大宰》："以八法治官府。"孙诒让正义："法本为刑法，引申之，凡典礼文制通谓之法。"《易·系辞上》："制而用之谓之法。"孔颖达疏："言圣人裁制其物而施用之，垂为模范，故云'谓之法'。"法出即是正式的、符合规章制度的出行。

　　大行载车，其饰如金根车，加施组连璧[1]交络四角，金龙首衔璧，垂五采，析羽流苏[2]前后，云气画帷裳，橒文画曲轓，长悬车等。太仆御，驾六布施马。布施马者，淳白骆马[3]也，以黑药灼其身为虎文。既下，马斥卖，车藏城北秘官，皆不得入城门。当用，太仆考工乃内饰治，礼吉凶不相干也。

【注释】

1. 璧：玉器名，扁平、圆形、中心有孔。边阔大于孔径。为贵族用作朝聘、祭祀、丧葬时的礼器，也用作佩戴的装饰。《诗经·卫风·淇奥》："有匪君子，如金如锡，如圭如璧。"《荀子·大略》："聘人以珪，问士以璧。"《尔雅·释器》："肉倍好，谓之璧。"宋邢昺疏："璧亦玉器，子男所执者也……璧之制，肉，边也；好，孔也。边大倍于孔者，名璧。"荆州高台发现的秦汉时期墓葬中出土的一件玉璧（标本 M1：5），颜色青绿，肉很宽，是好径的两倍。肉部两面均有相同的纹饰，纹饰分内外两圈，内外纹饰圈之间是一周绳索状纹饰带，内圈为阴刻的谷纹；外圈纹饰为对称的三组，每组中部阴刻一个形如饕餮的兽头，兽头宽鼻大眼，头生两角，角尖上卷，须端下卷，眉心上端有一个棱形，内刻网格纹，兽头的两边是蟠龙纹，龙体作曲线形和"S"形，尾端卷曲。三组纹饰之间均由一两端圆弧的柱状体分隔，这一柱状体的下半部有阴刻的斜线装饰。直径 16.1 厘米、好径 5 厘米、厚 0.45 厘米（图 2-213a）。另一件（标本 M1：4）形制、纹饰的位置与标本 M1：5 内容基本相同，但外圈纹饰为对称的四组，每组中心纹饰亦为一饕餮形兽头，两边是蟠龙纹，每组纹饰之间用一弧形线段连接。直径 21 厘米、好径 5.5 厘米、厚 0.4 厘米（图 2-213b）。[①]这类纹饰的玉璧在满城 1 号汉墓中也有出土。标本 M1：5094（图 2-214a）与荆州高台标本 M1：4 近乎完全相同。标本 M1：5215（图 2-214b）与荆州高台标本 M1：5 基本一致。满城 1 号汉墓还有一件汉代常见的玉璧类型，玉质晶莹洁白，璧的两面琢刻谷纹，缘周起棱。璧的上端有透雕双龙卷云纹附饰，纹样优美，造型生动，是汉代玉器中的珍品，随葬在棺椁之间。通长 25.9 厘米、璧外径 13.4 厘米、内径 4.2 厘米、厚 0.6 厘米（图 2-214c）。[②]类似的纹样在西汉南越王墓出土的玉璧上也可以看到，但是璧的形制有所不同。南越王主墓室出土的玉璧中肉部分的分区有两种：三区、二区。分三区的外区为 5～7 组龙纹基本形象，与荆州高台、河北满城出土的相似，中区为谷纹或漩涡纹，这种纹样与前面两墓出土一致，内区靠近好（璧孔）的一圈是 3 组龙纹或 3 组朱雀纹（图 2-215、图 2-216）。分

① 湖北省荆州博物馆：《荆州高台秦汉墓：宜黄公路荆州段田野考古报告之一》，科学出版社，2000，第 219 页。
② 中国社会科学院考古研究所、河北省文物管理处：《满城汉墓发掘报告（上）》，文物出版社，1980，第 133 页。

为二区的一般外区 4 ~ 5 组龙纹，内区是谷纹或漩涡纹（图2-217）。^① 河北定县出土的一件青玉制成的玉璧，璧面刻谷纹，在肉和好的边缘上各刻弦纹一周。璧上端刻附透雕的蟠螭纹，作双兽曲身舞爪相斗的姿态。通高 25.5 厘米，宽 19.9 厘米，厚 0.7 厘米，表面有光泽，琢制极精致（图2-218）。^② 与满城汉墓出土透雕双龙卷云纹附饰玉璧相比，这件的附饰较短。

2. 流苏： 用彩色羽毛或丝线等制成的穗状垂饰物，常饰于车马、帷帐等物上。《文选·张衡〈东京赋〉》："驸承华之蒲捎，飞流苏之骚杀。"李善注："流苏，五采毛杂之以为马饰而垂之。"

3. 骆马： 省称"骆"，白身黑鬣的马。《诗经·小雅·四牡》："四牡騑騑，嘽嘽骆马。"毛传："白马黑鬣曰骆。"《尔雅·释畜》："白马黑鬣，骆。"《说文解字·马部》："骆，马白色黑鬣尾也。"

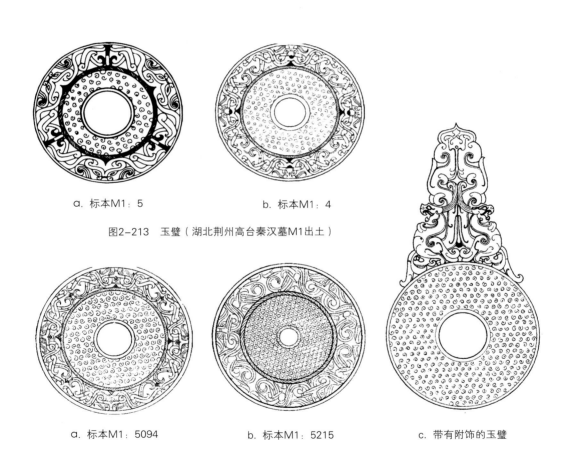

a. 标本M1：5　　　　　　　　　　b. 标本M1：4

图2-213　玉璧（湖北荆州高台秦汉墓M1出土）

a. 标本M1：5094　　　　b. 标本M1：5215　　　　c. 带有附饰的玉璧

图2-214　玉璧（河北满城1号汉墓出土）

---

① 广州市文物管理委员会、中国社会科学院考古研究所、广东省博物馆：《西汉南越王墓（上册）》，文物出版社，1991，第179-182页。
② 河北省文化局文物工作队：《河北定县北庄汉墓发掘报告》，《考古学报》，1964年第2期，第147页。

图2-215　内区为朱雀纹玉璧

图2-216　内区为龙纹

图2-217　内区是谷纹或漩涡纹

（图2-215～图2-217为广东广州南越王墓出土）

图2-218　玉璧（河北定县汉墓出土）

公卿以下至县三百石长导从，置门下五吏、贼曹、督盗贼功曹，皆带剑[1]，三车导；主簿[2]、主记[3]，两车为从。县令以上，加导斧车。公乘安车，则前后并马立乘。长安、洛阳令及王国都县加前后兵车，亭长[4]，设右骈，驾两。璞弩车前伍伯，公八人，中二千石、二千石、六百石皆四人，自四百石以下至二百石皆二人。黄绶[5]，武官伍伯，文官辟车。铃下[6]、侍阁、门兰、部署、街里走卒，皆有程品，多少随所典领。驿马三十里一置[7]，卒皆赤帻绛韝[8]云。

【注释】

1. **剑**：剑是一种随身的兵器，大概出现在西周时期。早期的剑比较短，属于防身兵器。东周开始，剑受到重视，在战场上也开始作为近战的兵器使用，尤其是在江南吴越地区车战不很重要的地方。汉代非常流行佩剑。《晋书·舆服志》称："汉制，自天子至于百官，无不佩剑，其后惟朝带剑。"但《舆服志》中并没有记载佩剑制度，后文刘昭注称："自天子至于庶人，咸皆带剑。剑之与刀，形制不同，名称各异，故萧何剑履上殿，不称为刀，而此志言不及剑，如为未备。"对汉代佩剑代明先有专门研究，可参看《汉代佩剑制度研究》[1]。早期常见的是青铜剑（图 2-219），到了战国以后铁剑出现，但青铜剑仍有使用。新蔡葛陵楚墓出土青铜剑 3 件，出土时有两把的剑身仍套在剑鞘中。标本 N：39，为圆盘首剑。铜质剑身，木鞘。剑身中脊起棱，中脊两侧也各起一棱，有从，素面广格，纺锤形圆实茎，茎的中前部有双箍，圆盘首微内凹。剑鞘由两块长条形薄木板相合而成，鞘口内凹，鞘背圆弧无脊，弧背上有锉磨痕迹。剑鞘外本有丝、革等缠绕物，出土时全已腐蚀无存。剑通长 45.0 厘米，宽 3.6 厘米，茎长 8.0 厘米，剑鞘长 37.2 厘米（图 2-220）。标本 N：68，为圆形空首剑。铜质剑身，木鞘。剑身中脊及近刃处各起一棱，素面窄凸棱形格，圆空茎，茎上附着有少量已炭化的丝织品残片。圆形首内凹成空首状。剑鞘为木质，系用两块长条形薄木板相合而成，鞘背呈圆弧形，背面上有明显横向锉磨痕迹。鞘外原本有丝线或革带之类的缠绕物，出土时已腐蚀无存。剑通长 52.4 厘米，宽 4.8 厘米，茎长 9.2 厘米，剑鞘长43.6 厘米（图 2-221）。标本 N：34，为无首剑。铜质，剑锋残断，剑鞘残失。剑身中脊起棱，广格，格已脱落，扁方形实茎，茎根略宽，茎中、尾部略窄。茎中部有突出的"浇口榫"，茎尾部有明显的铸接痕迹。剑刃处不直，剑身前部呈凹腰形。剑残长 50.5 厘米、宽 3.2 厘米，茎长 13.2 厘米（图 2-222）。[2] 秦始皇俑坑内出土了 22 件青铜剑，剑身修长，呈柳叶形，通长在 81～94.8 厘米。根据剑首不同可以分为两种，一种剑首圆形，首与茎以子母扣套接，横贯铜钉固定；另一种剑首作菱形筒状，套于剑茎末端，再以铜钉固定（图 2-223）。[3] 河北满城 1 号汉墓出土长剑 3 件，剑身细长扁平，中脊稍高。玉或铜剑格，断面为扁棱形。茎细扁，上有夹木，有的丝缑保存尚好。其中一件玉具剑，白玉剑格，一面浮雕穿游于云中之螭龙，龙首已残；一面作浅浮雕之卷云纹。剑身普遍遗留绢裹痕迹，绢外附有朽木，当为木鞘遗迹。出土时鞘上附有细条金片，可能是木鞘上的饰物，茎上夹木已腐朽，但痕迹仍很清晰。剑首、璏、珌都是白玉浮雕，甚为精致。剑首圆形，中央作一圆形突起，上阴刻卷云纹，周围浮雕两只身躯瘦长的神兽。底部中心有二相通的小孔，孔外为一圈凹槽，槽外三小孔。璏呈长方形，背有鼻。表面浮雕一只雄健有力而瘦长的神兽。璏长 9.7 厘米，宽 2.3 厘米。玉珌作不规则梯形，剖面为长方形，两面浮雕五只活泼的神兽翻腾嬉戏于云海之间。上端有一小孔，两侧小孔斜向中心，三孔相通。此剑出在棺床上，通长 105.8 厘米，剑身长 88 厘米，宽 3.1 厘米，格宽 5.2 厘米（图 2-224a）。另外两件是随身的佩剑，为铜剑格，其剑鞘和缑保存都好。剑鞘是由上下两片夹木合成，外面可能是缠以丝线，然后再髹褐色漆（图 2-224b）。还出土一件杖式剑。剑身甚细长，断面略呈橄榄形。剑茎和剑身

① 代明先：《汉代佩剑制度研究》，郑州大学硕士论文，2013 年。
② 河南省文物考古研究所：《新蔡葛陵楚墓》，大象出版社，2003，第 52 页。
③ 秦始皇兵马俑博物馆：《秦始皇帝陵兵马俑辞典》，文汇出版社，1994，第 122-123 页。

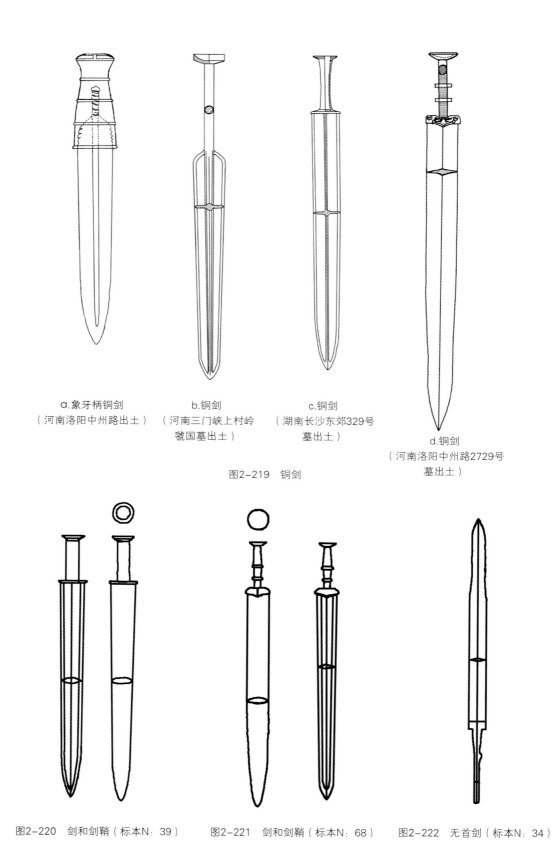

a.象牙柄铜剑
（河南洛阳中州路出土）

b.铜剑
（河南三门峡上村岭
虢国墓出土）

c.铜剑
（湖南长沙东郊329号
墓出土）

d.铜剑
（河南洛阳中州路2729号
墓出土）

图2-219　铜剑

图2-220　剑和剑鞘（标本N：39）　　　图2-221　剑和剑鞘（标本N：68）　　　图2-222　无首剑（标本N：34）

（图2-220~图2-222均为河南新蔡葛陵楚墓出土）

无明显分界线，而茎上端逐渐趋扁平，断面呈长方形。全剑纳于一木杖中，木杖雕作竹节状，共六节，上端竹节粗短而下端竹节细长，比例和自然竹节不甚符合，在第二、第三两节间断开，上两节为剑的柄，下四节为剑鞘。剑柄和茎以铁铆钉横穿固定，铆钉两端似圆冒状。杖首、杖末均存铜饰。杖首铜饰状似半球，上饰凸起的星云纹，鎏金；下缘阴刻雷纹，鎏银，其上作一竹牙，竹牙鎏金。杖末铜饰似圆筒形，上大下小，施阴刻雷纹，鎏银，銎中尚有朽杖木。出土时已残断，通长约114.7厘米、身长93厘米、宽2.3厘米、首径3.4厘米、末径1.4厘米（图2-224c）。[①] 汉代画像中有很多仗剑的图像，一些兵器架上也挂有剑，如河南唐河针织厂出土的画像石上有一人仗剑斩蛇的形象（图2-225），山东沂南汉墓出土的画像石上有佩绶仗剑的武士（图2-226），及其后室武库兰锜画像（图2-227）。

2. 主簿： 汉宗正属官，管理诸公主事务。《后汉书·百官志三》："诸公主"，李贤注引《汉官》："主簿一人，秩六百石。"另《后汉书·百官志四》记载司隶校尉设从事十二人，其中有"簿曹从事"，主财谷簿书，但没有"主簿"之名。

3. 主记： 汉代州刺史和郡守的下属，主管记事和文书等。《后汉书·百官志五》："主记室史，主录记书，催期会。"

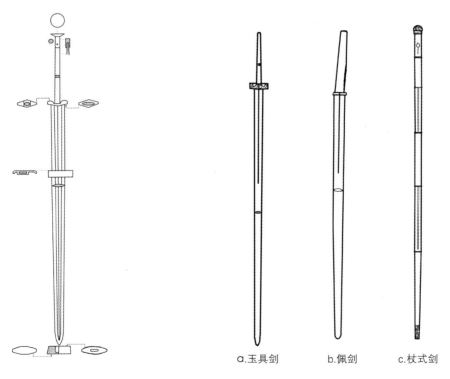

图2-223　秦始皇陵铜剑
（据《中国古兵器论丛》临摹）

图2-224　剑（河北满城1号汉墓出土）

a.玉具剑　　b.佩剑　　c.杖式剑

---

① 中国社会科学院考古研究所、河北省文物管理处：《满城汉墓发掘报告（上）》，文物出版社，1980，第101-105页。

4. 亭长： 秦汉时地方基层管理机构官员。刘昭注引《纂要》称："洛阳亭长，车前吹管。"《汉书·百官公卿表上》："大率十里一亭，亭有长。"《后汉书·百官志五》载"亭有亭长，以禁盗贼。本注曰：亭长，主求捕盗贼，承望都尉。"刘昭注引《汉官仪》："材官、楼船年五十六老衰（相当于退役军士，材官属陆军，楼船属水军），乃得免为民就田。应合选为亭长。亭长课徼巡。尉、游徼、亭长皆习设备五兵。……亭长持二尺板以劾贼，索绳以收执贼。"又引《风俗通》："汉家因秦，大率十里一亭。亭，留也，盖行旅宿会之所馆。亭史旧名负弩，改为长，或谓亭父。"

5. 黄绶： 亦称"黄韨"。用以系官印的黄色丝带，汉代泛指县、国之地方官吏，品秩在四百石至二百石之间，腰黄绶。王先谦集解引钱大昕曰："谓黄绶，武官导从用伍伯，文

图2-225　仗剑斩蛇（河南唐河针织厂出土）

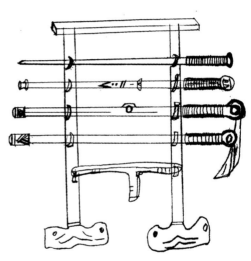

图2-227　兰锜画像（山东沂南汉墓出土）

图2-226　仗剑武士（山东沂南汉墓出土）

官导从用辟车也。汉制，四百石至二百石皆黄绶。"《汉书·百官公卿表上》："比二百石以上，皆铜印黄绶。"《后汉书·舆服志下》："四百石、三百石、二百石黄绶，淳黄圭，长丈五尺，六十首。"《汉书·朱博传》："刺史不察黄绶。"

6. 铃下：汉代走卒的别称。指侍从、门卒，因其在铃阁之间，有警则掣铃以呼，故名。《三国志·魏书·张邈传》："（吕布）遣铃下请（纪）灵等。"又《吴志·吴范传》："乃髡头自缚诣门下，使铃下以闻。"《后汉书·虞诩传》："州郡以走卒钱给贷贫人。"李贤注："走卒，伍伯之类也。"

7. 刘昭注："东晋犹有邮驿共置，承受傍郡县文书。有邮有驿，行传以相付。县置屋二区。有承驿吏，皆条所受书，每月言上州郡。《风俗通》曰：'今吏邮书掾、府督邮，职掌此。'"

8. 绛韝：绛红色臂套。《说文解字·韦部》："韝，射臂决也。"段玉裁注："臂衣也。各本作射臂决也，误甚。决著于右手大指，不箸于臂。"

古者军出，师旅皆从；秦省其卒，取其师旅之名焉。公以下至二千石，骑吏四人，千石以下至三百石，县长[1]二人，皆带剑，持棨戟[2]为前列，捷[3]弓韬[4]九鞬[5]。诸侯王法驾，官属傅相[6]以下，皆备卤簿，似京都官骑，张弓带鞬，遮迣[7]出入称促[8]。列侯[9]，家丞、庶子[10]导从。若会耕祠，主县假给辟车鲜明卒[11]，备其威仪。导从事毕，皆罢所假。

【注释】

1. 县长：官名。汉代始置，与县令均为县的长官。汉制，县满万户，其长官称县令，不满万户，其长官称县长。《汉书·百官公卿表上》："万户以上为令，秩千石至六百石，减万户为长，秩五百石至三百石。"

2. 棨戟：省称"棨"。以木为戟状，囊以缯衣或以赤油韬包裹，作为官吏出行时的前导或列于庙社、官殿、州府及贵官私第之门，以为威仪。《汉书·韩延寿传》："功曹引车，皆驾四马，载棨戟。"颜师古注："棨，有衣之戟也，其衣以赤黑缯为之。"王先谦补注引沈钦韩曰："《古今注》：棨戟，受之遗像，前驱之器，以木为之，后世滋伪，无复典刑，以赤油韬之，亦谓之油戟。王公以下通用之以前驱。"汉画像中多处有持戟的门卒和亭长，如成都市郊汉墓刻石图像（图2-228）。出土的戟也多带鞘，如满城1号汉墓出土的一件铁戟的刺、胡和援都有木鞘，保存尚好。鞘是用两木片弥合而成，可能外面用来缠裹的是麻，再髹褐漆，再用麻缚秘处包有丝绢两层，以致此段木鞘向外微鼓起。[①]

3. 捷：关闭。王先谦集解引黄山曰："是谓弓韬等皆闭之。"

4. 韣：弓衣。《仪礼·既夕礼》："有韣。"郑玄注："韣，弓衣也，以缁布为之。"《吕氏春秋·仲春纪》："带以弓韣。"高诱注："韣，弓韬。"《说文解字·韦部》："韣，弓衣也。"一说九字为丸字之误，韣丸为一词，即箭筒。王先谦集解引陈景云曰："九当作丸，《左传》注：'椟丸，箭筩也。'《南匈奴传》：'弓鞬韥丸，一矢四发。'"在出土实物中，弓韬的出土比较少，在秦始皇兵马俑1号坑中发现有弩弓的弓韬残存。弩臂的上半段及弓置于韬内。韬由两片麻布合成，背部连结，下侧开口，形如海蚌。为免弓背损折及开合方便，在韬壁内侧附撑木条两根。两根木条呈八字形，其下端分别位于韬的两角，上端位于韬的顶部。韬略大于弓，弩臂大部分外露，长144～150厘米、最宽处19～25厘米。韬的表面髹漆。[②]（图2-229）

5. 鞬：骑兵佩用的盛弓箭器具，功能类似于箭箙。刘昭注引《通俗文》曰："弓藏谓之鞬。"《左传·僖公二十三年》："若不获命，其左执鞭弭，右属櫜鞬，以与君周旋。"杜预注："櫜以受箭，鞬以受弓。"一说鞬就是建，将弓箭装起来放在马上。王先谦集解引黄山曰："弓有韣丸藏矢，而又言鞬。《释名·释兵》：'马上曰鞬，鞬，建也。'当为闭而建之马上，示异于法驾。"山东长清孝堂画像石中有骑马带鞬的形象（图2-230）。

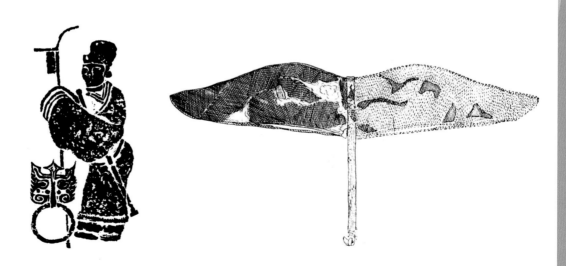

图2-228　四川成都市郊汉墓刻石图像　　图2-229　弩弓韬平面图（陕西西安秦始皇陵兵马俑1号坑出土）

---

① 中国社会科学院考古研究所、河北省文物管理处：《满城汉墓发掘报告（上）》，文物出版社，1980，第6页。
② 陕西考古研究所、始皇陵秦俑坑考古发掘队：《秦始皇陵兵马俑坑一号坑发掘报告：1974—1984（上）》，文物出版社，1988，第287页。

6. 傅相： 傅和相都是中央政府为各王、侯安排的行政官员。《后汉书·百官志五》："皇子封王，其郡为国，每置傅一人，相一人，皆二千石。本注曰：傅主导王以善，礼如师，不臣也。相如太守。有长史，如郡丞。"又"列侯，所食县为侯国。……每国置相一人，其秩各如本县。本注曰：主治民，如令、长，不臣也。"

7. 遮迾： 车驾出巡时，侍卫列队警戒，阻止行人。王先谦集解引惠栋曰："《周礼·典祀职》云：'守其厉禁而跸之。'郑众曰：'遮迾禁人，不得令入。'是遮迾亦跸之义。……服虔《通俗文》：'天子出，虎贲伺非常，谓之遮迾。'……董巴《舆服志》曰：'诸侯王遮迾出入，称警设跸。'"

8. 促： 整齐貌。王先谦集解引陈景云曰："促一作娖。《中山简王传》：'官骑百人称娖前行'注称：娖犹整齐也。"

9. 列侯： 秦时称彻侯，汉武帝时为避讳改作列侯。汉代只有皇族可以封王，功劳大者可以封侯。汉武帝后，施行推恩令，诸王将自己的土地分封给子弟，子弟因此可以称列侯。《后汉书·百官志五》："列侯，所食县为侯国。本注曰：承秦爵二十等，为彻侯，金印紫绶，以赏有功。功大者食县，小者食乡、亭，得臣其所食吏民。后避武帝讳，为列侯。武帝元朔二年，令诸王得推恩分众子土，国家为封，亦为列侯。"

10. 家丞、庶子： 均为列侯的属官，职责是侍从、处理家务。《后汉书·百官志五》："其家臣，置家丞、庶子各一人。本注曰：主侍侯，使理家事。"

11. 鲜明卒： 王先谦集解引："钱大昕曰：洪氏《隶续》载汉碑画象有鲜明骑。惠栋曰：鲁峻石壁残画有鲜明骑。洪适云：朱氏画史朱浮恭石壁人物有鲜明队。"

图2-230　鞊（山东孝山堂石刻）

‖ 第四节　车马之文 ‖

> 诸车之文：乘舆，倚龙伏虎，樶文画辀，龙首鸾衡，重牙班轮，升龙飞軨[1]。皇太子、诸侯王，倚虎伏鹿，樶文画辀轓，吉阳筩，朱班轮，鹿文飞軨，旂旗九斿降龙。公、列侯，倚鹿伏熊，黑轓，朱班轮，鹿文飞軨，九斿降龙。卿，朱两轓，五斿降龙。二千石以下各从科品[2]。诸轓车以上，轭皆有吉阳筩。

【注释】

1. 飞軨：軨指两种事物，一是车箱的围栏，也就是车箱前面及左右两面横交结的栏木。《说文解字·木部》："树，车横軨也。"《车部》："軨，车轓间横木。"段玉裁注："车轓间横木，谓车轓之直者、衡者也。轼与车轓皆以木一横一直为方格成之，如今之大方格然。"一是车轴上的装饰。刘昭认为这里应该是指车轴上的装饰。刘昭注："薛综曰：'飞軨，以缇油广八寸，长注地，画左苍龙右白虎，系轴头。二千石亦然，但无画耳。'卢植《礼记》注曰：'軨，辖头〔䡅〕也。'《楚辞》云：'倚结軨兮太息'，王逸注曰：'重较也'。李尤《小车铭》曰：'軨之嗛虚，疏达开通。'案二家之言，不如综注所记。"《文选·张衡〈东京赋〉》："重轮贰辖，疏毂飞軨。"刘良注："飞軨，画缇绀，系轴上。"《急就篇》："轵轼軙軨轙䡅衡。"颜师古注："軨，两辖之系也，故路车之辖施小幡者，谓之飞軨。"秦始皇陵 1 号铜车马轮轴上有飞軨两件，分别悬挂在银䡅末端的鼻纽上，分上下两节，通长 17.6 厘米。上节为圆柱形，表面铸出皮条缠扎纹样，长 3.8 厘米、径 0.8 厘米。下节由 3 页铜片叠成，长 13.8 厘米、厚 0.3 厘米。表面涂朱色（图 2-231）。[①] 秦始皇陵 2 号车轮轴端的䡅上也系有飞軨（图 2-232）。

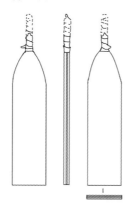 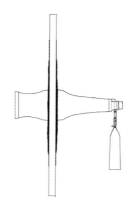

图2-231　秦始皇陵1号车飞軨　　　　图2-232　秦始皇陵2号铜车车毂上的飞軨

---

① 陕西秦俑考古队：《秦始皇陵一号铜车马清理简报》，《文物》，1991 年第 1 期，第 1 页。

2. 科品： 法制，定规。《后汉书·党锢传·刘佑》：“佑移书所在，依科品没入之。”王先谦集解引惠栋曰：“科品，谓科条品制也。”

　　诸马之文：案乘舆，金鋄方釳，插翟象镳[1]，龙画緫[2]，沫升龙，赤扇汗[3]，青两翅，燕尾。驸马[4]，左右赤珥流苏，飞鸟节，赤膺兼。皇太子或亦如之。王、公、列侯，镂钖文髦，朱镳朱鹿，朱文，绛扇汗，青翅燕尾。卿以下有騑者，缇扇汗，青翅尾，当卢[5]文髦，上下皆通。中二千石以上及使者，乃有騑驾云。

【注释】

1. 刘昭注：“《尔雅》注曰：‘镳，马勒旁铁也。’此用象牙。”王先谦集解引黄山曰：“镳可以角为，亦可以象牙为。”

2. 緫： 穗子；流苏。《周礼·春官·巾车》：“王后之五路。重翟，钖面朱緫；厌翟，勒面缋緫；安车，雕面鹥緫。皆有容盖。”贾公彦疏：“凡言緫者，谓以緫为车马之饰，若妇人之緫，亦既系其本，又垂为饰，故皆谓之緫也。”《汉书·韩延寿传》：“驾四马，傅緫，建幢棨。”颜师古注引晋灼曰：“緫，以缇缯饰镳辖也。”

3. 沫、扇汗： 沫指排沫。排沫和扇汗是同一种事物，又称作“帻”，是缠在马口所衔镳旁的饰巾。《诗经·卫风·硕人》“四牡有骄，朱帻镳镳。”毛传：“帻，饰也，人君以朱缠镳扇汗，且以为饰。”陆德明《释文》：“镳，马衔外铁也，一名扇汗。又曰排沫。汉制，皇帝乘舆象镳赤扇汗，王公列侯朱镳绛扇汗，卿以下有騑者缇扇汗。”马瑞辰通释：“《说文》：‘帻，马缠镳扇汗也。’《系传》曰：‘谓以帛缠马口旁铁扇汗，使不汗也。’是帻乃镳上之饰，非谓镳为扇汗也。《释文》盖云‘帻，一名扇汗，又曰排沫’。今本脱一‘帻’字，遂似误以镳为扇汗。”

4. 驸马： 驾辕之外的马。《韩非子·外储说右下》：“然马过于圃池，而驸马败者，非凶水之利不足也，德分于圃池也。”《汉书·百官公卿表上》：“奉车都尉掌御乘舆车，驸马都尉掌驸马，皆武帝初置。”颜师古注：“驸，副马也。非正驾车，皆为副马。”

5. 当卢： 马头饰物。卢通“颅”，因饰于马额中央，故名，一般用金属铸成。无固定形制，式样繁多，较常见的有泡形、垂叶形、马面形等，缀于勒或络头。当卢由勒在额带上的节约演变而来，仍有节约的作用。其称始于汉代，其物始于殷商，西周至汉代盛行。《诗经·大雅·韩奕》："玄衮赤舄，钩膺镂锡。"毛传："镂锡，有金镂其锡也。"郑玄笺："眉上曰锡，刻金饰之，今当卢也。"朱熹《集传》："马眉上饰曰锡，今当卢也。"河北满城 1 号汉墓出土三十多件当卢，有铜质和银质的两种，形状有马面形或近似马面形、上大下小的叶形、上宽下窄的长条形、细长条形等几种。马面形当卢，两耳内卷，双眼和嘴部作圆形微凸，中心各镂长方形小孔。周缘饰连珠纹。边沿内折，其上穿小孔共 51 个，孔距约 1.5 厘米左右，是为穿线而设的。长 26.8 厘米、宽 13 厘米（图 2-233a）。似马面形当卢，鼻梁部分镂空。在耳尖部分穿 2 小孔，正面线雕浓眉大眼，衬以怪兽、鸟和图案化的流云纹等。其长 28.3 厘米（图 2-233b）。叶形当卢，上大而尖首，下小作半圆。上部中心作圆形微凸，并镶嵌球面形红玛瑙一颗，中部和下部各镶嵌瓜子形红玛瑙一颗。周缘饰连珠纹，边沿内折穿小孔。长 18.5 厘米、宽 8.2 厘米（图 2-233c）。长条形当卢，上宽下窄，上端似圭首。背面上下各有一对竖钮，上部周缘有对称小钮 5 个。正面以鎏银衬地，阴线雕出鸟、兽和图案化的流云纹，花纹对称，并加鎏金渲染。长 26.2 厘米、上宽 6.7 厘米（图 2-233d）。条形当卢，上宽下窄，圆首。长 13.7 厘米、上宽 4.9 厘米（图 2-233e）。细长条形当卢，上宽似圭首，下细作半圆。上下各有一对小孔，周边有对称的小孔 12 对。长 21.4 厘米、上

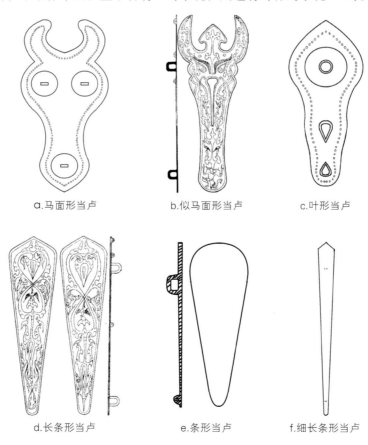

a.马面形当卢　　　　b.似马面形当卢　　　　c.叶形当卢

d.长条形当卢　　　　e.条形当卢　　　　f.细长条形当卢

图2-233　各式当卢（河北满城汉墓出土）

宽 1.9 厘米、下宽 0.45 厘米（图 2-233f）。[1] 南越王墓出土的铜当卢中有一件保存稍好，铜
鎏金。长椭圆形，从上至下渐收束。背面有二钮。正面铸一长身怪兽，大耳，凸目，长吻部，
露齿。面目略似猿类；体似龙蛇，爪有三趾。周边绕以绚纹，残长 21 厘米、最宽 5.4 厘米、
厚 0.6 厘米（图 2-234）。[2]

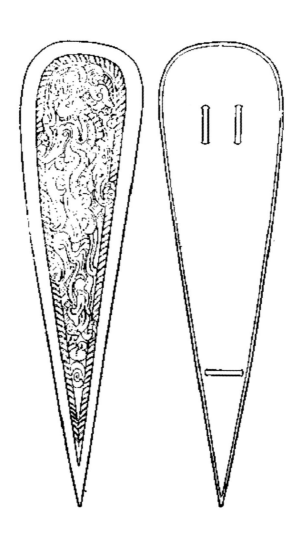

图2-234　当卢（广东广州南越王墓出土）

①　中国社会科学院考古研究所、河北省文物管理处：《满城汉墓发掘报告（上）》，文物出版社，1980，
第 198-199 页。
②　广州市文物管理委员会、中国社会科学院考古研究所、广东省博物馆：《西汉南越王墓（上册）》，文物出版社，
1991，第 96 页。

第三章

舆服　下

第一节 服饰概论

　　上古穴居而野处，衣毛而冒皮，未有制度。后世圣人易之以丝麻，观翚[1]翟[2]之文，荣华之色，乃染帛以效之，始作五采，成以为服。[3]见鸟兽有冠角頳[4]胡[5]之制，遂作冠冕缨[6]蕤[7]，以为首饰[8]。凡十二章[9]。故《易》曰："庖牺氏之王天下也，仰观象于天，俯观法于地，观鸟兽之文，与地之宜，近取诸身，远取诸物，于是始作八卦，以通神明之德，以类万物之情。"[10]黄帝尧舜垂衣裳而天下治，盖取诸乾𡿮。乾𡿮有文，故上衣玄，下裳黄。日月星辰，山龙华虫[11]，作缋[12]宗彝[13]，藻[14]火[15]粉米[16]，黼黻絺绣[17]，以五采章施于五色作服[18]。天子备章[19]，公自山以下，侯伯自华虫以下，子男自藻火以下，卿大夫自粉米以下。至周而变之，以三辰为旂旗。王祭上帝，则大裘[20]而冕；公侯卿大夫之服用九章以下。[21]秦以战国即天子位，灭去礼学，郊祀之服皆以袀玄[22]。汉承秦故。至世祖[23]践祚[24]，都于土中[25]，始修三雍[26]，正兆七郊[27]。显宗[28]遂就大业，初服旒[29]冕，衣裳文章[30]，赤舄[31]絇[32]屦[33]，以祠天地，养三老五更[34]于三雍，于时致治平矣。

【注释】

1. 翚：指野鸡五色皆备者（图3-1）。《尔雅·释鸟》："伊、洛而南，素质、五采皆备成章曰翚。"郭璞注："翚亦雉属，言其毛色光鲜。"《诗经·小雅·斯干》："如鸟斯革，如翚斯飞。"郑玄笺："伊洛而南，素质五色皆备，成章，曰翚。翚者，鸟之奇异者也。"

2. 翟：野鸡的长尾羽，也指长尾野鸡。《诗经·邶风·简兮》："左手执籥，右手秉翟。"毛传："翟，翟羽也。"孔颖达疏："左手执管籥，右手秉翟羽而舞。翟羽，谓雉之羽也。"《尔雅·释鸟》："翟，山雉。"

3. 关于服饰起源的论述，《礼记》和《庄子》中有较为近似的说法。《礼记·礼运》："昔者先王未有宫室，冬则居营窟，夏则居橧巢。未有火化，食草木之实，鸟兽之肉，饮其血，茹其毛。未有麻丝，衣其羽皮。后圣有作，然后修火之利，范金、合土，以为台榭宫室牖户。以炮以燔，以烹以炙，以为醴酪。治其麻丝，以为布帛。"《庄子·盗跖》说："古者禽兽多而人少，于是民皆巢居以避之，昼拾橡栗，暮栖木上，故命之曰有巢氏之民。古者民不知衣服，夏多积薪，冬则炀之，故命之曰知生之民。神农之世，卧则居居，起则于于，民知其母，不知其父，与麋鹿共处，耕而食，织而衣。"班固《白虎通》："圣人所以制

图3-1　翬（日）细井徇绘（引自《诗经名物图解》）

衣服何？以为绵绤蔽形，表德劝善，别尊卑也。所以名为衣裳何？衣者，隐也；裳者，障也。所以隐形自障闭也。"

4. 頯： 同髯，脸颊上的胡须。泛指胡须。《庄子·田子方》："昔者寡人梦见良人，黑色而頯。"王先谦集解："頯、髯同。"

5. 胡： 鸟兽颔下的垂肉或皮囊。《诗经·豳风·狼跋》："狼跋其胡。"朱熹《集传》："胡，颔下悬肉也。"

6. 缨： 系冠的带子。两条丝绳上端系于冠，结在颔下（图3-2）。《礼记·玉藻》："玄冠朱组缨，天子之冠也。"《孟子·离娄上》："沧浪之水清兮，可以濯我缨。"

7. 緌： 通"綏"，指缨、绶等下垂的饰件。《礼记·杂记上》："缁布冠不緌。"孔颖达疏："以缁布为冠，不加緌。"

8. 首饰： 戴在头上的装饰品。《汉书·王莽传上》："百岁之母，孩提之子，同时断斩，悬头竿杪，珠珥在耳，首饰犹存，为计若此，岂不诬哉！"

图3-2　缨　宋陈祥道绘制（引自《礼书》）

9．十二章： 指日、月、星、山、龙、华虫、宗彝、藻、火、粉米、黼、黻十二种纹样。王先谦集解引黄山曰："十二章经无明文，班、马（即班固、司马迁）以前史亦不著。《秋官·大行人》言上公以下冕服有九章、七章、五章三等，其章复无考。郑玄说《虞书》'作服'乃分日月至黼黻为十二章。"《尚书·益稷篇》："帝曰：予欲观古人之象，日、月、星辰、山、龙、华虫，作会，宗彝，藻、火、粉米、黼、黻、缔、绣，以五彩彰施于五色，作服，汝明。"孔安国注称："画三辰、山、龙、华虫於衣服旌旗。""宗庙彝樽亦以山、龙、华虫为饰。""藻，水草有文者。火为火字，粉若粟〔冰〕，米若聚米，黼若斧形，黻为两己相背，葛之精者曰缔，五色备曰绣。"孔颖达正义解释这一句话的意思是"我欲观示君臣上下以古人衣服之法象，其日、月、星辰、山、龙、华虫作会，合五采而画之。又画山、龙、华虫于宗彝樽。其藻、火、粉、米、黼、黻于缔葛而刺绣，以五种之彩明施于五色，制作衣服，汝当为我明其差等而制度之。"从孔安国的注解来看，有日、月、星、山、龙、华虫、藻、火、粉、米、黼、黻等纹样，没有宗彝这一纹样。孔安国注华虫为"华象草华虫雉也"。孔颖达认为"雉五色，象草华也"，"虫是鸟兽之总名"，也就是说"华虫"就是雉，是一种纹样。也有观点认为华虫为两种纹样，如隋代顾彪取先儒之说，以为"日月星取其照临，山取能兴云雨，龙取变化无方，华取文章，雉取耿介"，又说："藻取有文，火取炎上，粉取洁白，米取能养，黼取能断，黻取善恶相背。"则是以华、虫为两种纹样。孔安国和顾彪等人认为粉、米是两种纹样，从后文看，《后汉书·舆服志》所谓的十二章是日、月、星、山、龙、华虫、藻、火、粉、米、黼、黻。但是郑玄认为"粉米"就是"白米"，马融、郑玄等认为宗彝是一种纹样，"宗彝，虎也[1]"，"宗彝谓宗庙之郁鬯樽也。故虞夏以上，盖取虎彝蜼彝而已。粉米，白米也[2]"。十二章这一总名出现在汉代，郑玄注《周礼·司服》中说："《书》曰：'予欲观古人之象，日、月、星辰、山、龙、华虫，作缋；宗彝、藻、火、粉米、黼、黻，希绣。'此古天子冕服十二章，舜欲观焉。"又说："至周而以日月星辰画于旌旗，所谓三辰旂旗，昭其明也。而冕服九章，登龙于山，登火于宗彝，尊其神明也。九章，初一曰龙，次二曰山，次三曰华虫，次四曰火，次五曰宗彝，皆画以为缋；次六曰藻，次七曰粉米，次八曰黼，次九曰黻，皆希以为绣。则衮之衣五章，裳四章，凡九也。鷩画以雉，谓华虫也，其衣三章，裳四章，凡七也。毳画虎蜼，谓宗彝也，其衣三章，裳二章，凡五也。希刺粉米，无画也，其衣一章，裳二章，凡三也。玄者衣无文，裳刺黻而已，是以谓玄焉。凡冕服皆玄衣纁裳。"也就是说日、月、星三章用于旌旗，而冕服用九章，并将其与衮冕、鷩冕、毳冕等配合，安排了等次。至此，十二章基本定形。十二章各有意义，隋代顾彪认为：日月星辰取其照临，山取其能兴雷雨，龙取其变化无方，华取文章，雉取耿介，藻取有文，火取炎上，粉取洁白，

---

① （清）孙星衍著，陈抗、盛冬铃校：《尚书今古文注疏》，中华书局，1986，第97页。
② （汉）孔安国传，（唐）孔颖达正义，黄怀信整理：《尚书正义》，上海古籍出版社，2007，第170页。

米取能养，黼取能断，黻取善恶相背。（《尚书正义》孔颖达正义所引）孔颖达认为诸物各有所象，故说日月星辰取其明；山者，安静养物，画山者必兼画山物；龙者，取其神化，龙是水物，画龙必兼画水；华虫者，取其文采，又性能耿介；此六者，以高远在上，故画于衣。宗彝者，虎有猛，蜼能辟害，故象之；藻者，取其洁清有文；火者，取其明照烹饪；粉米，取其絜白生养；黼谓斧也，取其决断之义；黻谓两已相背，取其善恶分辨。（参见《礼记·王制》"三公一命卷"孔颖达正义）汉代十二章的纹样并没有出土实物，目前所见多为后人所绘（图3-3）。

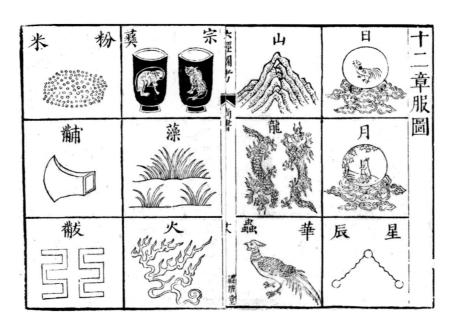

图3-3 十二章服图 宋杨甲绘制（引自《六经图考》）

10. 语出《周易·系辞下》，今本《周易》"庖牺氏"作"包牺氏"。意思是：伏牺氏治理天下，他抬头观察天上的表象，俯身观察大地的形状，观察飞禽走兽身上的纹理，以及适宜存在于地上的种种事物，从近处援取人的一身作象征，从远处援取各类物形作象征，于是才创作了八卦，用来贯通神奇光明的德性，用来类归天下万物的情态。①

11. 华虫： 有两种解释，一说将孔安国《尚书大传》中"华象草华虫雉也"一句读作"华，象草华；虫，雉也"。即认为"华"和"虫"各是一种纹样。隋代顾彪等人称"华取文章，雉取耿介"。另一种说法将"华虫"合二为一，孔颖达在解释孔安国传"华象草华虫雉也"一句时认为"雉五色，象草华也"，"虫是鸟兽之总名"，也就是说"华虫"就是雉，是一种纹样，即五彩华美的雉，五色似草华而美。《礼记·王制》："制三公一命卷，若有加则赐也。"孔颖达疏："华虫者，谓雉也。取其文采，又性能耿介。必知华虫是雉者，

---

① 黄寿祺、张善文著：《周易译注》，上海古籍出版社，2004，第537页。

以《周礼》差之，而当鷩冕，故为雉也。雉是鸟类，其颈毛及尾似蛇，兼有细毛似兽，故《考工记》云'鸟兽蛇'。"清代以来，一般都认为华虫就是雉，是一种纹样。目前出土材料中能看到一些先秦时期的鸟纹，大略可见华虫形象。黄能馥用甘肃石岭下类型彩陶纹上的鸟纹[①]，崔圭顺用江苏镇江东周墓出土的鸟纹[②]，来对比华虫纹（图3-4、图3-5）。

12. 绘： 绘画。刘昭注："《古文尚书》'绘'作'会'。孔安国曰：'以五采成此画焉。'"《说文解字·糸部》："绘，织余也；一曰画也，从糸贵声。"《周礼·秋官·画绘》："画绘之事杂五色。"郑司农注引《论语》"绘事后素"，今本《论语》作"绘"。

13. 宗彝： 宗彝本指宗庙祭祀用酒器，古人大多认为其上绘有山龙华虫等纹饰。宋人陈祥道等对此有构拟图像（图3-6）。刘昭注："宗庙彝樽，亦以山、龙、华虫为饰。"宗彝作为冕服上的纹样是汉代人提出的，特取装饰有虎、蜼的彝器，用在冕服上。《尚书·益稷》："作会，宗彝。"孔颖达正义引郑玄："宗彝谓宗庙之郁鬯樽也。故虞夏以上，盖取虎彝、蜼彝而已。"《礼记·王制》："三公一命卷。"，孔颖达正义："宗彝者，谓宗庙彝尊之饰，有虎蜼二兽。虎有猛，蜼能辟害，故象之。不言虎蜼，而谓之宗彝者，取其美名。"《周礼·司服》："王之吉服"，贾公彦疏："虎、蜼同在于彝，故此亦并为一章也。虎取其严猛。蜼取其有智，以其印（仰）鼻长尾，大雨则悬于树，以尾塞其鼻，是其智也。"

 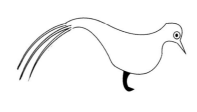

图3-4　陶器上的鸟纹（甘肃武岭山下出土）　图3-5　鸟纹（江苏镇江谏壁王家山东周墓出土）

a.彝　　　　b.虎彝　　　　c.鸟彝　　　　d.鸡彝

图3-6　宗彝　宋陈祥道绘制（引自《礼书》）

---

① 黄能馥、陈娟娟：《中国服装史》，中国旅游出版社，1995，第34页。
② 〔韩〕崔圭顺：《中国历代帝王冕服研究》，东华大学出版社，2007，第298页。

14. 藻： 水藻纹样。刘昭注引汉孔安国注："藻，水草有文者。"《礼记·王制》孔颖达正义："藻者，取其絜清有文。"《周礼·司服》："王之吉服"，贾公彦疏："藻，水草，亦取其有文。"藻文没有实物出土，目前能够看到先秦的一些纹饰类似水藻纹。如黄能馥认为河姆渡出土的陶器上有水草纹（图3-7）。[①] 崔圭顺认为大汶口文化遗址出土的一些玉璧上的纹饰类似水草纹（图3-8）。[②]

15. 火： 火有两种解释：一说为火字。刘昭注引汉孔安国注："火为火字。"一说火形圆。《周礼·考工记·画缋》："火以圜。"郑玄注："郑司农云：'为圜形似火也。'玄谓形如半环然，在裳。"又《司服》："王之吉服。"贾公彦疏："火亦取其明。"《尚书·益稷》："粉米、黼、黻，絺绣。"孔颖达引顾彪曰："火取炎上。"

16. 粉米： 有两种解释。一说，粉米为二物。刘昭注引汉孔安国注："粉若粟〔冰〕，米若聚米。"《尚书·益稷》："粉米、黼、黻，絺绣。"孔颖达引顾彪曰："粉取洁白，米取能养。"另一说为白米。《尚书·益稷》："粉米、黼、黻，絺绣。"孔颖达疏引郑玄曰："粉米，白米也。"《周礼·司服》："王之吉服。"贾公彦疏："粉米共为一章，取其洁，亦取养人。"先秦两汉没有明确的粉米纹样出土，目前研究者将一些早期的纹饰追认为粉米纹。如黄能馥认为河姆渡遗址的一些纹样属于稻谷纹（图3-9）。[③] 崔圭顺认为河姆渡遗址和大汶口文化遗址的一些纹样类似稻谷纹（图3-10）。[④]

图3-7　水草纹（河姆渡遗址出土）

图3-8　玉璧上的类似水草纹（美国弗利尔美术馆藏）

图3-9　稻谷纹（河姆渡遗址出土）

图3-10　类似稻谷纹（河姆渡、大汶口文化遗址出土）

① 黄能馥、陈娟娟：《中国服装史》，中国旅游出版社，1995，第35页。
② 〔韩〕崔圭顺：《中国历代帝王冕服研究》，东华大学出版社，2007，第299页。
③ 黄能馥、陈娟娟：《中国服装史》，中国旅游出版社，1995，第35页。
④ 〔韩〕崔圭顺：《中国历代帝王冕服研究》，东华大学出版社，2007，第299页。

17. 黼黻絺绣：黼后世多画作斧形花纹；黻为亞形；絺绣是绣有彩纹的细葛。刘昭注引孔安国曰："黼若斧形。黻为两己相背。葛之精者曰絺。五色备曰绣。"又引杜预注《左传》曰："白与黑谓之黼，黑与青谓之黻。"参见第22页"夫礼服之兴也"一段注释9。

18. 刘昭注引孔安国曰："以五采明施于五色，作尊卑之服。""日月"至"五色作服"，与今本《尚书·益稷》所载，除个别文字外，基本相同。

19. 即天子冕服用十二章。刘昭注引郑玄《周礼注》曰："此古天子冕服十二章。"

20. 大裘：即羔裘，天子祀天时穿着。刘昭注引郑众曰："大裘，羔裘。服以祀天，示质也。"《周礼·天官·司裘》："司裘掌为大裘，以供王祀天之服。"郑玄注引郑司农云："大裘，黑羔裘，服以祀天，示质。"贾公彦疏："裘言大者，以其祭天地之服，故以大言之，非谓裘体侈大……案郑志，大裘之上又有玄衣，与裘同色，亦是无文彩。"先秦两汉裘服没有实物出土，目前只能通过后代研究者的构拟图像，略窥一二（图3-11、图3-12）。

21. "至周"至"九章以下"：与《周礼·司服》郑玄注相似。关于各章的分布和制作方法，古人多有讨论。郑玄称周代冕服九章，龙、山、华虫、火、宗彝是画在上衣上的；藻、粉米、黼、黻是绣在下裳上的。鷩冕七章从华虫开始，上三下四，共七章；毳冕从宗彝开始，上三下二，共五章；絺冕从粉米开始，上一下二，共三章。刘昭注："郑玄曰：'华虫，五色之虫。《周礼·缋人》职曰：鸟兽蛇杂四时五色之位以章之，谓是也。王者相变，至周而以日月星辰画于旌旗，所谓三辰旗旗，昭其明也。而冕服九章，初一曰龙，次二曰山，次三曰华虫，次四曰火，次五曰宗彝，皆画以为缋；次六曰藻，次七曰粉米，次八曰黼，次九曰黻，

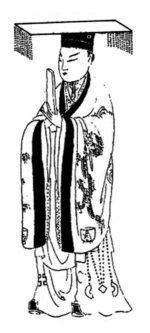

图3-11　大裘而冕
宋陈祥道绘制（引自《礼书》）

图3-12　羔裘
宋陈祥道绘制（引自《礼书》）

皆绨以为绣。则衮之衣五章，裳四章，凡九也。鷩画以雉，谓华虫也。其衣三章，裳四章，凡七也。毳画虎蜼，谓宗彝也。其衣三章，裳二章，凡五也。缔刺粉米无画也。其衣一章，裳二章，凡三也。'《法言》曰：'圣人文质者也，车服以彰之，藻色以明之，声音以扬之，诗书以光之。笾豆不陈，玉帛不分，琴瑟不铿，钟鼓不耾，吾无以见乎圣也！'"

22. 袀玄：亦称"袀袨""袗玄"。秦汉时的一种礼服，色纯黑。《淮南子·齐俗训》："尸祝袀袨，大夫端冕。"高诱注："袀，纯服；袨，墨斋衣也。"《仪礼·士冠礼》："兄弟毕袗玄。"郑玄注："袗，同也；玄者，玄衣玄裳也……古文袗为袀也。"宋人陈祥道构拟了袗玄的样式（图3-13）。

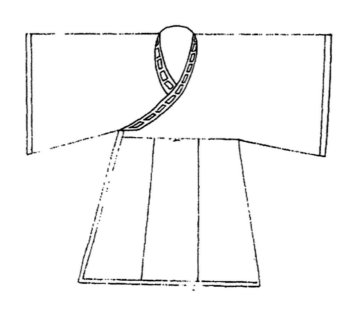

图3-13　袗玄衣　宋陈祥道绘制（引自《礼书》）

23. 世祖：汉光武帝刘秀。《后汉书·明帝纪》："有司奏上尊号为世祖。"李贤注："《礼》：'祖有功而宗有德。'光武中兴，故庙称世祖。"

24. 践祚：亦作"践阼""践胙"。即位；登基。《史记·鲁周公世家》："周公恐天下闻武王崩而畔，周公乃践阼代成王摄行政当国。"《史记·太史公自序》："汉既初兴，继嗣不明，迎王践祚，天下归心。"《隶释·汉费亭侯曹腾碑阴》："践祚之初，受爵于东土，厥功章然。"

25. 土中：四方的中心地区。东汉时指洛阳。《尚书·召诰》："王来绍上帝，自服于土中。"孔安国传："言王今来居洛邑，继天为治，躬自服行教化于地势正中。"孙星衍疏："土中谓王城于天下为中也。"《汉书·礼乐志》："世祖受命中兴，拨乱反正，改定京师于土中。"颜师古注："谓都洛阳。"

26. 三雍：亦称"三雍宫"。汉时对辟雍、明堂、灵台的总称，为天子朝会、祭祀的处所。《汉书·河间献王传》："武帝时，献王来朝献雅乐，对三雍宫及诏策所问三十余事。"颜师古注引应劭曰："辟雍、明堂、灵台也。雍，和也。言天地君臣人民皆和也。"《后汉书·儒林传序》："中元元年，初建三雍，明帝即位，亲行其礼。"又《光武帝纪》："是岁（中元元年），初起明堂、灵台、辟雍。"

27. 七郊：祭祀五帝及天地之礼。五帝指东方青帝、南方赤帝、中央黄帝、西方白帝、北方黑帝。王先谦集解引黄山曰："七郊，天地及五方五帝之兆。皆王莽于平帝元始四年建议。"《后汉书·曹褒传》："父充，持《庆氏礼》，建武中为博士，从巡狩岱宗，定封禅礼。还，受诏议立七郊、三雍、大射、养老礼仪。"李贤注："五帝及天地为七郊。"

28. 显宗：汉明帝刘庄之庙号。

29. 旒：又写作"斿"。指帝王公卿参加祭祀及大礼盛典时所戴冕冠前后所垂的玉珠串。旒是由玉珠和丝线贯穿而成的，每串之上玉珠分别用青、赤、黄、白、黑的玉珠相间，每串玉珠称作一旒。旒的数量和质料的不同，反映了穿戴者不同的等级和身份。汉代天子旒珠均使用白色。《礼记·玉藻》："天子玉藻，十有二旒。"郑玄注："杂采曰藻，天子以五采藻为旒。旒十有二。"孔颖达疏："以天子之旒十有二就，每一就贯以玉。就间相去一寸，则旒长尺二寸，故垂而齐肩也。言'天子齐肩'，则诸侯以下各有差降，则九玉者九寸，七玉者七寸，以下皆依旒数垂而长短为差。旒垂五采玉，依饰射侯之次，从上而下，初以朱，次白，次苍，次黄，次玄。五采玉既质遍，周而复始。其三采者先朱，次白，次苍。二色者，先朱，后绿。……后至汉明帝时，用曹褒之说，皆用白旒珠，与古异也。"在出土的先秦两汉实物中没有旒冕，宋代聂崇义、杨甲构拟过冕旒的形象（图3-14～图3-17）。汉代画像中有一些带冕冠的形象，如山东嘉祥武梁祠的五帝像（图3-18）。

30. 文章：错杂的色彩或花纹。《墨子·非乐上》："是故子墨子之所以非乐者，非以大钟鸣鼓琴瑟竽笙之声以为不乐也；非以刻镂华文章之色以为不美也。"《后汉书·张衡传》："文章焕以粲烂兮，美纷绘以从风。"

图3-14　冕旒　　　　　图3-15　七旒　　　图3-16　九旒　　　图3-17　十二旒
宋杨甲绘制（引自《六经图考》）　　　　　宋聂崇义绘制（引自《新定三礼图》）

31. 赤舄：红色复底礼鞋。《诗经·豳风·狼跋》："赤舄几几。"毛传："赤舄，人君之盛屦也。"孔颖达疏引《周礼·天官》："屦人掌王之服屦，为赤舄、黑舄。"又引郑玄注云："王吉服有九，舄有三等，赤舄为上，冕服之舄。"宋人根据三礼的记载构拟过舄的形制，各有不同，尤其是陈祥道的构拟与其他差别较大（图3-19～图3-21）。高春明认为在山东嘉祥武氏祠画像石上可以看到穿舄的形象，舄下的厚底十分明显（图3-22）。朝鲜乐浪汉墓出土的高底鞋履被认为是舄，其形制是圆头，敞口，浅帮，高低，与武氏祠画像石的形象基本相同（图3-23）。[1]

32. 絇：是屦与舄头部的装饰。如鼻翘者，有孔，可穿系鞋带。《玉篇》："絇，履头饰也。"《周礼·天官·屦人》郑玄注："舄屦有絇、有繶、有纯者，饰也。"《仪礼·士冠礼》："青絇繶纯。"郑玄注："絇之言拘也，以为行戒，状如刀衣，鼻在履头。"宋人陈祥道描绘过絇的形制（图3-24）。

33. 屦：鞋有复底、单底之分，复底者曰舄，单底者曰屦。就鞋履的统称而言，秦汉以前称为"屦"，秦汉及其后称为"履"。《方言》卷四："屝、屦、𪙊，履也。"钱绎笺疏引晋蔡谟曰："今时所谓履者，自汉以前皆名屦。"[2] 现在又通称为"鞋（鞵）"，《说文

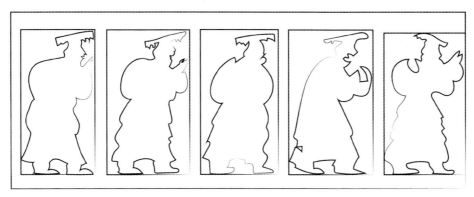

图3-18 五帝像（山东嘉祥武梁祠出土）

舄

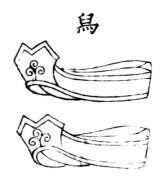

图3-19 王冕服赤舄（黑絇繶纯）
宋陈祥道绘制（引自《礼书》）

图3-20 舄 宋杨甲绘制
（引自《六经图考》）

图3-21 舄 宋聂崇义绘制
（引自《新定三礼图》）

---

① 高春明：《中国服饰名物考》，上海文化出版社，2001，第750页。
② （清）钱绎：《方言笺疏》，中华书局，1999，第66页。

解字·履部》："履，足所依也。"段玉裁注："古曰屦，今曰履；古曰履，今曰鞮。名之随时不同者也。"《仪礼·冠礼》："屦，夏用葛。冬皮屦。"又《士丧礼》："夏葛屦，冬白屦。"郑玄注："冬皮屦，变言白者，明夏时用葛亦白也。"《说文解字·尸部》："屦，履也。"宋人陈祥道、聂崇义描绘了白屦和童子屦的形制（图3-25～图3-27）。考古发掘中出土过早期的鞋履实物，也发现过一些鞋履的形象。在辽宁凌源牛河梁红山文化距今

图3-22　山东嘉祥武氏祠画像石上穿舄的男子

图3-23　舄（朝鲜乐浪出土）

图3-24　絇　宋陈祥道绘制（引自《礼书》）

图3-25　白屦
宋陈祥道绘制（引自《礼书》）

图3-26　童子屦
宋陈祥道绘制（引自《礼书》）

图3-27　菅屦
宋聂崇义绘制（引自《新定三礼图》）

图3-28　麻鞋（湖北宜昌楚墓出土）

3500 年的遗址中发现的裸形少女塑像，左足穿着一只短勒靴。青海乐都距今 4000 年的辛店文化遗址出土过一只彩陶靴。较早的鞋子实物有湖北宜昌楚墓中出土的麻鞋，通长 28 厘米，宽 9 厘米（图 3-28）。秦始皇陵兵马俑所穿的履的形状都是浅帮薄底，方口，履帮后高前低，类似舟形。口部有的镶着彩色口缘，履跟的后部及左右两侧的履帮上各有一纽鼻，綦带贯穿纽鼻系结于足腕前。履原来都涂色，出土时履上的颜色基本已脱落。据残迹可知，有的履为黑色，有的为褐色。口缘和綦带有的为朱红色，有的为粉紫色。履的形状有方口平头、方口齐头翘尖、方口圆头三型。

一型方口平头履可分为二式。I 式方口，平头不翘尖。长 30 厘米、宽 10.4 厘米，履帮前低后高，高 2.4～5.6 厘米、口宽 9.6 厘米，履前盖进深 7.2 厘米、宽 10.4 厘米，仅盖住足趾。履底板平，前方后圆。履跟后侧穿綦带的纽鼻高 4 厘米、宽 0.8 厘米，两侧的纽鼻高 2.8 厘米、宽 0.8 厘米，綦带长 39 厘米、宽 0.8 厘米。綦带在足腕前面绾结（图 3-29a）。II 式方口，齐头，履前端的双角呈弧形钝角，长 31.6 厘米、宽 11.2 厘米、高 2.4～6 厘米。前盖进深 9.2 厘米、宽 11.2 厘米。履跟后侧穿綦带的纽鼻高 5.2 厘米、宽 1 厘米，两侧的纽鼻高 3.4 厘米、宽 1.2 厘米，綦带长 40 厘米、宽 0.8 厘米。系结方法同上（图 3-29b）。

二型齐头翘尖履可分为三式。I 式方口，齐头，履帮低于足面，高度由后向前逐渐减低，至履尖向上翘起。长 27.2 厘米、宽 10.8 厘米、高 2.4～5.4 厘米，履头高 4 厘米。盖头如覆瓦形，宽 10.8 厘米、进深 8.4 厘米，仅盖住足趾。履上的纽鼻、綦带及系结方法同上（图 3-30a）。II 式履底的前端不着地，和履头一起向上翘起，履头两角成弧形钝角。长 26.4 厘米、宽 10.4 厘米、帮高 2.8～6.4 厘米，盖头作覆瓦形。履底的前端不着地，连同履头一起略呈 25 度角向上翘起（图 3-30b）。III 式履头高高翘起呈 45 度角向上翘卷。

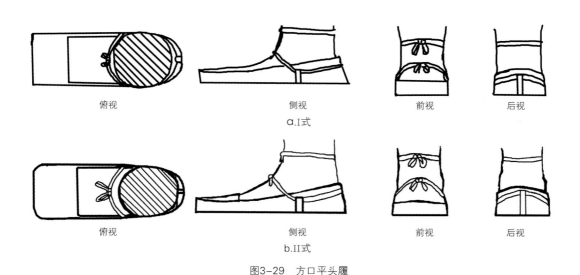

| 俯视 | 侧视 | 前视 | 后视 |
a.I式

| 俯视 | 侧视 | 前视 | 后视 |
b.II式

图3-29　方口平头履

长 24.8 厘米，宽 11.2 厘米，高 2.8 ~ 6.8 厘米，盖头进深 8 厘米、宽 11.2 厘米。口部镶着宽 1.6 厘米的口缘。后跟部分由下向上内收呈斜坡状（图 3-30c）。

三型方口圆头履可分为二式。I 式为圆头不翘起履，长 27 厘米、宽 10.4 厘米、高 3.2 ~ 6.6 厘米，盖头进深 9 厘米、宽 10.4 厘米。方口，履头的双角呈圆弧形。平底，头不向上翘起（图 3-31a）。II 式为圆头向上翘起履，长 26.8 厘米，前宽后窄，宽 7.2 ~ 10.4 厘米、帮高 3.6 ~ 5.2 厘米。方口，圆头，履底的前端有长 6 厘米的一段不着地向上翘起，履头略略翻卷内勾（图 3-31b）。[1]

汉代鞋履也有实物出土。湖北江陵凤凰山 167 号汉墓出土有西汉时期的麻鞋，浅帮、歧头，通长 20 厘米，宽 8 厘米，应该是女鞋（图 3-32）。马王堆 1 号汉墓曾出土 4 双形制相同的履，都是双尖翘头方履。标本 N04 号青丝履，保存较完整，长 26 厘米，头宽 7 厘米，后跟深 5 厘米。履面用丝缕编织而成，平纹，纬线较粗，织纹有明显的方向性，现呈菜绿色。底用麻线编织而成，平纹，现呈浅绛色。衬里为绛紫色。帮为"人"字纹组织，垫为平纹（图 3-33）。[2]

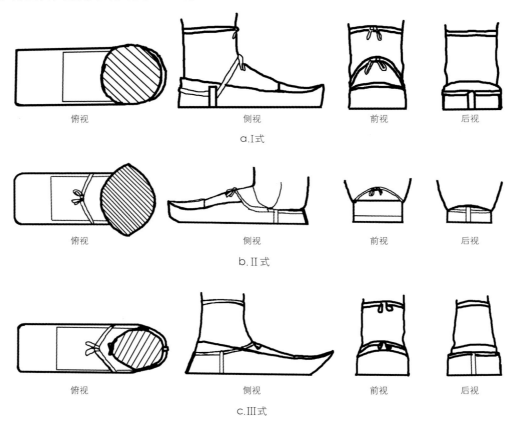

俯视　　　　　　侧视　　　　　　前视　　　　　　后视

a. I 式

俯视　　　　　　侧视　　　　　　前视　　　　　　后视

b. II 式

俯视　　　　　　侧视　　　　　　前视　　　　　　后视

c. III 式

图3-30　方口翘尖履

---

① 陕西考古研究所、始皇陵秦俑坑考古发掘队：《秦始皇陵兵马俑坑一号坑发掘报告：1974—1984（上）》，文物出版社，1988，第 110-114 页。
② 湖南省博物馆、中国科学院考古研究所：《长沙马王堆一号汉墓（上）》，文物出版社，1973，第 70 页。

34. 三老五更：古代社会精英的老年代表，主要是社会声望较高、人生阅历比较丰富、德高望重的老年人。一般老年退休的官员较多。政府推崇他们一方面是向社会显示尊老之意，同时又作顾问之用；另一方面借褒扬的机会宣传孝悌，也利用这些人的声望推行教化。中央政府、乡、县、郡等均都有设置。《礼记·文王世子》："适东序，释奠于先老，遂设三老、五更、群老之席位焉。"郑玄注："三老五更各一人也，皆年老更事致仕者也，天子以父兄养之，示天下之孝悌也。名以三五者，取象三辰五星，天所因以照明天下者。"《礼记·乐记》："食三老五更于大学。"郑玄注："三老五更，互言之耳，皆老人更知三德五事者也。"孔颖达疏："三德谓正直、刚、柔。五事谓貌、言、视、听、思也。"《汉书·高帝纪上》："举民年五十以上，有修行，能帅众为善，置以为三老，乡一人。择乡三老一人为县三老，与县令丞尉以事相教。"又《礼乐志》："养三老五更于辟雍。"颜师古注引李奇曰："王者父事三老，兄事五更。"《后汉书·明帝纪》："三老五更皆以二千石禄养终厥身。"李贤注引《汉官仪》："三老五更，皆取有首妻男女全具者。"《礼记·礼运》："故宗祝在庙，三公在朝，三老在学。"

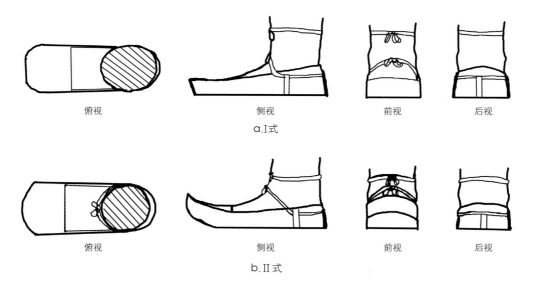

俯视　　　　　　侧视　　　　　　前视　　　　　　后视

a.I式

俯视　　　　　　侧视　　　　　　前视　　　　　　后视

b.II式

图3-31　方口圆头履（以上均为陕西西安秦始皇陵兵马俑1号坑出土）

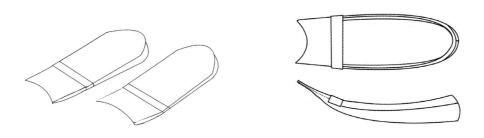

图3-32　麻鞋（湖北江陵凤凰山167号汉墓出土）　　图3-33　青丝履（湖南长沙马王堆1号汉墓出土）

‖ 第二节　冠帻 ‖

天子、三公、九卿、特进[1]侯、侍祠[2]侯，祀天地明堂，皆冠旒冕，衣裳玄上纁[3]下。[4]乘舆[5]备文，日月星辰十二章，三公、诸侯用山龙九章，九卿以下用华虫七章，[6]皆备五采，大佩，赤舄絇履，以承大祭。百官执事者，冠长冠，皆祗服。五岳、四渎、山川、宗庙、社稷诸沾秩祠，皆袀玄长冠，五郊各如方色云。百官不执事，各服常冠袀玄以从。

【注释】

1. 特进： 官名，始设于西汉末，授予列侯中有特殊地位的人，位在三公下。东汉至南北朝仅为加官，无实职。《后汉书·孝和孝殇帝纪》："赐诸侯王、公、将军、特进、中二千石、列侯、宗室子孙在京师奉朝请者黄金。"李贤注引应劭《汉官仪》："诸侯功德优盛，朝廷所敬异者，赐位特进，在三公下。"《后汉书·百官志五》："旧列侯奉朝请在长安者，位次三公。中兴以来，唯以功德赐位特进者，次车骑将军。"刘昭注引胡广《汉制度》曰："功德优盛，朝廷所敬异者，赐特进，在三公下，不在车骑下。"

2. 侍祠： 陪从祭祀。《史记·孝文本纪》："诸侯王列侯使者侍祠天子，岁献祖宗之庙。"裴骃集解引张晏曰："王及列侯，岁时遣使诣京师，侍祠助祭也。"

3. 纁： 浅赤色，赤而带黄者。赤色深浅之度：最深为朱、绛，其次为赤、纁、彤，又次为赪、緹、红。《说文解字·糸部》："纁，浅绛也。"《周礼·考工记·钟氏》："三入为纁。"郑玄注："染纁者，三入而成。"《尔雅·释器》："一染谓之緅，再染谓之赪，三染谓之纁。"

4. 刘昭注引《东观书》：永平二年正月，公卿议春南北郊，东平王苍议曰："孔子曰：'行夏之时，乘殷之路，服周之冕。'为汉制法。高皇帝始受命创业，制长冠以入宗庙。光武受命中兴，建明堂，立辟雍。陛下以圣明奉遵，以礼服龙衮，祭五帝。礼缺乐崩，久无祭天地冕服之制。按尊事神祇，絜斋盛服，敬之至也。日月星辰，山龙华藻，天王衮冕十有二旒，以则天数；旗有龙章日月，以备其文。今祭明堂宗庙，圆以法天，方以则地，服以华文，象其物宜，以降神明，肃雍备思，博其类也。天地之礼，冕冠裳衣，宜如明堂之制。"

5. 乘舆： 皇帝用的车，亦用作皇帝的代称。《史记·吕太后本纪》："滕公乃召乘舆车载少帝出。"裴骃集解："天子至尊，不敢渫渎言之，故托於乘舆也。乘犹载也，舆犹车也。天子以天下为家，不以京师宫室为常处，则当乘车舆以行天下，故群臣托舆以言之也，故或谓之'车驾'。"

6. 十二章的具体位置在各时代都有不同，汉代学者认为远古时期大概是都用在冕服上，郑玄《周礼·司服》注称"古天子冕服十二章，舜欲观焉"。到了周代分别用于旗帜和冕服，把日月星辰画於旌旗，所谓三辰旂旗，而冕服用九章。汉代重新整理舆服制度，又参考了古制，把十二章全部用于天子服饰（图3-34）。

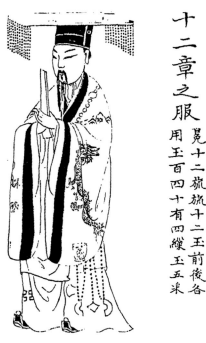

图3-34 十二章之服 宋陈祥道绘制（引自《礼书》）

冕冠[1]，垂旒，前后邃延[2]，玉藻[3]。孝明皇帝永平二年，初诏有司采《周官》《礼记》《尚书·皋陶篇》，乘舆服从欧阳氏[4]说，公卿以下从大小夏侯氏[5]说。冕皆广七寸，长尺二寸，前圆后方，朱绿里，玄上，前垂四寸，后垂三寸，系白玉珠为十二旒，以其绶采色为组[6]缨。三公诸侯七旒，青玉为珠；卿大夫五旒，黑玉为珠。[7]皆有前无后，各以其绶采色为组缨，旁垂黈纩。[8]郊天地，宗祀，明堂，则冠之。[9]衣裳玉佩备章采，乘舆刺绣，公侯九卿以下皆织成[10]，陈留襄邑献之云。[11]

【注释】

1. 冕冠：简称冕，古代帝王、诸侯、群臣参加祭祀或大礼盛典时所戴的礼冠。文献记载，周代天子有六冕，按礼之不同分别穿用。《周礼·春官·司服》："掌王之吉凶衣服，辨其名物，与其用事。王之吉服，祀昊天上帝，则服大裘而冕，祀五帝亦如之；享先王则衮冕；享先公、飨射则鷩冕；祀四望山川则毳冕；祭社稷五祀则希冕；祭群小祀则玄冕。"又《夏官·弁师》："弁师掌王之五冕，皆玄冕朱里，綖、纽、五采缫，十有二就，皆五彩玉。"根据崔圭顺的研究，冕冠的主体部分由冠部和卷部组成。顶部的冕板（即延）和其下面的衡是冠部。冕板为长方形木板，玄表朱里。衡为玉制，一般祭服才有衡，起维持冠的作用。冠部下面是卷部（又叫武），卷部两侧有纽，纽中贯笄，卷、纽、笄三者为冠身部分。卷的用材和颜色与冕板相同，纽就是冠卷上的两侧的孔，直径与所穿玉笄相差不大。冕板前后两端，分别垂挂数串玉珠穿成的旒，两旁垂充耳；笄顶端有冠带，名"纮"，这三部分是冕冠的饰品部分。延的两侧各垂一根带子，上悬充耳（图3-35）。[1]高春明认为冠卷是用铁丝、细藤编为圆框，外蒙缟素、漆纚等织物。[2]先秦时代的冕冠形制，在汉代已经看不到了。汉代经学家们根据记载，反复讨论，东汉孝明帝时，重新制定了冕冠的样式。目前在武梁祠和沂南汉代的画像石中能够看到汉代冕冠的形象，冕板长方形，冠卷较小，仅覆罩住头顶发髻，前后各三旒（见图3-18、图3-36）。

2. **延**：通"綖"，冕冠上的冕板。刘昭注："邃，垂也。延，冕上覆。"《周礼·夏官·弁师》："弁师掌王之五冕，皆玄冕朱里延纽。"郑玄注："延，冕之覆在上，是以名焉。"《礼记·玉藻》"天子玉藻，十有二旒，前后邃延。"郑玄注："前后邃延者，言皆出冕前后而垂也。"用木制成，外包麻布，上为黑色，里为红色。一般认为长一尺六寸，宽八寸（图3-37、图3-38）。但也有不同说法。《左传·桓公二年》："衮、冕、黻、珽"孔颖达正义："盖以木为干，而用布衣之，上玄下朱，取天地之色，其长短广狭，则经传无文。阮谌《三礼图·汉礼器制度》云'冕制，皆长尺六寸，广八寸，天子以下皆同。'沈引董巴《舆服志》云'广七寸，长尺二寸'。应劭《汉官仪》云'广七寸，长八寸'。沈又云'广八寸，长尺六寸者，天子之冕；广七寸长尺二寸者，诸侯之冕；广七寸，长八寸者，大夫之冕'。但古礼残缺，未知孰是，故备载焉。"《礼记·玉藻》："前后邃延。"郑玄注："延，冕之覆在上。"陆德明《释文》："延，《字林》或作綖。"后文称冕延前圆后方（图3-39），但从目前留存图像看，冕冠主要是长方形的，前圆后方的形式比较少见。在茂陵佛坐下线刻人物中有七人戴冕冠，冕板是典型的前圆后方形式，前后各垂四旒（图3-40）。

3. **玉藻**：即天子冕冠上的旒。《礼记·玉藻》："天子玉藻，十有二旒。"郑玄注："杂采曰藻。天子以五采藻为旒，旒十有二。"孔颖达疏："天子玉藻者，藻谓杂采之丝绳，以贯于玉，以玉饰藻，故云玉藻也。"藻字又可以写作"缫""璪""缲"。《周礼·夏官·弁师》："诸侯之缫斿九就。"郑玄注引郑司农（郑众）："缫，古字也；藻，今

---

[1] 〔韩〕崔圭顺：《中国历代帝王冕服研究》，东华大学出版社，2007，第156-167页。
[2] 高春明：《中国服饰名物考》，上海文化出版社，2001，第196页。

周天子十二旒冕冠

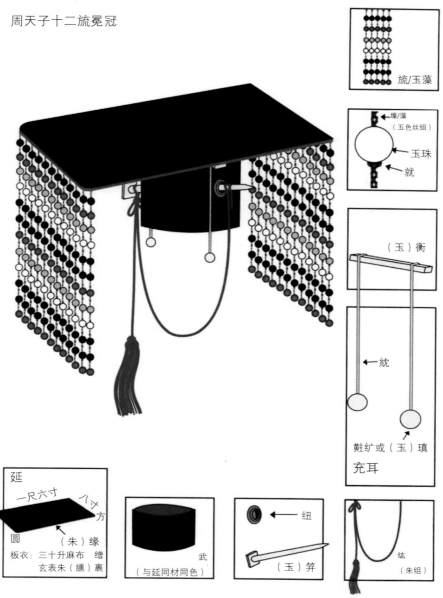

图3-35　崔圭顺绘制的周代冕冠（引自《中国历代帝王冕服研究》）

图3-36　沂南汉代画像石中的冕冠形象

字也。"《礼记·玉藻》："天子玉藻。"陆德明《释文》："本又作璪。"又《礼器》："天子之冕，朱绿缫，十有二旒。"陆德明《释文》："缫，本又作璪，亦作藻，同。"一般认为玉藻垂挂于冕板前后两端，南宋陈祥道《礼书》中的构拟图基本符合历史事实(图3-41)。天子冕旒的玉珠数量，依据冕服种类不同有所差别，分别是衮冕前后各12旒，用玉珠288颗；鷩冕前后各9旒，用玉珠216颗；毳冕前后各7旒，用玉珠168颗；希冕前后各5旒，用玉珠120颗；玄冕前后各3旒，用玉珠72颗。刘昭注："《周礼》曰：'五采缫十有二就，皆五采玉，十有二，玉笄朱纮。'郑玄注曰：'缫，杂文之名也。合五采丝为之绳，垂于延之前后，各十二，所谓邃延也。就，成也。绳之每一帀而贯五采玉，十有二旒则十二玉也。每就闲盖一寸。朱纮，以朱组为纮也。纮一条属两端于武，此为衮衣之冕。十二旒则用玉

图3-37　延　宋聂崇义绘制（引自《新定三礼图》）

图3-38　长方形延

图3-39　前圆后方延

图3-40　茂陵佛座旒冕形象
（据周锡保《中国古代服饰史》临摹）

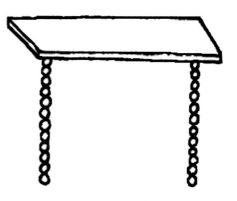

图3-41　缫　宋陈祥道绘制（引自《礼书》）

二百八十八。鷩衣之冕，缫九旒，用玉二百一十六。鷩衣之冕，七旒，用玉百六十八。希衣之冕，五旒，用玉百二十。玄衣之冕，三旒，用玉七十二。'"

4. 欧阳氏：西汉时期经学家欧阳生，专研《尚书》。《汉书·艺文志》载有欧阳生《尚书章句》三十一卷，《尚书说义》二篇。《隋书·经籍志》云："晋永嘉之乱，欧阳、大小夏侯《尚书》并亡。"不过他的部分观点因被后人引用而留存，散见于诸书。明代王谟从各书中摘抄出数条，辑集为一卷，称之为《今文尚书说》，收入《汉魏遗书》。

5. 大小夏侯氏：指西汉的夏侯胜、夏侯建二人。夏侯胜，西汉今文尚书学家，"大夏侯学"创始人。复姓夏侯，名胜，字长公，东平（今属山东）人。少孤，好学，先后从夏侯始昌（张生再传弟子）、简卿（倪宽门人）及欧阳生治《今文尚书》，为学精熟，别自成家，为"大夏侯氏之学"。汉昭帝时征为博士、光禄大夫。曾受诏撰《尚书说》《论语说》。夏侯胜以《尚书》之学传其侄夏侯建，建别为一家，称"小夏侯氏之学"。由是《尚书》学有"大小夏侯"之分。宣帝时，大小夏侯《尚书》均立博士。《汉书·艺文志》著录《大小夏侯章句》各二十九卷，《大小夏侯解故》二十九篇。原书散佚。清人陈乔枞辑有《尚书欧阳夏侯遗说考》，收入《皇清经解续编》。

6. 组：丝带。刘昭注："《说文》曰：'组，绶属也，小者以为冕缨焉。'《礼记》曰：'玄冠朱组（绶）〔缨〕，天子之服'是也。"《说文解字·系部》："组，绶属也。其小者以为冠缨。"段玉裁注："组可以为绶，组非绶类也。绶织犹冠织，织成之帻梁谓之纚，织成之绶材谓之组。"《尚书·禹贡》："厥篚玄纁玑组。"孔安国传："组，绶类。"《楚辞·招魂》："放陈组缨，班其相纷些。"王逸注："组，绶。"洪兴祖补注："缨，冠系也。"

7. 刘昭注："《独断》曰'三公诸侯九旒，卿七旒'，与此不同。"

8. 黈纩：一般解释为黄色的丝绵。加在冕的两旁，大小如丸，作塞耳之用，以示不妄闻不义之言。刘昭注："吕忱曰：'黈，黄色也。黄绵为之。'《礼纬》曰：'旒垂目，纩塞耳，王者示不听谗，不视非也。'薛综曰：'以珩玉为充耳也。《诗》云：充耳琇莹。毛苌传曰：充耳谓之瑱。天子玉瑱。琇莹，美石也。诸侯以石。'"《汉书·东方朔传》："水至清则无鱼，人至察则无徒，冕而前旒，所以蔽明，黈纩充耳，所以塞聪。"颜师古注："黈，黄色也。纩，绵也。以黄绵为丸，用组悬之于冕，垂两耳旁，示不外听。"《文选·张衡〈东京赋〉》："夫君人者，黈纩塞耳，车中不内顾。"薛综注："黈纩，言以黄绵大如丸，县（悬）冠两边，当耳，不欲妄闻不急之言也。"孙机认为"黈纩"在汉以前文献没有记载，在汉代突然出现，可能受到了外来影响。[①] 宋人陈祥道绘制过天子、诸侯、卿、大夫、士所用瑱的图像（图 3-42）。

---

① 孙机：《中国圣火：中国古文物与东西文化交流中的若干问题》，辽宁教育出版社，1996，第 96 页。

9. 刘昭注引蔡邕曰："鄙人不识，谓之平天冠。"

10. **织成**：汉代产生的由锦分化出来的一种织物。它在经纬交织的基础上施以彩纬挖花的技术，主要是丝织品，也有毛织品，多作贵族服饰。

11. 关于汉明帝永平二年（59年）制定冕冠制度的记载，第146页"上古穴居"一段称"显宗遂就大业，初服旒冕，衣裳文章，赤舄绚屦，以祠天地，养三老五更于三雍，于时致治平矣"。《后汉书·明帝纪》："二年春正月辛未，宗祀光武皇帝于明堂，帝及公卿列侯始服冠冕、衣裳、玉佩、绚屦以行事。"李贤注引董巴《舆服志》曰："显宗初服冕衣裳以祀天地。衣裳以玄上纁下，乘舆备文日月星辰十二章，三公、诸侯用山龙九章，卿已下用华虫七章，皆五色辨。乘舆刺绣，公卿已下皆织成。陈留襄邑献之。"又引徐广《车服注》曰："汉明帝案古礼备其服章，天子郊庙衣皂上绛下，前三幅，后四幅，衣画而裳绣。"

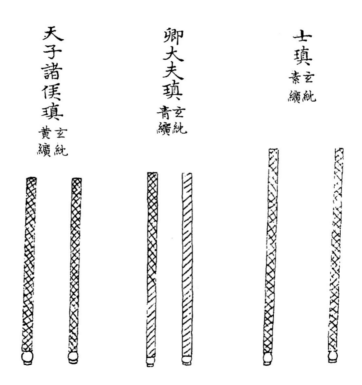

图3-42　黈纩　宋陈祥道绘制（引自《礼书》）

　　长冠[1]，一曰斋冠，高七寸，广三寸，促漆纚[2]为之，制如板，以竹为里。初，高祖微时，以竹皮为之，谓之刘氏冠，楚冠制也。民谓之鹊尾冠，非也。祀宗庙诸祀则冠之。皆服袀玄[3]，绛缘[4]领袖为中衣[5]，绛绔[6]袜[7]，示其赤心奉神也。五郊[8]，衣帻[9]绔袜各如其色。此冠高祖所造，故以为祭服[10]，尊敬之至也。

【注释】

1. 长冠： 湖南长沙马王堆 1 号汉墓彩绘非衣帛画的下部，谷璧下面一段画面中有七个男人，服饰与上段跪迎老妪的两个男人相同，均戴顶作鹊尾状的冠，冠带系于颔下，发掘者认为或即是长冠。① 另该墓中出土两件戴冠男俑。这二件木俑，形体高大，神态肃穆，冠履服饰不同于群俑，似有一定身份。木俑头顶后部向上斜冠一板，板长 12 厘米，宽 8 厘米，两侧边棱稍高，板面刻划纹。板下又附着一梯形平板。冠两侧有墨绘带直达下颔，与附卷于下颔的小木条相联结。这种冠戴与帛画中九个男子的冠戴形式相同，发掘者认为亦应为长冠（图 3-43）。② 但聂崇义所绘的长冠图与其明显不同（图 3-44）。长冠在汉代以后还有使用。《晋书·舆服志》："长冠：一名齐冠。高七寸，广三寸，漆纚为之，制如版，以竹为里。汉高祖微时，以竹皮为此冠，其世因谓刘氏冠。后除竹用漆纚。司马彪曰：'长冠盖楚制。人间或谓之鹊尾冠，非也。救日蚀则服长冠，而祠宗庙诸祀冠之。此高祖所造，后世以为祭服，尊敬之至也。'"

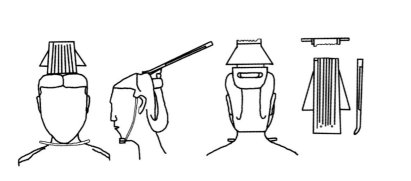

图3-43　长冠（湖南长沙马王堆汉墓出土）　　　　图3-44　长冠
宋聂崇义绘制（引自《新定三礼图》）

① 湖南省博物馆、中国科学院考古研究所：《长沙马王堆一号汉墓（上）》，文物出版社，1973，第 42 页。
② 湖南省博物馆、中国科学院考古研究所：《长沙马王堆一号汉墓（上）》，文物出版社，1973，第 97 页。

2. **纚：**亦作"纙"，冠下束发之帛纱。先秦时男子、妇女均用，多为黑缯。漆纚纱制成的冠在西周即已出现，当时用细麻线编织后，涂上生漆，战国晚期至西汉初期改用生丝编结后再涂上生漆。[1]《说文解字·系部》："纚，冠织也。"段玉裁注："冠织者，为冠而设之织成也。凡缯布不须剪裁而成者，谓之织成。"《仪礼·士冠礼》："缁纚，广终幅，长六尺。"郑玄注："纚，今之帻梁也……纚一幅长六尺，足以韬发而结之矣。"《礼记·内则》："鸡初鸣，咸盥漱，栉、縰、笄、緫。"《汉书·江充传》："冠禅纚步摇冠，飞翮之缨。"颜师古注："纚，织丝为之。即今方目纱是也。"宋人陈祥道曾绘制了纚的图像（图3-45）。周锡保认为河南洛阳西八清里出土的画像中有以纚裹髻的形象（图3-46）。[2]

3. 刘昭注："《独断》曰：'袀，绀缯也。'《吴都赋》注曰：'袀，皂服也。'"

4. **缘：**衣服等的边饰。《说文解字·系部》："缘，衣纯也。"段玉裁注："缘者，沿其边而饰之也。"《礼记·玉藻》："缘广寸半。"郑玄注："饰边也。"孔颖达疏："谓深衣边以缘饰之广寸半也。"贾谊《陈政事疏》："天子之后以缘其领，庶人孽妾缘其履。"战国秦汉时期出土的人物俑所穿的服饰多能看到宽大的领、袖、裾和襟的缘。如长沙仰天湖战国楚墓彩绘女木俑和长沙战国彩绘木俑（图3-47、图3-48）。湖南长沙马王堆3号汉墓出土人物俑，领缘和裾缘非常明显（图3-49）。

5. **中衣：**亦称"中单"，着于祭服、朝服内的衬衣。其制上衣下裳相连，以素或布为之，并配以彩色边饰。士以上阶层人士家居时也作便服，庶人则以之为常礼服。《礼记·深衣》孔颖达疏："深衣，连衣裳而纯之以采者。素纯曰长衣，有表则谓之中衣。大夫以上祭服之中衣用素……凡深衣，皆用诸侯、大夫、士夕时所著之服。故《玉藻》云：'朝玄端，夕深衣。'庶人吉服亦深衣，皆着之在表也。其中衣在朝服、祭服、丧服之下。"又《郊特牲》："绣黼丹朱中衣，"孔颖达疏："中衣，谓以素为冕服之里衣。"《汉书·江充传》：

图3-45　纚　宋陈祥道绘制（引自《礼书》）　　　　图3-46　以纚裹髻（河南洛阳西八清里出土）

---

① 湖南省博物馆、湖南省文物考古研究所：《长沙马王堆二、三号汉墓．第一卷：田野考古发掘报告》，文物出版社，2004，第226页。
② 周锡保：《中国古代服饰史》，中国戏剧出版社，1984，第93页。注：周锡保文中所说的"洛阳西八清里"指的应是"河南洛阳市郊八里台。"

"充衣纱縠襌衣。"颜师古注："若今之朝服中襌也。"宋人陈祥道绘制过中衣形象（图3-50、图3-51）。湖北江陵马山1号墓出土的一件窄袖素纱绵袍（标本N1）后领下凹，两袖斜向外收杀，袖筒最宽处在腋下，小袖口。灰白绢里，领缘和袖缘均为藕色绢（图3-52）。另一件（标本N22）的领和袖残破较甚，小袖口，袍长与N1接近。灰白绢里。领缘起花绦，有田猎纹绦和龙凤纹绦两种。袖缘和下摆缘皆大菱形纹锦。[①] 沈从文认为"这种衣服，凹领窄袖，短小适体。衣面用本色素料，不饰文采。情形和《论语·乡党》'红、紫不以为亵服'说法相参酌。反证它必是贴身穿着的冬服小衣或内衣，一般不显露于外。同式尚有一件深

图3-47　战国彩绘木俑
（湖南长沙仰天湖楚墓出土）

图3-48　战国彩绘木俑
（湖南长沙仰天湖楚墓出土）

图3-49　战国彩绘木俑
（湖南长沙马王堆3号汉墓出土）

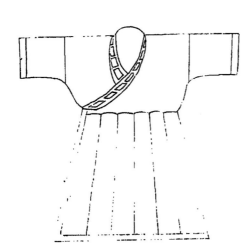

图3-50　诸侯中衣
宋陈祥道绘制（引自《礼书》）

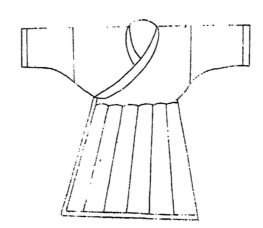

图3-51　大夫士中衣
宋陈祥道绘制（引自《礼书》）

---

① 湖北省荆州地区博物馆：《江陵马山一号楚墓》，文物出版社，1985，第20-22页。

黄绢夹衣。另一件是编号 N22 绣绢绵衣，是着于死者外衣之内的，形制亦与 N1 相近，惟衣面彩绣龙凤花纹。如照《释名》'中衣言在外，小衣之外，大衣之中也'，应称之为'中衣'。"①

6. 绔: 又写作"袴"，今作"裤"。秦汉以前一般指的是左右各一，分裹两胫的套裤。《说文解字·系部》："绔，胫衣也。"段玉裁注："胫衣也。今所谓套袴也，左右各一，衣两胫。古之所谓绔，亦谓之褰，亦谓之襗，见《衣部》。若今之满当袴，则古谓之幝，亦谓之幒，见《巾部》。此名之宜别者也。"张舜徽认为："股谓之胯，因之所以衣股者谓之绔，即今俗所称无裆袴也。惟其套在两胫以上达于股，故俗名套袴。俗又作裤。"②《墨子·非乐中》："因其羽毛，以为衣裘，因其蹄蚤，以为绔屦。"《汉书·外戚传上·孝昭上官皇后》"穷绔"颜师古注："绔，古袴字也。穷绔即今之绲裆袴也。"江陵马山楚墓出土了一条绵裤，即凤鸟花卉纹绣红棕绢面绵裤（N25）。裤由裤腰和裤脚两部分组成。裤腰用灰白色绢，共四片，每只裤脚上连二片。裤脚四片，左右脚各二片。裤脚上部一侧拼入一块，展开呈漏斗状。裤脚下部拼有一块条纹锦边，做成小裤口。裤脚的各拼缝处均镶嵌十字形纹缘，绣绢面，深黄绢里。绵裤的两裆互不相连，裤脚上部与裤腰相连，后腰敞开，形成开裆（图3-53）。③蒙古的诺彦乌拉匈奴墓葬中曾出土一件丝绸的套裤，与典型的匈奴裤不同，由两个独立的部分组成，没有裤裆。裤表丝绸上绘有带羽翼的山羊和骑在飞马上的骑手，裤里是素面红色丝绸，裤脚还缝制了毡制的靴子（图3-54）。④

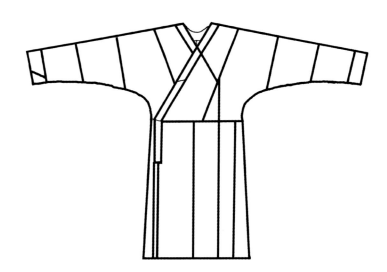

图3-52　素纱绵袍（N1）（湖北江陵马山1号楚墓出土）

---

① 沈从文:《中国古代服饰研究》，上海书店出版社，2002，第125-126页。
② 张舜徽:《说文解字约注》，华中师范大学出版社，2009，第3212页。
③ 湖北省荆州地区博物馆:《江陵马山一号楚墓》，文物出版社，1985，第23-24页。
④ 〔苏〕С.И.鲁金科著、孙危译:《匈奴文化与诺彦乌拉巨冢》，中华书局，2012，第46页。

7. 袜： 今写作"袜"。足衣，袜子。《类篇》："韤，《说文》：'足衣也'。又所以束衣也。"宋人陈祥道构拟了袜的形制（图3-55）。1959年，新疆民丰县北大沙漠1号东汉墓出土男袜一双，用"延年益寿宜子孙"锦制成，长43厘米、袜腰宽17厘米、脚部宽11厘米。女袜一双，斜方格锦，锦边有"阳"字，长37厘米、宽14厘米（图3-56）。[1]马王堆1号汉墓出土夹袜两双。形制相同，齐头，鞔后开口，开口处并附袜带。两双都用绢缝制而成，缝在脚面和后侧，袜底无缝。袜面用的绢较细，袜里用的绢稍粗。标本329-3号素绢夹袜，底长23.4厘米，勒长22.5厘米，头宽8厘米，口宽12厘米，开口长8.7厘米，袜带也是用的绢（图3-57）。标本329-4号绛紫绢夹袜，底长23厘米，勒长21厘米，头宽10厘米，口宽12.7厘米，开口长10厘米，袜带是素纱的。[2]

8. 五郊： 指东汉时期在东郊、南郊、西郊、北郊、中郊共五郊的迎气祭祀。《后汉书·明帝纪》："是岁（中平二年），始迎气于五郊。"又《祭祀志中》："迎时气，五郊之兆。自永平中，以《礼谶》及《月令》有五郊迎气服色，因采元始中故事，兆五郊于雒阳四方。

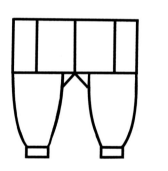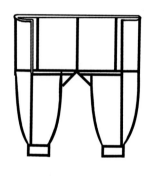

图3-53　绢面绵裤（湖北江陵马山1号楚墓出土）

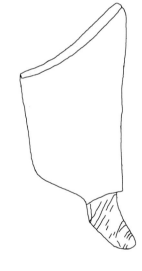

图3-54　裤（蒙古诺彦乌拉匈奴墓葬出土）

图3-55　袜　宋陈祥道绘制（引自《礼书》）

---

① 新疆维吾尔自治区博物馆：《新疆民丰县北大沙漠中古遗址墓葬区东汉合葬墓清理简报》，《文物》，1960年第6期，第12页。

② 湖南省博物馆、中国科学院考古研究所：《长沙马王堆一号汉墓（上）》，文物出版社，1973，第69页。

中兆在未，坛皆三尺，阶无等。立春之日，迎春于东郊，祭青帝句芒。车旗服饰皆青……立夏之日，迎夏于南郊，祭赤帝祝融。车旗服饰皆赤……先立秋十八日，迎黄灵于中兆，祭黄帝后土。车旗服饰皆黄……立秋之日，迎秋于西郊，祭白帝蓐收。车旗服饰皆白……立冬之日，迎冬于北郊，祭黑帝玄冥。车旗服饰皆黑。"详见张鹤泉《东汉五郊迎气祭祀考》[①]。

9. 帻： 一种包扎发髻的巾。详见第216页"古者有冠无帻"一段注释6。

10. 祭服： 祭祀时穿的礼服。《周礼·天官·内宰》："中春，诏后帅外内命妇始蚕于北郊，以为祭服。"贾公彦疏："《礼记·祭义》亦云：蚕事既毕，遂朱绿之，玄黄之，以为祭服。此亦当染之以为祭服也。"《诗经·豳风·七月》："为公子裳"，毛传："祭服，玄衣纁裳。"孔颖达疏："玄黄之色施于祭服。"《国语·周语上》："晋侯端委以入"，韦昭注："说云：

图3-56 男、女锦袜（新疆民丰县东汉墓出土）

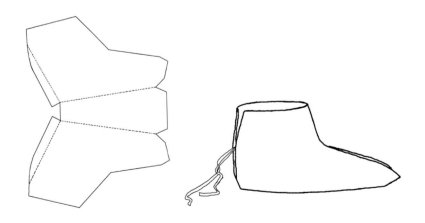

图3-57 夹袜（湖南长沙马王堆1号汉墓出土）

---

① 张鹤泉：《东汉五郊迎气祭祀考》，《人文杂志》，2011年第3期，第112-119页。

'衣玄端，冠委貌，诸侯祭服也。'"《文献通考·王礼考八》："古者祭服皆玄衣纁裳，以象天地之色。裳之饰，有藻、粉米、黼、黻。"关于周代祭服的样式，宋人陈祥道曾做过构拟（图3-58）。

图3-58　诸侯祭服　宋陈祥道绘制（引自《礼书》）

委貌冠[1]、皮弁冠[2]同制，长七寸，高四寸，制如覆杯，前高广，后卑锐，所谓夏之毋追[3]，殷之章甫[4]者也。委貌以皂绢为之，皮弁以鹿皮为之。行大射[5]礼于辟雍[6]，公卿诸侯大夫行礼者，冠委貌，衣玄端[7]素裳。执事者冠皮弁，衣缁麻衣[8]，皂领袖，下素裳，所谓皮弁[9]素积[10]者也。

【注释】

1. **委貌冠**：亦称"玄冠"。周代便有此名，一直沿用至汉。《仪礼·士冠礼》："委貌，周道也；章甫，殷道也；毋追，夏后氏之道也。"郑玄注："或谓委貌为玄冠。"班固《白虎通·绋冕》："委貌者，何谓也？周朝廷理政事行道德之冠名。……周统十一月为正，万物萌小，故为冠饰最小，故曰委貌。委貌者，委曲有貌也。"陈立疏证："《御览》引《三礼图》云，玄冠亦曰委貌，今之进贤，则其遗像也。"《释名·释首饰》："委貌，冠形委曲之貌，上小下大也。"周锡保认为汉代委貌冠有四种形制，但行文中明确列举了类似进贤冠、类似皮弁冠两种。宝成铁路沿线出土的两个画像砖上的委貌冠是类似进贤冠式的一种（图3-59）。[①] 四川宝成铁路成都站东乡青杠坡三号汉墓出土的讲学画像砖上的两人所戴的是委貌冠的一种，类似皮弁冠（图3-60）。[②] 周锡保称汉代委貌有四式或许是受到了宋人聂崇义的影响。聂崇义在其《新定三礼图》中列举了四种委貌，其中两类正是"如进贤冠""如皮弁者"（图3-61）。宋人杨甲、陈祥道也绘制过委貌冠的图像，杨甲将其分为委貌圆制和委貌两种，陈祥道仅有一种（图3-62～图3-64）。

图3-59　委貌冠（宝成铁路沿线出土）

图3-60　委貌冠　画像砖绘（四川成都站东乡出土）

2. 皮弁冠： 一种尖顶冠，一般用多块上尖狭、下宽延的白鹿皮拼接缝合而成。其缝合处称"会"，周制天子十二会。会间缀以"五采玉"为饰，名为璂（字亦作綦），天子十二璂。弁顶称邸，用象骨制成，故称象邸。弁上可横插以笄，多以玉制，故称玉笄。用为朝服，天子以下会、璂递减。宋人陈祥道、杨甲、聂崇义绘有皮弁冠的图像（图3-65～图3-67）。

① 周锡保：《中国古代服饰史》，中国戏剧出版社，1984，第84页。
② 周锡保：《中国古代服饰史》，中国戏剧出版社，1984，第87页。

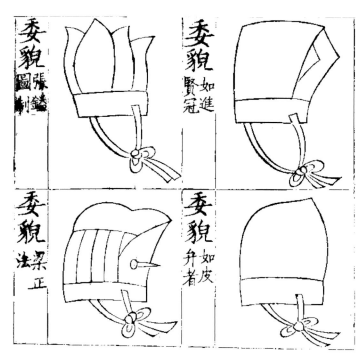

图3-61 四种委貌冠 宋聂崇义绘制（引自《新定三礼图》）

| 图3-62 委貌圆制
宋杨甲绘制（引自《六经图考》） | 图3-63 委貌
宋杨甲绘制（引自《六经图考》） | 图3-64 委貌冠
宋陈祥道绘制（引自《礼书》） |

今人钱玄构拟的皮弁图也没有太大差别。《周礼·夏官·弁师》："王之皮弁，会五采玉璂，象邸玉笄。"郑玄注："会，缝中也。璂，读如薄借綦之綦。綦，结也。皮弁之缝中，每贯结五采玉十二为饰，谓之綦。"孙诒让正义："皮弁为天子之朝服。"班固《白虎通》："皮弁者，何谓也？所以法古，至质冠名也。弁之言攀也，所以攀持其发也。上古之时质，先加服皮以鹿皮者，取其文章也。《礼》曰：'三王共皮弁素积。'裳也，腰中辟积，至

质不易之服，反古不忘本也。战伐田猎，此皆服之。"周锡保、高春明认为现存的《历代帝王图》中陈后主所戴的即为皮弁（图3-68）。高春明认为这种皮弁"不用珠饰，也无簪导，尚保留着早期的形态"。[1] 但是周锡保认为"此图皮弁似绘为黑色，乌皮履，故定位隋制或唐制。因南朝时皮弁都是以浅毛黄白色的鹿皮为之，至隋、唐始通用乌纱为之。南朝陈，不载皮弁服制。且此图又为唐阎立本所作。彼或根据隋、唐时所见而绘"。[2]

图3-65 皮弁
宋陈祥道绘制（引自《礼书》）

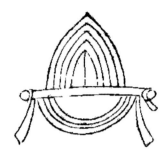

图3-66 宋杨甲绘制
（引自《六经图考》）

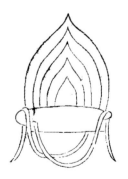

图3-67 宋聂崇义绘制
（引自《新定三礼图》）

图3-68 《历代帝王图》中的陈后主

① 高春明：《中国服饰名物考》，上海文化出版社，2001，第202页。
② 周锡保：《中国古代服饰史》，中国戏剧出版社，1984，第55页。

3.毋追：亦作"牟追""无追"。夏代冠名，后代礼学研究者绘有图像传世（图3-69～图3-71）。《礼记·郊特牲》："委貌，周道也；章甫，殷道也；毋追，夏后氏之道也。"郑玄笺："常所服以行道之冠也。"班固《向虎通·绋冕》："夏者统十三月为正，其饰最大，故曰毋追。毋追者，言其追大也。"《释名·释首饰》："牟追，牟，冒也，言其形冒发追追然也。"毕沅疏证："牟追，《士冠记》《郊特牲》皆作毋追。"《三才图会·毋追》："夏之冠曰毋追，以漆布为壳，以缁缝其上，前广二寸，高三寸。"方以智《通雅·衣服·彩服》："古冒、务、无、毋、牟、莫、勉，皆一声之转。委貌之貌，毋追之毋，章甫之甫，皆此声也……毋追，犹埶堆，即牟敦，古语堆起之状。"

4.章甫：简称"章"。甫字亦作"父"。殷代礼冠，后亦泛指士大夫之冠。后世三礼研究者绘有章甫冠的图像留存于世（图3-72、图3-73）。《论语·先进》："宗庙之事，如会同，端章甫，愿为小相焉。"《庄子·逍遥游》："宋人资章甫而适诸越。"成玄英疏："章甫，冠名也。故孔子生于鲁，衣缝掖；长于宋，冠章甫。而宋实微子之裔，越乃太伯之苗，二国贸迁往来，乃以章甫为货。"《仪礼·士冠礼》："委貌，周道也；章甫，殷道也；毋追，夏后氏之道也。"郑玄注："章，明也。殷质，言以表明丈夫也……三冠皆所服以行道也，

 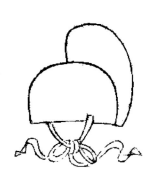 

图3-69　毋追冠　　　　　　　　图3-70　毋追冠　　　　　　　　图3-71　毋追冠
宋陈祥道绘制（引自《礼书》）　宋杨甲绘制（引自《六经图考》）　宋聂崇义绘制（引自《新定三礼图》）

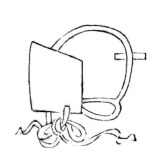  

图3-72　章甫　　　　　　　　　　图3-73　章甫　宋聂崇义绘制（引自《新定三礼图》）
宋杨甲绘制（引自《六经图考》）

其制之异同未之闻。"孔颖达疏："云其制之异同未之闻者，委貌、玄冠于《礼图》有制，但章甫、毋追相与异同未闻也。"《礼记·儒行》："丘少居鲁，衣逢掖之衣，长居宋，冠章甫之冠。"孙希旦集解："章甫，殷玄冠之名，宋人冠之，所谓修其礼物也。孔子既长，居宋而冠。冠礼，始冠缁布冠，既冠而冠章甫，因其俗也。"《释名·释首饰》："章甫，殷冠名也。甫，丈夫也，服之所以表章丈夫也。"《汉书·贾谊传》："章父荐屦，渐不可久兮。"颜师古注："章父，殷冠名也……父读曰甫。"

5. 大射：为祭祀择士而举行的射礼。《周礼·天官·司裘》："王大射，则共虎侯、熊侯、豹侯，设其鹄；诸侯则共熊侯、豹侯；卿大夫则共麋侯，皆设其鹄。"郑玄注："大射者，为祭祀射。王将有郊庙之事，以射择诸侯及群臣与邦国所贡之士可以与祭者……而中多者得与于祭。"《后汉书·陈敬王羡传》："钧立，多为不法，遂行天子大射礼。"李贤注："天子将祭，择士而祭，谓之大射。"

6. 辟雍：亦称为辟雝、璧雍。西周为贵族子弟所设的大学，周天子率群臣及贵族子弟在此习射、演武、作乐，并举行尊师、养老、献俘、庆功和祭祀等活动。辟雍又称太学。《礼记·王制》："天子曰辟雍，诸侯曰頖宫。尊卑学异名。辟，明也。雍，和也。所以明和天下。頖之言班也，所以班政教也。"班固《白虎通·辟雍》："天子立辟雍何？所以行礼乐、宣德化也。辟者璧也，象璧圆又以法天；于雍水侧，象教化流行也。辟之为言积也，积天下之道德也；雍之为言壅也，壅天下之残贼。故谓之辟雍也。"至汉代，太学与辟雍分开，太学为博士弟子授业之地，辟雍则为天子举行养老、习射、行礼之所。王莽新朝时，辟雍与明堂、灵台并称为"三雍"。

7. 玄端：又称"元端"，一种黑色的礼服，亦作为燕居时的便服。玄为黑色，端指衣身及袖子以整幅布缝制，不加裁剪，以示端正。刘昭注："郑众《周礼传》曰：'衣有襦裳者为端。'郑玄曰：'谓之端，取其正也。正者，士之衣，袂皆二尺二寸而属幅，是广袤等也。其袪尺二寸。大夫以上侈之。侈之者，盖半而益一焉。半而益一，则其袂三尺三寸，袪尺八寸。'"玄端上至天子，下到士都可穿，天子穿玄端作为斋服及燕居之服。诸侯大夫穿玄端则为祭服，士用玄端作朝服。《礼记·玉藻》："卒食，玄端而居。"郑玄注："天子服玄端燕居也。"《仪礼·士冠礼》："玄端，玄裳、黄裳、杂裳可也，缁带，爵韠。"郑玄注："此莫夕于朝之服。玄端，即朝服之衣，易其裳耳。上士玄裳，中士黄裳，下士杂裳。杂裳者，前玄后黄。"《论语·先进》："宗庙之事，如会同，端章甫，愿为小相焉。"何晏集解："端，玄端也。衣玄端，冠章甫，诸侯日视朝之服。"实际样式未见，宋人聂崇义、陈祥道、杨甲都绘有玄端形制，留存于世（图 3-74 ~ 图 3-76）。

8. 麻衣：即深衣。诸侯、大夫、士家居时穿的常服。《诗经·曹风·蜉蝣》："蜉蝣掘阅，麻衣如雪。"郑玄笺："麻衣，深衣。诸侯之朝朝服；朝夕则深衣也。"

9. 皮弁: 刘昭注:"皮弁,质也。石渠论玄冠朝服,戴圣曰:'玄冠,委貌也。朝服布上素下,缁帛带,素韦韠。'《白虎通》曰:'三王共皮弁素积。素积者,积素以为裳也,言要中辟积也。'"

10. 素积: 亦作"素绩"。细褶布裳,用十五升布所作,腰间褶裥,服用时需与皮弁相配。《释名·释衣服》:"素积,素裳也。辟积其要中,使踧,因以名之也。"《仪礼·士冠礼》:"皮弁,素积。"郑玄注:"积犹辟也。以素为裳,辟蹙其要中。"《礼记·郊特牲》:"三王共皮弁素积。"孙希旦集解:"素积,以素缯为裳而襞积之也。素言其色,积言其制。"《荀子·富国》:"士皮弁服",唐杨倞注:"素积为裳,用十五升布为之。积,犹辟也,辟蹙其腰中,故谓之素积也。"《汉书·外戚传下·孝平王皇后》:"赐皮弁素绩。"颜师古注:"素绩谓素裳也,朱衣而素裳。绩字或作积。积谓襞积之,若今之襈为也。"俞琰《席上腐谈》:"古之素积,即今之细褶布裳也。"

图3-74 玄端　　　　　　图3-75 玄端　　　　　　图3-76 玄端
宋陈祥道绘制(引自《礼书》)　宋聂崇义绘制(引自《新定三礼图》)　宋杨甲绘制(引自《六经图考》)

179

爵弁[1]，一名冕。广八寸，长尺二寸，如爵形，前小后大，缯其上似爵[2]头色，有收持笄[3]，所谓夏收[4]殷冔[5]者也。祠天地五郊明堂，云翘舞乐人服之。《礼》曰："朱干玉戚，冕而舞大夏。"[6]此之谓也。

【注释】

1. 爵弁：通常被认为是一种仅次于冕的礼冠。《仪礼·士冠礼》："爵弁，服纁裳，纯衣，缁带。"郑玄注："爵弁者，冕之次，其色赤而微黑，如爵头然，或谓之緅。"汉代以前的爵弁形象没有发现，后世研究者有构拟图像，基本上都是将其描摹成冕的样式，区别在于前后无旒（图 3-77、图 3-78）。但是对爵弁与皮弁、韦弁、冕冠的认识自古以来都有混淆。宋人杨甲《六经图考》中《礼记》部分绘有爵弁形制，其文字称"前圆后方"，但图像却作长方形，而《周礼》部分爵弁服所戴的冠，制同韦弁服、皮弁服，其下文字称"《周礼》有韦弁无爵弁，《礼记》有爵弁无韦弁，一事也"（图 3-79～图 3-83）。总的来看，关于爵弁的形制有三种不同观点。

第一种观点认为爵弁形制类似冕，颜色赤而微黑。《左传·昭公九年》："岂如弁髦。"孔颖达疏："弁谓缁布冠。"《仪礼·士冠礼》："爵弁服：纁裳、纯衣、缁带、韎韐。"郑玄注："爵弁者，冕之次，其色赤而微黑，如爵头然。或谓之緅。其布三十升。"又："爵弁、皮弁、缁布冠各一匴。"郑玄注："爵弁者，制如冕。黑色，但无繘耳。"贾公彦疏："云'爵弁者，冕之次'者，凡冕以木为体，长尺六寸，广八寸，绩麻三十升布，上以玄，下以纁，前后有旒。其爵弁制大同，唯无旒，又为爵色为异。又名冕者，俛也，低前一寸二分，故得冕称。其爵弁则前后平，故不得冕名。以其尊卑次……云'如爵头然'者，以目验爵头，赤多黑少，故以爵头为喻也。"蔡邕《独断》："冕冠：周曰爵弁，殷曰冔，夏曰收，皆以三十升漆布为壳，广八寸长尺二寸，加爵冕其上。周黑而赤如爵头之色，前小后大。殷黑而微白，前大后小。夏纯黑而赤，前小后大。皆有收以持笄。《诗》曰：'常服黼冔。'《礼》：'朱干玉戚，冔而舞《大武》。'《周书》曰：'王与大夫尽弁。古皆以布，中古以丝。'"崔圭顺认为"冕出于弁"，爵弁直接继承了夏商周祭冠的主流，而冕冠是侧逸邪出的旁流。爵弁与冕冠最明显的差别在于："俛"这种形态的有无（冕：俛；爵弁：不俛）；旒之有无（冕：有旒；爵弁：无旒）；用色区别（冕：玄表朱或纁里；爵弁：赤而微黑，并不云表里的差异）；板的款式（冕：宽度前后同；爵弁：前后宽度不同，爵头形）；穿用者的身份（冕：天子至大夫；爵弁：乐人）。[①]

---

① 〔韩〕崔圭顺：《中国历代帝王冕服研究》，东华大学出版社，2007，第 155 页。

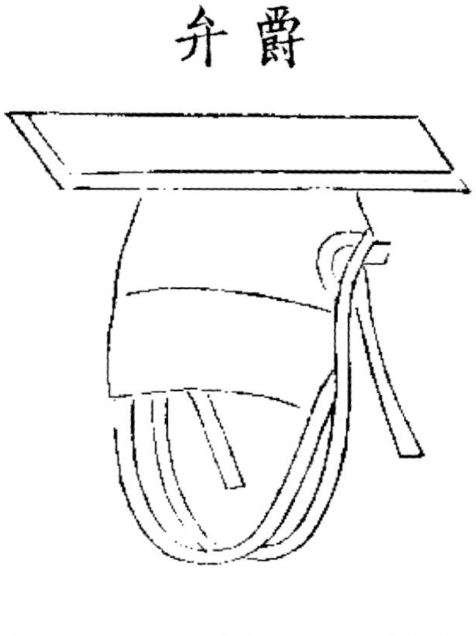

弁爵

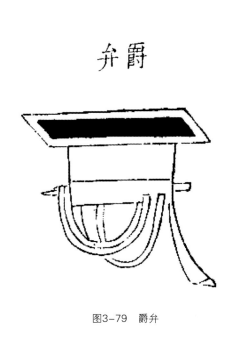

图3-77　宋聂崇义绘制的爵弁（引自《新定三礼图》）

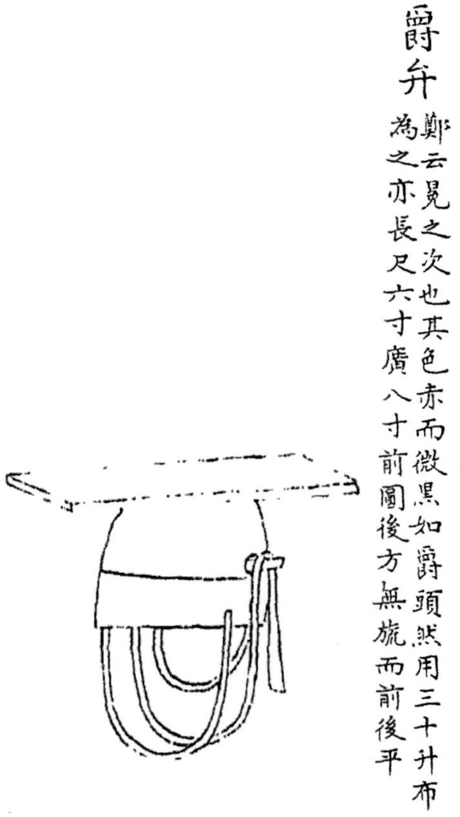

爵弁 鄭云冕之次也其色赤而微黑如爵頭然用三十升布為之亦長尺六寸廣八寸前圓後方無旒而前後平

图3-78　宋陈祥道绘制的爵弁（引自《礼书》）

弁爵

图3-79　爵弁

弁韦

图3-80　韦弁服

皮弁

爵弁

图3-81　皮弁服

图3-82　爵弁服

士皮弁

图3-83　士皮弁服
（图3-79～图3-83均为宋杨甲绘制，引自《六经图考》）

第二种观点认为爵弁与皮弁、韦弁形制相同，只是颜色有异。《释名·释首饰》曰："以爵韦为之，谓爵弁，以鹿皮为之，谓皮弁，以靺韦为之，谓之韦弁。"黄以周《礼书通故·名物一》："据《释名》说，三弁之制相同，惟其所为皮色为异耳。"孙诒让《周礼正义》中指出："郑、贾说并非也。无斿则不成冕。依斿不随命数，一命之大夫及王之下士，亦当冕三斿。士爵弁形制当同韦弁、皮弁，又不与冕同。"[①]又引江永云："弁字上锐，象形。爵弁与皮弁同名弁，而爵弁有覆版，何以名弁。"又引任大椿云："爵弁既以弁名，则其状当似弁。考《释名》，弁如两手相合拊时也。以爵韦为之谓之爵弁，以鹿皮为之谓之皮弁，以靺韦为之谓之韦弁也。然则此三弁皆作合手状矣。"并加案语说："江、任说本陈祥道，是也。吴廷华、金鹗说亦同。刘说爵弁，虽未得其制，而谓三弁同形，则足正郑说之误。爵弁既为合拊之形，则无上延，与冕制迥异，郑、贾说并误。"[②]

第三种观点是认为其上为延，而冠体似弁。他们试图调和上述两种观点，将爵弁描绘成冕与弁的结合体，或者说将爵弁的冠身处理为弁之形制。周锡保认为："爵弁形制如冕，但没有前低之势，且又无旒，在綖下作合手状，所以它是次于冕的一种首服。"[③]高春明说："（爵弁）形制与冕冠相同，但无前倾之势，也不垂旒。冠顶以木板为之，外裱细布，布用赤黑色，如雀头之色……冠身则作成弁形，下广上锐，如两手相合。"[④]

众说纷纭，莫衷一是，但目前较多的观点认为爵弁形制似冕，更确切的观点还有待更多的证据。就其形象而言，孙机认为山东金乡汉朱鲔墓的此种冠式是爵弁。[⑤]高春明认为山东济南汉墓出土的陶舞乐俑中（图3-84）和山东金乡汉朱鲔墓（图3-85）出土的石刻上都有爵弁的形象。[⑥]但沈从文认为朱鲔墓的此种冠式是樊哙冠。[⑦]

图3-84 陶舞乐俑（山东济南汉墓出土）　　　　图3-85 石刻（山东金乡汉朱鲔墓出土）

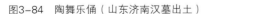

① （清）孙诒让：《周礼正义》，中华书局，1987，第 2544 页。
② （清）孙诒让：《周礼正义》，中华书局，1987，第 1650 页。
③ 周锡保：《中国古代服饰史》，中国戏剧出版社，1984，第 47 页。
④ 高春明：《中国服饰名物考》，上海文化出版社，2001，第 199-200 页。
⑤ 孙机：《中国古舆服论丛（增订本）》，文物出版社，2001，第 418 页。
⑥ 高春明：《中国服饰名物考》，上海文化出版社，2001，第 199-200 页。
⑦ 沈从文：《中国古代服饰研究》，上海书店出版社，2002，第 175 页。

2. **爵**：通"雀"。《礼记·问丧》："妇人不宜袒，故发胸击心，爵踊，殷殷田田，如坏墙然，悲哀痛疾之至也。"孔颖达疏："爵踊，雀（似爵）之跳也，其足不离于地也。"《孟子·离娄上》："故为渊驱鱼者，獭也；为丛驱爵者，鹯也。"

3. **笄**：今称为簪。男女均可使用。用以贯发或固定弁、冕。《仪礼·士冠礼》："皮弁笄，爵弁笄。"郑玄注："笄，今之簪。"《史记·张仪列传》："其姊闻之，因摩笄以自刺，故至今有摩笄之山。"考古发掘中经常发现笄，如安阳殷墟花园庄东地商代 M60 号墓葬中有一件完整的骨笄，头端呈鸟体形，长喙，圆眼外凸，整个头部后缩，胸部前突，短尾短翅，作蹲踞状，两足不显。上刻有简单划纹以示羽毛。笄杆细长，最大径在上端，下端锥状，经磨光，素面。通长 13 厘米，头高 2.6 厘米，杆径 0.6 厘米（图 3-86）。[1] 陕西长安县张家坡西周墓出土的一件骨笄，顶端雕刻成壶形的装饰，笄身较细长，也作圆柱形。制作极精致，顶部中心镶一块绿松石，壶形装饰的腹部镶嵌三块绿松石。长 21.7 厘米（图 3-87）。[2] 汉代的骨笄（簪）在洛阳烧沟汉墓发现一件，两端成锥状，器身有阴刻花纹，器长 13 厘米（图 3-88）。[3] 满城汉墓 1 号墓出土玉笄一件，为白玉，乳白色，光洁无瑕。首部透雕凤鸟、卷云纹，上有涂硃痕迹，笄身线雕卷云纹，末端刻鱼首，有圆孔，已残。残长 19.3 厘米、宽 1.5 厘米（图 3-89）。[4]

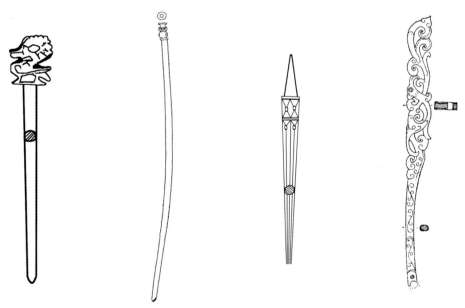

图3-86　商代骨笄
（河南安阳殷墟花园庄
东地商代墓葬出土）

图3-87　骨笄
（陕西长安县张家坡
西周墓出土）

图3-88　骨笄
（河南洛阳烧沟汉墓出土）

图3-89　白玉笄
（河北满城1号汉墓出土）

① 中国社会科学院考古研究所：《安阳殷墟花园庄东地商代墓葬》，科学出版社，2007，第 245 页。
② 中国科学院考古研究所：《沣西发掘报告：1955-1957 年陕西长安县沣西乡考古发掘资料（一）》，文物出版社，1963，第 106 页。
③ 中国科学院考古研究所：《洛阳烧沟汉墓》，科学出版社，1959，第 213 页。
④ 中国社会科学院考古研究所、河北省文物管理处：《满城汉墓发掘报告（上）》，文物出版社，1980，第 138 页。

4. 收：夏冠名。《礼记·王制》："有虞氏皇而祭，深衣而养老。夏后氏收而祭，燕衣而养老。殷人冔而祭，缟衣而养老。周人冕而祭，玄衣而养老。"《仪礼·士冠礼》："周弁，殷冔，夏收。"郑玄注："收，言所以收敛发也。其制之异亦未闻。"《释名·释首饰》曰："收，夏后氏冠名也，言收敛发也。"班固《白虎通·绋冕》曰："夏收而祭。谓之收者，十二月阳气收，本举生万物而达出之，故谓之收。"宋聂崇义《新定三礼图》"周弁"引郑玄《三礼图》："周曰弁，殷曰冔，夏曰收，三代之制相似而微异，俱以三十升布漆为之。皆广八寸，长尺六寸，前圆后方，无旒，色赤而微黑，如爵头，然前大后小。殷冔黑而微白，前小后大。收纯黑，亦前小后大。三冠下皆有收，如东道笠下收矣。"

5. 冔：殷冠名。《诗经·大雅》："殷士肤敏，祼将于京。厥作祼将，常服黼冔。"毛传："冔，殷冠也。"《仪礼·士冠礼》："周弁，殷冔，夏收。"郑玄注："冔名出于幠。幠，覆也，言所以自覆饰也。"班固《白虎通·绋冕》："殷冔而祭。谓之冔者，十二月施气授化，冔张而后得牙。"考古发掘中发现一些商代冠帽形象。如安阳妇好墓出土的玉人标本 371 头上戴圆箍形帽式，用以束发，顶露发丝，前额部连有卷筒状饰（图3-90）。石人标本376头上带一较宽的圆箍形帽式，用以束发(图3-91)。发掘者认为二者所戴为"頍"。[1]殷墟还出土有头戴高帽（图3-92）、平顶帽（图3-93）的玉人。

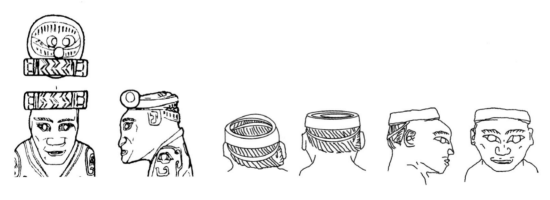

图3-90　商代冠帽（河南安阳殷墟妇好墓出土）　　图3-91　商代冠帽（河南安阳殷墟妇好墓出土）

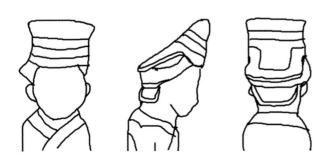
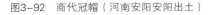

图3-92　商代冠帽（河南安阳安阳出土）　　图3-93　平顶帽（河南安阳四盘磨村出土）

[1] 中国社会科学院考古研究所：《殷墟妇好墓》，文物出版社，1980，第 151 页。

6. 语出《礼记》。《礼记·明堂位》："俎用梡嶡，升歌《清庙》，下管《象》，朱干玉戚，冕而舞《大武》。皮弁素积，裼而舞《大夏》。"郑玄注："《大武》，周舞也。《大夏》，夏舞也。"（图3-94、图3-95）

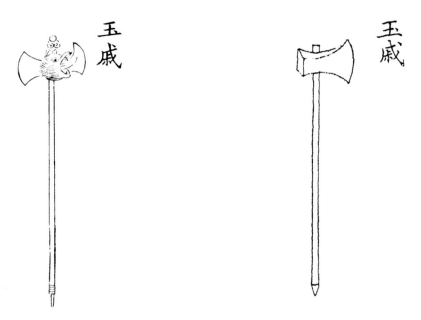

图3-94　玉戚　宋聂崇义绘制（引自《新定三礼图》）　　图3-95　玉戚　宋陈祥道绘制（引自《礼书》）

　　通天冠[1]，高九寸，正竖，顶少邪却[2]，乃直下为铁卷梁[3]，前有山[4]，展筩[5]为述[6]，乘舆所常服。服衣，深衣[7]制，有袍[8]，随五时色。袍者，或曰周公抱成王宴居，故施袍。《礼记》"孔子衣逢掖之衣"[9]。缝掖其袖，合而缝大之，近今袍者也。今下至贱更小史，皆通制袍，单衣[10]，皂缘领袖中衣，为朝服[11]云。

【注释】

1. 通天冠： 皇帝专用之冠。刘昭注引蔡邕《独断》曰："汉受之秦，礼无文。"《隋书·礼仪志七》："通天冠之制，案董巴《志》：'冠高九寸，形正竖，顶少邪却，后乃直下为铁卷梁，前有高山。故《礼图》或谓之高山冠也。'……又徐氏《舆服注》曰：'通天冠，高九寸，黑介帻，金博山。'"《太平御览·服章部二》引《三礼图》曰："通天冠，一曰高山冠，上之所服。"又引蔡邕《独断》曰："天子冠通天，汉制之，秦礼无文。祀天地、明堂平冕，鄙人不识，谓之平天冠。"周锡保认为："楚庄王通梁组缨似通天冠，秦时采楚冠之制，为乘舆所常服。汉代百官于月正朝贺时，天子则戴通天冠。"[1]通天冠没有实物发现，宋人聂崇义构拟过其样式（图3-96）。高春明认为："（通天冠）本为楚冠，秦代确立服制时将其定为天子首服，主要用于郊祀、明堂、朝贺及燕会。其地位仅次于冕冠。汉代沿用'通天'之名，但对冠式作了改进。"[2]沈从文认为："（嘉祥武氏祠中）齐王头上戴的冠子为东汉通行用铁做成的梁冠（图3-97）。式样特征是前面一梁高耸，顶上一片向后倾斜，后附微起双耳为'收'和西汉不同。西汉时冠制原只约住顶发，并不裹头，即有冠而无巾帻，宜如洛阳画像砖墓所见巾冠式样及另一大型空心砖墓加彩绘二桃杀三士故事部分情形。沂南汉石刻'列士传'部分，或同属西汉。本于古制'士冠，庶人巾'，士大夫用冠，平民用巾子。史传称西汉末王莽专政，因本人秃头，才加包头的帻，成本图中冠式；一说加帻始于汉文帝'壮发'（多发），似以前说为可信。根据近年较多两汉人物画塑、石刻比较，用铁片做成前高后低的梁冠，史志记载和实在情形大致还符合。实成熟于东汉，西汉尚未发现。这种冠宜名'通天冠'。"[3]周锡保、黄能馥认为武氏祠《荆轲刺秦王》中秦王所戴也是通天冠（图3-98）。孙机认为"通天冠以前部高起的金博山即金颜为其显著特点"，在武氏祠中刻出"王庆忌""吴王""韩王""夏桀"，他们的冠前部

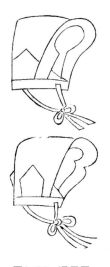

图3-96 通天冠
宋聂崇义绘制

图3-97 齐王通天冠
（出自山东嘉祥武氏祠画像石）

图3-98 秦王通天冠
（出自山东嘉祥武氏祠画像石）

① 周锡保：《中国古代服饰史》，中国戏剧出版社，1984，第78页。
② 高春明：《中国服饰名物考》，上海文化出版社，2001，第204页。
③ 沈从文：《中国古代服饰研究》，上海书店出版社，2002，第190页。

都有高高突起物，应即是金博山。而同图中的"县功曹""孔子""公孙杵臼""魏汤"等人所戴的进贤冠上则无此物，因知前者即通天冠（图3-99）。^①

2．邪却： 斜削貌。《周礼·考工记·玉人》："璋邸射"，贾公彦疏："璋首邪却之，今于邪却之处从下向上总邪却之，名为剡而出。"

3．梁： 冠内用以支撑而呈弯曲状的横脊。沈从文指出："史志虽说梁冠常以梁数多少定等级尊卑，但画刻反映则一梁为常见，或中分作一线道，即近似二梁，或正中一梁旁附二小梁，便为三梁。除上三式，此外即少见。"^②（图3-100）

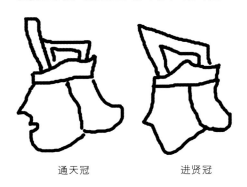
通天冠　　　　　　进贤冠

图3-99　通天冠与进贤冠的区别

a.山东沂南出土

b.河南洛阳八里台出土

图3-100　梁冠

4．前有山： 冠帽正面的装饰，后来演变为金博山。孙机认为就是通天冠前部高高的突起物。^③沈从文认为："比如冠前所附'金博山'一物，属于王族所特有装饰，近年山东东阿鱼台曹王村曹植墓出土一件长约寸余盾形金饰，用吹管滴珠法作成，镂空作山云纹缭绕状（有的还中嵌一琉璃），就足当这个称呼。又东北前燕冯素弗墓，也有同式出土物。报告中只提"冠饰"，实在就是《晋书·舆服志》一再说过的'金博山'。"^④

5．展筩： "通天冠""法冠"等礼冠上的一种饰物。孙机认为展筩就是跨于介帻之上的斜俎形之物。^⑤

6．述： 即"鹬"，冠饰，以翠鸟羽制作。王先谦集解引黄山："后文'建华冠'引《记》曰：'知天者冠述。'钱氏据《前书·五行志》颜注，述即为鹬。山案，《说文》'鹬'下引《礼记》曰：'知天文者冠鹬。'与《志》引《记》曰合。'天'下多'文'字，'述'即作'鹬'。"

7．深衣： 一种上衣下裳相连的服装。据《礼记》及郑玄注的介绍，其特点除衣裳相连长及脚面外，为曲裾绕襟式，是一种上自天子、下至庶民，不分尊卑、无论男女都可穿用的日

---

① 孙机：《中国古舆服论丛（增订本）》，文物出版社，2001，第165页。
② 沈从文：《中国古代服饰研究》，上海书店出版社，2002，第191页。
③ 孙机：《中国古舆服论丛（增订本）》，文物出版社，2001，第165页。
④ 沈从文：《中国古代服饰研究》，上海书店出版社，2002，第191页。
⑤ 孙机：《中国古舆服论丛（增订本）》，文物出版社，2001，第160页。

常起居便服。目前较普遍的观点认为深衣是战国时期才出现的，"我国西周时代，贵族的服装不外乎冠冕衣裳。所谓衣裳，指上衣下裳，是一种上下身不相连属的服制。至战国时，一种新式的、将上下裳连在一起的服装开始流行，称为深衣。"①《礼记·深衣》："古者深衣，盖有制度，以应规矩绳权衡。短毋见肤，长毋被土，续衽钩边，要缝半下。袼之高下，可以运肘；袂之长短，反诎之及肘。带，下毋厌髀，上毋厌胁，当无骨者。制十有二幅，以应十有二月。袂圜以应规，曲袷如矩以应方，负绳及踝以应直，下齐如权衡，以应平。故规者，行举手以为容。负绳抱方者，以直其政，方其义也。故《易》曰：'《坤》六二之动，直以方也。'下齐如权衡者，以安志而平心也。五法已施，故圣人服之。故规矩取其无私，绳取其直，权衡取其平，故先王贵之。故可以为文，可以为武，可以摈相，可以治军旅。完且弗费，善衣之次也。具父母、大父母，衣纯以缋。具父母，衣纯以青。如孤子，衣纯以素。纯袂、缘、纯边，广各寸半。"郑玄注："深衣者，用十五升布，锻濯灰治，纯之以采。善衣，朝祭之服也。自士以上，深衣为之次。庶人吉服深衣而已。"孔颖达疏："凡深衣皆用诸侯、大夫、士夕时所著之服。故《玉藻》云：'朝玄端，夕深衣。'庶人吉服亦深衣，皆着之在表也。……称深衣者，以余服则上衣下裳，不相连，此深衣衣裳相连，被体深邃，故谓之深衣。"关于深衣的形象，宋人陈祥道作过构拟（图3-101）。清代学者对深衣的研究也充满热情，黄宗羲、戴震、江永、任大椿等人都有专门的著作考察深衣，一些学者对其形制作出过构拟（图3-102）。但仅从文献进行考证，很难得出合理的结论。研究者指出："就《深衣》《玉藻》《王制》等篇中有关深衣的内容来说，其强调的是'应规、

图3-101 宋陈祥道绘制的深衣（引自《礼书》）

① 孙机：《汉代物质文化资料图说》，文物出版社，1991，第241页。

矩、绳、权衡'之类，因此，郑玄作注时不可能把深衣的形制说得十分清楚，对深衣的具体尺度更不能自圆其说，以致在某些方面在后代学者中以讹传讹。历代学者在研究古代深衣时，基本上是进行繁琐的考证，以书证书，字面猜索，因而难以把深衣的具体形制讲清楚，使人百思难得其解。"①

8. 袍：不分衣裳的男子服饰。《诗经·无衣》："岂曰无衣，与子同袍。"《急就篇》卷二："袍襦表里曲领裙。"颜师古注："长衣曰袍，下至足跗。"《释名·释衣服》："袍，丈夫着，下至跗者也。有衬里叫袍，无衬里的叫衫。"《中华古今注》："袍者，自有虞氏即有之，故《国语》曰：袍以朝见也。秦始皇三品以上绿袍，深衣。庶人白袍，皆以绢为之。"《广雅·释器》："袍、襺，长襦也。"王念孙疏证："是袍为古人燕居之服，自汉以后，始以绛纱袍、皂纱袍为朝服矣。"袍所指的范围比较广，考古发掘中出土的长衣往往被命名为袍，如马王堆1号汉墓出土共12件长衣，有绵、有夹，都被称作袍。12件袍均为交领右衽式，外襟的形式有曲裾和直裾两种，计曲裾9件，直裾3件。绵袍絮以丝绵。袍的用料，表面以罗绮为最多，有7件，其中4件为罗绮地的"信期绣"。另外，有印花敷彩纱的3件，绢地"长寿绣"的1件，残破绢面的1件。袍里和袍缘，除一件印花敷彩绵袍全用纱外，其余11件都用绢作里，袍缘则有8件用绢，3件用起毛锦。这些袍与文献记载的深衣形制相比，除上衣下裳相连，袪（袖口）广以及袡胡下（宽大而下垂）等项较为接近外，其余各项都相差甚远（图3-103、图3-104）。② 这类服饰在战国至汉代一段时间应该是比较常见的。"以目下出土图像知识判断，大约在春秋、战国之际，信阳楚墓一份彩绘木俑反映得已十分明确清楚。长沙出的彩绘俑时代稍后一点，式样还是相差不多……洛阳金村战国韩墓出土的几个玉雕舞女，则说明这个衣着制度，在战国或更早些时实具共通性，并不是孤立事物。山东济

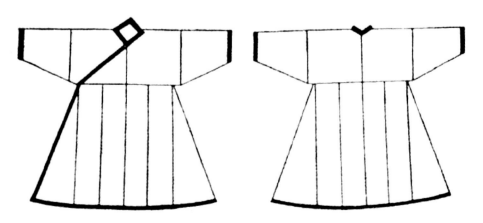

图3-102　江永构拟的深衣图例（引自《深衣考误》）

① 袁建平：《中国古代服饰中的深衣研究》，《求索》，2000年第2期，第114页。
② 湖南省博物馆、中国科学院考古研究所：《长沙马王堆一号汉墓（上）》，文物出版社，1973，第65页。

南无影山西汉墓中一组彩绘伎乐俑，那个舞女穿的同样是旋绕而下。即在'两旁七个大袖博袍'近似《国语》所说'瞽诵故记'的讴歌盲人，衣襟也还是向后旋绕而下。山西和长安出的两个妇女俑，和湖北江陵出的几个彩绘妇女俑，几乎无例外衣着全是旋绕而下。不仅妇女这样，男子也不例外。"①（图 3-105 ～图 3-107）在西域地区出土的袍制与中原地区的不

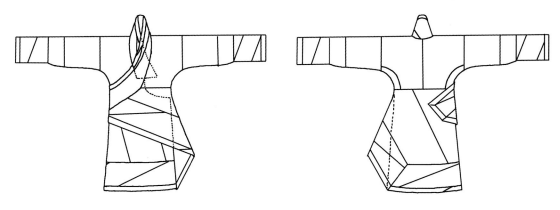

图3-103 曲裾袍形制（湖南长沙马王堆1号汉墓出土）

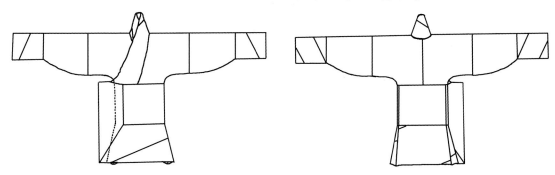

图3-104 直裾袍形制（湖南长沙马王堆1号汉墓出土）

图3-105 玉雕曲裾袍舞女　　　　图3-106 战国彩绘木俑　　　　图3-107 木俑
　　（河南洛阳金村出土）　　　（湖南长沙楚墓出土）　　（湖南长沙马王堆汉墓出土）

---

① 沈从文：《中国古代服饰研究》，上海书店出版社，2002，第195-196页。

同，新疆民丰北大沙漠出土的男锦袍，红地，黄蓝色图案，有"万世如意"隶书，全长122.5厘米、两袖端通长174厘米、袖口17厘米、肩28.2厘米，腰59厘米、下摆142厘米。另有摔袖各一段，长41.5厘米、宽之4.5厘米（图3-108）。

9. 语出《礼记》。《礼记·儒行》："孔丘少居鲁，衣逢掖之衣，长居宋，冠章甫之冠。"逢，一作缝。缝掖之衣是一种宽袖长衣，后为世儒者常服，并用作儒生的代称。《礼记·儒行》："衣逢掖之衣。"郑玄注："逢，犹大也，大掖之衣，大袂禅衣也。"孙希旦集解："逢掖之衣，即深衣也；深衣之袂，其当掖者二尺二寸，至袪而渐杀，故曰逢掖之衣。"

10. **单衣：** 单层无里子的衣服。《管子·山国轨》："春缣衣，夏单衣。"

11. **朝服：** 君臣朝会时所着的礼服（图3-109）。《国语·齐语》："教大成，定三革，隐五刃，朝服以济河而无怵惕焉，文事胜矣。"《仪礼·士冠礼》："主人玄冠、朝服、缁带、素韠，即位于门东西面。"《论语·乡党》："吉月，必朝服而朝。"司马相如《上林赋》："袭朝服，乘法驾。"

图3-108　锦袍（新疆民丰北大沙漠1号东汉墓出土）

图3-109　宋聂崇义绘制的诸侯朝服
（引自《新定三礼图》）

远游冠¹，制如通天，有展筒横之于前，无山述，诸王所服也。

【注释】

1. 远游冠：秦代开始使用的一种冠，据称是从楚冠而来，汉代因袭使用。宋代聂崇义构拟过其形制（图3-110）。刘昭注引《独断》曰："礼无文。"《晋书·舆服志》："远游冠，傅玄云：'秦冠也。'"《太平御览·服章部二》引《三礼图》曰："远游冠，诸王所服。"又引徐广《舆服杂注》曰："天子杂服远游冠，太子及诸王远游冠制似通天也。天子五梁，太子三梁。"又引董巴《汉舆服志》曰："远游冠，制如通天，有展筒横之于前，无山。"又引《淮南子》："楚庄王通梁、组缨。"高诱注："通梁，远游冠。"叶廷珪《海录碎事》卷五："远游冠，秦采楚制，汉因之，天子五梁，太子三梁，诸侯王通服之。"

图3-110　宋聂崇义绘制的远游冠
（引自《新定三礼图》）

高山冠¹，一曰侧注²。制如通天，顶不邪却，直竖，无山述展筒，³中外官⁴、谒者仆射⁵所服。太傅⁶胡广⁷说曰："高山冠，盖齐王冠也。秦灭齐，以其君冠赐近臣谒者服之。"⁸

【注释】

1. 高山冠：据称本来是齐王冠，秦代将其赐予使节近臣使用。《太平御览·服章部二》引《三礼图》曰："高山冠，一曰侧注，高九寸，铁为卷梁。秦制行人、使者所服，今谒者服之。"又引董巴《汉舆服志》曰："高山冠，一曰侧注，如通天，谒者仆射所服。"蔡邕《独断》："御史冠法冠，谒者冠高山冠。"宋代聂崇义构拟过高山冠的图形（图3-111）。周锡保认为山东嘉祥武氏祠孔子像和孔子弟子像所戴冠"形姿作侧立而曲注，故应为高山冠或侧注冠。……按《独断》及《晋书》等关于通天冠、高山冠、侧注冠三者有相似处，又有相异处。

但较高耸为其特点，而侧注冠则有侧立下注之态为异"。①（图3-112、图3-113）黄能馥等认为嘉祥武氏祠的杵臼、孔子、孔子弟子像所戴冠均为高山冠（图3-114、图3-115）。②

2. 侧注：冠的一种，据称本为齐王所服。《史记·郦生陆贾列传》："使者对曰：'状貌类大儒，衣儒衣，冠侧注。'"裴骃集解："徐广曰：侧注冠一名高山冠，齐王所服，以赐谒者。"《汉书·五行志中之上》："昭帝时，昌邑王贺遣中大夫之长安，多治仄注冠，以赐大臣，又以冠奴。刘向以为近服妖也。"应劭注曰："今法冠是也。"李奇注曰："一曰高山冠，本齐冠也，谒者服之。"颜师古注称："仄，古侧字也。谓之侧注者，言形侧立而下注也。蔡邕云高九寸，铁为卷，非法冠及高山也。"周锡保认为山东孔庙汉代画像上有侧注冠的图像（图3-116）。③

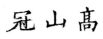

图3-111　高山冠
宋聂崇义绘制（引自《新定三礼图》）

图3-116　侧注冠　（山东孔庙汉代画像）

图3-112　孔子像　　　图3-113　孔子弟子像　　　图3-114　杵臼　　　图3-115　孔子像

（图3-112～图3-115均出自嘉祥武氏祠）

---

① 周锡保：《中国古代服饰史》，中国戏剧出版社，1984，第83页。
② 黄能馥、陈娟娟、黄钢：《服饰中华——中华服饰七千年》，清华大学出版社，2011，第181页。
③ 周锡保：《中国古代服饰史》，中国戏剧出版社，1984，第83页。

3．蔡邕认为高山冠的冠梁用铁制成，高九寸，徐广称其体侧立曲注。刘昭注引《独断》曰："铁为卷梁，高九寸。"又引徐广《汉书音义》曰："其体侧立而曲注。"

4．**中外官**：中外特指皇帝内宫和内宫以外的皇宫范围，中外官指皇宫内皇帝的侍从官员。《后汉书·百官志三》："小黄门……上在内宫，关通中外，及中宫已下众事。"

5．**谒者仆射**：东汉有谒者仆射一职，管理谒者，天子出行作奉引，隶属于光禄勋。《后汉书·百官志二》："谒者仆射一人，比千石。本注曰：为谒者台率，主谒者，天子出，奉引。"也可以分开来解释，谒者是一种官职，仆射是一种官职。

谒者：有不同的谒者，如掌宾赞受事，即为天子传达事务。或如东汉大长秋属官，有中宫谒者二人，主报中章。亦为使者的别称，汉哀帝置河堤谒者，即指派往地方主管水利的官吏。《汉书·百官公卿表上》："谒者掌宾赞受事，员七十人，秩比六百石。"《后汉书·百官志四》："中宫谒者令一人，六百石。本注曰：宦者。中宫谒者三人，四百石。本注曰：宦者。主报中章。"

仆射：秦代开始置，属于侍中、尚书、博士、郎等的属官。汉承秦制。《汉书·百官公卿表上》："仆射，秦官，自侍中、尚书、博士、郎皆有。古者重武官，有主射以督课之。军屯吏、驺、宰、永巷宫人皆有，取其领事之号。"颜师古注引孟康曰："皆有仆射，随所领之事以为号也。若军屯吏则曰军屯仆射，永巷则曰永巷仆射。"

6．**太傅**：三公之一，周代开始设置，后中断。汉吕后时期恢复设置，位在太师之下。后时废时设，东汉继续设置太傅，属于上公。主要是引导皇帝向善，往往是新君即位设置太傅，等太傅去世便不再设置这一职位。《尚书·周官》："立太师、太傅、太保，兹惟三公，论道经邦，燮理阴阳。"《汉书·百官公卿表上》："太傅，古官，高后元年初置，金印紫绶。后省，八年复置。后省，哀帝元寿二年复置。位在三公上。"《后汉书·百官志一》："太傅，上公一人。本注曰：掌以善导，无常职。世祖以卓茂为太傅，薨，因省。其后每帝初即位，辄置太傅录尚书事，薨，辄省。"刘昭注引贾谊："天子不惠于庶民，不礼于大臣，不中于折狱，无经于百官，不哀于丧，不敬于祭，不戒于齐，不信于事，此太傅之责也，古者周公职之。"

7．**胡广**：字伯始，南郡华容（今湖北潜江西北）人，东汉经学家。少孤贫，有雅才，学究五经。安帝时举孝廉，试章奏，帝以为天下第一。旬月拜尚书郎，五迁为尚书仆射。典理机要十年，出为济阴太守，入拜大司农，拜太尉，录尚书事，以定策立桓帝，封育阳安乐乡侯。练达事体，京师为之语："万事不理问伯始，天下中庸有胡公。"东汉熹平元年（172年）去世，谥曰文恭侯。著《百官箴》四十八篇，及诗、赋、铭、颂、解诂等二十二篇。

8．刘昭注："《史记》郦生初见高祖，儒衣而冠侧注。《汉旧仪》曰：'乘舆冠高山冠，飞月之缨，帻耳赤，丹纨里衣，带七尺斩蛇剑，履虎尾绚履。'案此则亦通于天子。"

进贤冠[1]，古缁布冠[2]也，文儒者之服也。前高七寸，后高三寸，长八寸。公侯三梁，[3]中二千石以下至博士[4]两梁，自博士以下至小史私学弟子，皆一梁。宗室刘氏亦两梁冠，示加服也。[5]

【注释】

1. 进贤冠：又称梁冠。是帝王及臣属参加一般性典礼朝会所戴的一种冠帽。《太平御览·服章部二》引《三礼图》曰："进贤冠，前高七寸，长八寸，后高三寸。一梁下大夫一命所服，两梁再命大夫、二千石所服，三梁三命上大夫、公侯之服。"又引董巴《汉舆服志》曰："进贤冠，古缁布冠，文儒者之服也。前高七寸，后三寸，长八寸。公侯三梁，中二千石已下至博士两梁，千石已下至小史、私学弟子皆一梁，宗室刘氏亦两梁。"又引蔡邕《独断》曰："进贤冠，文官服之。汉制尚书两梁，礼无文。"又引徐广《舆服杂注》曰："天子杂服介帻五梁进贤冠，太子、诸王三梁进贤冠。"聂崇义《新定三礼图》引郑玄《三礼图》："古三冠，梁数虽异，俱曰进贤，文官服之，前高七寸，缨长八寸，后高三寸。一梁，下大夫一命所服；两梁，再命大夫二千石所服；三梁，三命上大夫公侯所服。"又引《汉官仪》："天子冠通天，诸王冠远游，三公诸侯冠进贤，三梁。卿大夫、尚书二千石、博士冠两梁。千石以下至小吏冠一梁。"聂崇义构拟了三种进贤冠（图3-117）。现代学者关于进贤冠的研究以孙机为最全面。他认为进贤冠是中国服装史上影响极为深远的一种冠式，汉代皇帝戴的通天冠，诸侯王戴的远游冠，也都是在进贤冠的基础上演变出来的。汉以后，自南北朝迄唐、宋，进贤冠在法服中始终居重要地位。明代虽不用进贤之名，改称梁冠，实际上仍然属于进贤冠的系统。针对汉代进贤冠，他区分了西汉进贤冠和东汉进贤冠，认为西

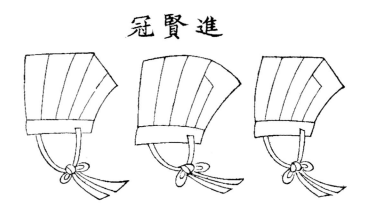

图3-117 三种进贤冠
宋聂崇义绘制（引自《新定三礼图》）

汉进贤冠不加帻,具体形象可以从满城西汉墓出土的玉人上和山东沂南画像石上的苏武头上看到(图3-118)。东汉进贤冠配合介帻使用,在沂南画像石中可以看到进贤冠的典型形象(图3-119)。[①]多数学者认为宝成铁路沿线出土的两个人物画像之冠(图3-120),都属于进贤冠。

2. 缁布冠: 亦省称"缁布"。周代士与庶人常用的一种冠。周代行冠礼,初加缁布冠,次加皮弁,次加爵弁。《礼记·玉藻》:"始冠,缁布冠,自诸侯下达,冠而敝之可也。"《仪礼·士冠礼》:"缁布冠,缺项,青组缨属于缺,缁纚,广终幅,长六尺。"《太平御览·服章部一》引《三礼图》:"缁布冠,始冠之冠也。太古冠布,斋则缁之,今武冠则其遗象也。太古未有丝缯,始麻布耳。"蔡邕认为是委貌冠,与此不同。《晋书·舆服志》:"缁布冠,蔡邕云即委貌冠也。太古冠布,齐则缁之。缁布冠,始冠之冠也。"宋代学者构拟有缁布冠的形象(图3-121~图3-124)。

3. 刘昭注:"胡广曰:'车驾巡狩幸其国者,侯衣玄端之衣,冠九旒之冕,其盛法服以就位也。今列侯自不奉朝请侍祠祭者,不得服此,皆常三梁冠,皂单衣,其归国流黄衣皂云。'《晋公卿礼秩》曰:'太傅、司空、司徒着进贤三梁冠,黑介帻。'"

4. 博士: 官名,秦代开始设置,通晓古今学问,以备皇帝顾问。汉代开始根据儒家经典设置博士,汉武帝时有五经博士。《汉书·成帝纪》:"古之立太学,将以传先王之业,流化于天下也。儒林之官,四海渊源,宜皆明于古今,温故知新,通达国体,故谓之博士。"

图3-118 进贤冠(河北满城汉墓出土)

图3-119 进贤冠(山东沂南出土)

---

① 孙机:《中国古舆服论丛(增订本)》,文物出版社,2001,第161-163页。

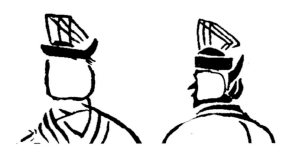

图3-120　进贤冠（宝成铁路沿线出土）

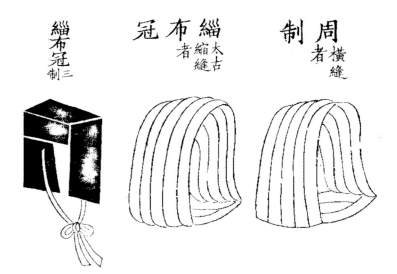

图3-121　三种缁布冠　宋聂崇义绘制（引自《新定三礼图》）

图3-122　缁布冠（无緌）
宋陈祥道绘制（引自《礼书》）

图3-123　后世缁布冠（有緌）
宋陈祥道绘制（引自《礼书》）

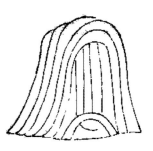

图3-124　宋杨甲绘制（引自《六经图考》）

《史记·循吏列传》："公仪休者，鲁博士也，以高第为鲁相。"《汉书·百官公卿表上》："博士，秦官，掌通古今，秩比六百石，员多至数十人。武帝建元五年初置五经博士，宣帝黄龙元年稍增员十二人。"《后汉书·百官志二》："博士十四人，比六百石。本注曰：《易》四，施、孟、梁丘、京氏。尚书三，欧阳、大小夏侯氏。《诗》三，鲁、齐、韩氏。《礼》二，大、小戴氏。《春秋》二，《公羊》严、颜氏。掌教弟子。国有疑事，掌承问对。本四百石，宣帝增秩。"

5. 刘昭注：《独断》曰："汉制，礼无文。"荀绰《晋百官表注》："建光中，尚书陈忠以为：'令史质堪上言，太官宜着两梁，尚书孟布奏，太官职在鼎俎，不列陛位，堪欲令比大夫两梁冠，不宜许。臣伏惟太官令职在典掌王饔，统六清之饮，列八珍之馔，正百品之羞，纳四方之贡，所奉尤重，用思又勤。明诏慎口实之御，防有败之奸，增崇其选。侍御史主捕案，太医令奉方药供养，符节令掌幡信金虎，故位从大夫，车有韬沂，冠有两梁，所以殊亲疏，别内外也。太官令以供养言之，为最亲近，以职事言之，为最烦多，令又高选，又执法比太医令，科同服等，而冠二人殊，名实不副。又博士秩卑，以其传先王之训，故尊而异之，令服大夫之冕。犹此言之，两梁冠非必列于陛位也。建初中，太官令两梁冠。春秋之义，大于复古。如堪言合典，可施行。克厌帝心，即听用之'。"《献帝起居注》曰："中平六年，令三府长史两梁冠，五时衣袍，事位从千石、六百石。"

法冠[1]，一曰柱后[2]。高五寸，以纚[3]为展筩，铁柱[4]卷[5]，执法者服之，侍御史、廷尉正监平也[6]。或谓之獬豸冠。獬豸神羊[7]，能别曲直，楚王尝获之，故以为冠。胡广说曰："《春秋左氏传》有南冠而絷者，则楚冠也。秦灭楚，以其君服赐执法近臣御史服之。"

【注释】

1. **法冠：** 执法官、御史等所戴的一种帽子。本为战国楚王所戴之冠，秦代时为御史所戴。《史记·淮南衡山列传》："汉使节法冠，欲如伍被计……"裴骃集解："蔡邕曰：'法冠，楚王冠也。秦灭楚，以其君冠赐御史。'"《太平御览·服章部二》引应劭《汉官仪》曰："侍御史，周官也，为柱下史，冠法冠，一曰柱后，以铁为柱，言其审固不挠。或说古有獬豸兽，主触不直，故执宪者以其角形为冠耳。"宋代聂崇义构拟了法冠的样式（图3-125）。

冠法

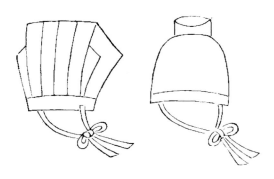

图3-125　两种法冠　　　　　　　　　　图3-126　空心砖画像
宋聂崇义绘制（引自《新定三礼图》）　　　　　（河南洛阳出土）

周锡保认为洛阳出土空心砖上执戟门卫所戴的冠（图3-126），"冠前又有一物，似作角状，可能是楚冠中的獬豸冠。但图中二人均手执兵器，不象是执法官的身份……所以还不能确定其即为獬豸冠。"[①] 沈从文观点与其相似，认为汉代御史的獬豸冠照记载应是这个样子。[②] 孙机认为："它们当中有的呈斜俎形，应该被认为就是进贤冠。有些虽然形式稍异，但其基本结构仍与进贤冠相一致。"[③]

2．柱后：即柱后惠文冠。刘昭注引《独断》曰："柱后惠文。"《汉书·张敞传》："秦时狱法吏冠柱后惠文，武意欲以刑法治梁。"应劭曰："柱后，以铁为柱，今法冠是也，一名惠文冠。"颜师古注引晋灼曰："《汉注》法冠也，一号柱后惠文，以纚裹铁柱卷。秦制执法服，今御史服之，谓之解廌，一角。今冠两角，以解廌为名耳。"

3．纚：即縰。刘昭注："《前书》注（即《汉书》注）曰：'纚，今之縰。'《通俗文》：'帻里曰纚。'"

4．铁柱：刘昭注引荀绰《晋百官表注》曰："铁柱，言其厉直不曲桡。"

5．卷：冠卷，帽缘。《逸周书·器服》："武卷组缨。"朱右曾校释："武，冠卷也。以组饰之，又以为缨。"《礼记·玉藻》："缟冠玄武，子姓之冠也。"郑玄注："武，冠卷也。"孔颖达疏："卷用玄而冠用缟，冠、卷异色。"

6．廷尉、正、监、平：均为掌刑狱的官员。廷尉，秦代开始设置，因兵狱同制，故称廷尉。汉承秦制，设廷尉，秩中二千石。西汉景帝时改称大理，武帝时复称廷尉。东汉以后，或称廷尉，或称大理。秦代廷尉下属有正、左右监，汉宣帝时又设立左右平。《汉书·朱买臣传》："后汤以廷尉治淮南狱，排陷严助，买臣怨汤。"《汉书·百官公卿表上》："廷尉，秦官，掌刑辟，有正、左右监，秩皆千石。景帝中六年更名大理，武帝建元四年复为

---

①　周锡保：《中国古代服饰史》，中国戏剧出版社，1984，第83页。
②　沈从文：《中国古代服饰研究》，上海书店出版社，2002，第135页。
③　孙机：《中国古舆服论丛（增订本）》，文物出版社，2001，第162页。

廷尉。宣帝地节三年初置左右平，秩皆六百石。哀帝元寿二年复为大理。王莽改曰作士。"颜师古注："应劭曰：'听狱必质诸朝廷，与众共之，兵狱同制，故称廷尉。'廷，平也。治狱贵平，故以为号。"《后汉书·百官志二》："廷尉，卿一人，中二千石。本注曰：掌平狱，奏当所应。凡郡国谳疑罪，皆处当以报。正、左监各一人。左平一人，六百石。本注曰：掌平决诏狱。"刘昭注引应劭曰："兵狱同制，故称廷尉。"又曰："前汉有左右监平，世祖省右而犹曰左。"

7. 獬豸神羊： 又作解廌，兽名。似牛，一说似羊，一角，据说性知有罪。古代象占者认为獬豸出现是王者狱讼公平的征兆。神羊为獬豸的别称。刘昭注："《异物志》曰：'东北荒中有兽名獬豸，一角，性忠，见人斗，则触不直者；闻人论，则咋不正者。楚执法者所服也。今冠两角，非象也。'臣昭曰：或谓獬豸乃非定名，在两角未足断正，安不存其竖饰，令两为冠乎？"《说文解字·廌部》："解廌，兽也。似牛，一角。古者决讼，令触不直者。"段玉裁注："《神异经》：'东北荒中有兽，见人斗则触不直，闻人论则咋不正，名曰獬豸。'"《太平御览》卷八九〇引《说文》："獬豸，似牛，一角。古者决讼，命触不直。黄帝时，有遗帝獬豸者，帝问：'何食？何处？'曰：'食荐，春夏处水泽，秋冬处竹箭松筠。'"

武冠[1]，一曰武弁大冠，诸武官冠之。[2]侍中、中常侍加黄金珰[3]，附蝉[4]为文，貂尾为饰，谓之"赵惠文冠"[5]。胡广说曰："赵武灵王效胡服，以金珰饰首，前插貂尾，为贵职。秦灭赵，以其君冠赐近臣。"[6]建武[7]时，匈奴内属，世祖赐南单于衣服，以中常侍惠文冠，中黄门[8]童子佩刀云。

【注释】

1. 武冠： 又名"武弁""繁冠""建冠""笼冠"。秦代取赵惠文冠赐予皇帝的近臣，汉代为武官所戴，侍中、中常侍等近臣也常使用。其前加金珰附蝉为饰，后则插貂尾。金珰是指金做成的山形装饰物，蝉则是指以金、玉或宝石雕刻而成的装饰物。刘昭注："一云古缁布冠之象也。或曰繁冠。"《太平御览·服章部二》引《三礼图》曰："武弁，大冠也，士服之。或曰：千岁涸泽之神，名庆忌，冠大冠，乘小车马，好疾驰，齐人服之。"又引董巴《汉舆服志》曰："武冠，一曰武弁大冠，诸武官冠之。侍中、常侍加黄金珰、附蝉为饰，谓之赵惠文冠。"又引蔡邕《独断》曰："武冠或曰繁冠，今谓之大冠。"孙机认为汉代的武弁大冠本是弁加帻而构成，本不是冠，却被视为冠，因此叫法比较混乱。[①] 宋代聂崇义所绘的武弁大冠与汉代实际情况不同，却与宋代笼巾相似（图3-127）。武冠的形象在汉代图像中多有出现。沈从文认为汉代砖刻亭长图像中有头戴如后世纱帽，加鹖尾的或称"武冠"（图3-128）。周锡保根据画像石、画像砖摹写了一些武冠形象，大致相同。武冠的实物也有出土，甘肃武威磨咀子新莽62号墓的武冠出土时戴在墓主人头部。外罩漆纚笼巾，内罩短耳屋形冠。边缘裹竹圈，内巾帻抹额，抹额系由四层平纹方孔纱粘合后模压成人字纹，涂成红色（图3-129）。[②]

2. 刘昭注引《晋公卿礼秩》曰："大司马、将军、尉、骠骑、车骑、卫军、诸大将军开府从公者，着武冠，平上帻。"

3. 金珰： 位于冠前，以黄金为之，故名。《后汉书·朱穆传》："假貂珰之饰，处常伯之任。"李贤注："珰以金为之，当冠前，附以金蝉也。《汉官仪》曰：'中常侍，秦官也。汉兴，或用士人，银珰左貂。光武已后，专任宦者，右貂金珰。'常伯，侍中。"又《宦者传序》："自明帝以后……中常侍至有十人，小黄门亦二十人，改以金珰右貂，兼领卿署之职。"《文选·傅咸〈赠何劭王济〉》："金珰垂惠文，煌煌发令姿。"李善注引董巴《舆服志》："侍中冠弁大冠，加金珰，附蝉为文。"

4. 蝉： 俗称蜘蟟、知了。古人认为蝉清高识时变。《荀子·大略》："饮而不食者，蝉也。"马缟《中华古今注》："蝉，取其清虚识变也。在位者有文而不自耀，有武而不示人。清虚自牧，识时而动也。"

5. 赵惠文冠： 刘昭注："又名鵔鸃冠。"赵惠文，即战国时期赵国的惠文王，约公元前309年—公元前266年，亦称赵文王。嬴姓赵氏，名何，战国后期赵国第七代君主，赵武灵王次子。

6. 刘昭注："应劭《汉官》曰：'说者以金取坚刚，百炼不耗。蝉居高饮絜，口在掖下。貂内劲捍而外温润。'此因物生义也。徐广曰：'赵武灵王胡服有此，秦即赵而用之。'说者蝉取其清高，饮露而不食，貂紫柔润，而毛采不彰灼，故于义亦取。胡广又曰：'意谓北方寒凉，本以貂皮暖额，附施于冠，因遂变成首饰。'"

孙机认为："汉代簪貂的形象，只能在武氏祠画像石中找到约略近似的例子。这里的一块画像石上表现出《二桃杀三士》故事（图3-130）。图中右起第一人系侍郎，第二人戴通天冠，应是齐景公，第三人身材短小，应是晏子，第四至第六人则应是公孙接、田开疆、古冶子等三士。这三个人的冠上都有一枚尾状物，或前拂、或后偃，可能就是貂尾。"[③]

---

① 孙机：《中国古舆服论丛（增订本）》，文物出版社，2001，第170页。
② 甘肃省博物馆：《武威磨咀子三座汉墓发掘简报》，《文物》，1972年第12期，第11页。
③ 孙机：《中国古舆服论丛（增订本）》，文物出版社，2001，第175页。

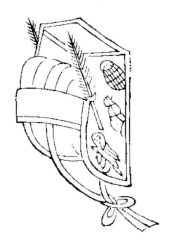

图3-127　武弁大冠
宋聂崇义绘制（引自《新定三礼图》）

图3-128　汉砖刻亭长图

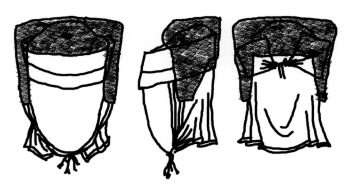

图3-129　武冠（甘肃武威磨咀子62号新莽时期墓出土）

图3-130　山东武氏祠《二桃杀三士》局部图像

7. 建武： 汉光武帝年号，时间在公元 25 年至公元 56 年间。

8. 中黄门： 秦代开始设置，汉代沿袭。为禁中官员，由太监担任。《汉书·百官公卿表上》："少府，秦官……诸仆射、署长、中黄门皆属焉。"颜师古注："中黄门，奄人居禁中，在黄门之内给事者也。"《后汉书·百官志三》："中黄门，比百石。本注曰：宦者，无员。后增比三百石。掌给事禁中。"《资治通鉴·光武帝建武四年》："援初到，良久，中黄门引入。"胡三省注："中黄门，宦者也，属少府。"

建华冠，以铁为柱卷，贯大铜珠九枚，制似缕鹿[1]。记曰："知天者冠述，知地者履絇。"《春秋左传》曰："郑子臧好鹬冠。"[2]前圆，以为此则是也。天地、五郊、明堂，育命舞乐人服之。

【注释】

1. 刘昭注："《独断》曰：'其状若妇人缕鹿。'薛综曰：'下轮大，上轮小。'"缕鹿是汉代妇女的发髻之一。高髻，下大上小，髻中有柱，用羽毛或其他饰物装饰。王先谦集解称："逐层如轮，下大上小，其设饰亦必有柱。"《太平御览·服章部一》引《三礼图》："建华冠，祠天地五郊，八佾舞人服之，以铁为柱，卷贯杂大珠九枚。"聂崇义称："建华冠，《后汉志》云：'以铁为柱卷，贯大铜珠九枚，前圆。'又饰以鹬羽于顶。祀天地、五郊、八佾舞人服之。"并拟定了两种样式的建华冠（图3-131）。

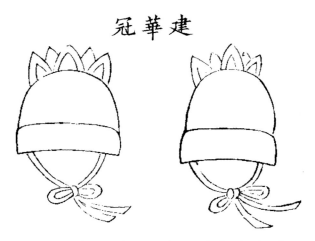

图3-131 建华冠 宋聂崇义绘制（引自《新定三礼图》）

2. 语出《左传》。《左传·僖公二十四年》："郑子华之弟子臧出奔宋，好聚鹬冠。"
杜预注："鹬，鸟名。聚鹬羽以为冠，非法之服。"也就是说，鹬冠是用鹬毛做成的帽
子。章炳麟《原儒》："鹬冠者，亦曰术氏冠，又曰圜冠。"刘昭注引《说文》曰："鹬，
知天将雨鸟也。"

方山冠[1]，似进贤，以五采縠[2]为之。祠宗朝，大予[3]、八佾[4]、四时、五行乐
人服之，冠衣各如其行方之色而舞焉。

【注释】

1. 方山冠：《太平御览·服章部二》引《三礼图》曰："五彩方山冠，各以其彩縠为
之，祠庙，天子八佾，乐五行，舞人所服。"又引董巴《汉舆服志》曰："方山冠似进贤
冠，以五彩縠为之。"又引《汉书·五行志》曰："昌邑王贺为王时冠方山冠。"今本
《汉书·五行志中之上》作："贺为王时，又见大白狗冠方山冠而无尾，此服妖，亦犬祸
也。"颜师古注引邓展曰："方山冠以五采縠为之，乐舞人所服。"聂崇义《新定三礼
图》引《后汉志》云："制似进贤。前高七寸，后高三寸，缨长八寸，似进贤冠，五采縠
为之。祠宗庙，太予、八佾、四时、五行乐人服之。冠衣各如其行方之色。"基本描述
相同，但是文字与今本《舆服志》有差异。聂崇义还拟定了方山冠的样式（图3-132）。

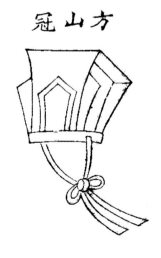

图3-132　方山冠　宋聂崇义绘制（引自《新定三礼图》）

2. **縠：**绉纱一类的丝织品。《说文解字·糸部》："縠，细缚也。"段玉裁注："今之绉纱，古之縠也。"《释名·释采帛》："縠，粟也。其文足足而踧踧，视之如粟也。又谓沙縠。亦取踧踧如沙也。"宋玉《神女赋》："动雾縠以徐步。"李善注："今之轻纱。"

3. **大予：**也写作太予，乐官名，即大予乐令的省称。《后汉书·百官二》："大予乐令一人，六百石。本注曰：掌伎乐。凡国祭祀、掌请奏乐，及大飨用乐，掌其陈序。丞一人。"刘昭注引《汉官》曰："员吏二十五人，其二人百石，二人斗食，七人佐，十人学事，四人守学事。乐人八佾舞三百八十人。"又引卢植《礼》注曰："大予令如古大胥。汉大乐律，卑者之子不得舞宗庙之酎。除吏二千石到六百石，及关内侯到五大夫子，取适子高五尺已上，年十二到三十，颜色和，身体修治者，以为舞人。"

4. **八佾：**佾是舞队的行列，行数、人数，纵横皆同，故称作佾。八佾，就是八行，每行八人，共六十四人。按照周礼规定，八佾是天子专用的一种乐舞。诸侯只能用六佾，大夫用四佾，士用二佾。《论语·八佾》："孔子谓季氏：'八佾舞于庭，是可忍也，孰不可忍也？'"《左传·隐公五年》："考仲子之宫，将万焉。公问羽数于众仲。对曰：'天子用八，诸侯用六，大夫四，士二。夫舞，所以节八音，而行八风，故自八以下。'公从之。于是初献六羽，始用六佾也。"

巧士冠[1]，前高七寸，要[2]后相通，直竖。不常服，唯郊天，黄门从官四人冠之，在卤簿中，次乘舆车前，以备宦者四星[3]云。[4]

【注释】

1. **巧士冠：**《太平御览·服章部二》引《三礼图》曰："巧士冠，前高五寸，后相通，扫除从官服之。《礼》不记。"又引董巴《汉舆服志》曰："巧士冠，高七寸，不常服，惟郊天黄门从官四人冠之，在卤簿中次乘与车前，以备宦者四星。"晋以后无闻。宋代聂崇义拟定了巧士冠的样式（图3-133）。

2. **要：**宋本聂崇义《新定三礼图》同样引作"要"，但《四库全书》本《新定三礼图》则作"绕"。要是"腰"的古字，指冠身的中部。《墨子·兼爱中》："昔者，楚灵王好士细要。"《楚辞·离骚》："户服艾以盈要兮，谓幽兰其不可佩。"

3. **宦者四星**：《后汉书·宦者列传》："《易》曰：'天垂象，圣人则之。'宦者四星，在皇位之侧，故《周礼》置官，亦备其数。"这里认为天上皇位之侧的四星与宦官相对应。又《天文志》："中平中夏，流星赤如火，长三丈，起河鼓，入天市，抵触宦者星。"可见，宦者四星在东宫苍龙的天市附近。

4. 刘昭注引《独断》曰："礼无文。"

却非冠[1]，制似长冠，下促[2]。宫殿门吏仆射冠之。负[3]赤幡，青翅燕尾，诸仆射幡皆如之。[4]

【注释】

1. **却非冠**：《太平御览·服章部二》引《三礼图》曰："却非冠，宫殿门仆射服，高五寸。《礼》不记。"又引董巴《汉舆服志》曰："却非冠，似长冠。"谢肇淛《五杂俎·物部四》："却非，仆射冠也。"宋代聂崇义构拟过却非冠的形制（图3-134）。

2. **促**：短小。《后汉书·郦炎传》："大道夷且长，窘路狭且促。"

3. **负**：背。《释名·释姿容》："负，背也，置项背也。"《史记·苏秦列传》："且使我有洛阳负郭田二顷，吾岂能佩六国相印乎！"司马贞索隐："负者，背也，枕也。"

4. 刘昭注引《独断》曰："礼无文。"

图3-133 巧士冠
宋聂崇义绘制（引自《新定三礼图》）

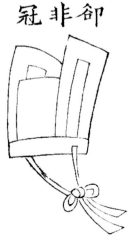

图3-134 却非冠
宋聂崇义绘制（引自《新定三礼图》）

却敌冠[1]，前高四寸，通长四寸，后高三寸，制似进贤，卫士服之。[2]

【注释】

1. 却敌冠: 《太平御览·服章部二》引《三礼图》曰:"却敌冠，前广四寸，后三寸，卫士服之。"又引董巴《汉舆服志》曰:"却敌冠制似进贤，卫士服之。"聂崇义《新定三礼图》中称《三礼图》中"通长四寸"作"缨长四寸"，并拟定了却敌冠的形制（图3-135）。周锡保认为汉画像中的两个图像颇似却敌冠（图3-136）。[1]但这种冠式应该是进贤冠。

2. 刘昭注引《独断》曰:"礼无文。"

图3-135　却敌冠
宋聂崇义绘制（引自《新定三礼图》）

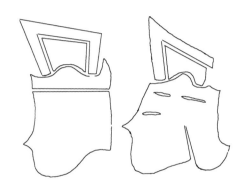

图3-136　周锡保认为像却敌冠
（根据《中国古代服饰史》临摹）

樊哙冠[1]，汉将樊哙[2]造次[3]所冠，以入项羽军。广九寸，高七寸，前后出各四寸，制似冕。司马殿门[4]大难卫士[5]服之。或曰，樊哙常持铁楯，闻项羽有意杀汉王，哙裂裳以裹楯，冠之入军门，立汉王旁，视项羽。

【注释】

1. 樊哙冠: 《太平御览·服章部二》引周迁《舆服杂事》曰:"樊哙冠，楚汉会于鸿门，项羽图危高祖。樊哙闻急，乃裂衣包盾，戴以为冠，排入羽营。"又引董巴《汉舆服志》曰:

---

① 周锡保:《中国古代服饰史》，中国戏剧出版社，1984，第90页。

"樊哙造次所冠，以入项羽军。广九寸，前后各出四寸，制似冕，司马、殿门卫士服之。"聂崇义《新定三礼图》："旧《图》如巧士冠，既违《汉志》，不敢依从。"并拟定了樊哙冠的形式（图3-137）。沈从文认为山东金乡朱鲔墓出土的石刻画像上一名穿冕服的男子所戴即是樊哙冠："就其人位置分析，头上所戴或应为'樊哙冠'。"（见图3-85）。[①]但是也有一些研究者认为这是爵弁[②]。黄能馥、陈娟娟等认为，长沙马王堆1号汉墓出土的彩绘帛画中守护天门的阍者所戴的即是樊哙冠（图3-138）。[③]

2.樊哙： 西汉名将，今江苏沛县人。少以屠狗为业，秦末随刘邦起兵，为其部将，以军功封贤成君。楚汉相争中，他以临武侯任将军，屡立战功。汉初，随刘邦击破臧荼、陈豨和韩王信叛乱，任左丞相，封舞阳侯。其妻吕须为吕后妹，故其与高祖、吕后关系亲近。卒谥武侯。《史记》《汉书》均有《樊哙传》。

3.造次： 仓猝；匆忙。《论语·里仁》："君子无终食之间违仁，造次必于是，颠沛必于是。"《后汉书·吴汉传》："汉为人质厚少文，造次不能以辞自达。"

4.司马殿门： 汉代卫尉主管宫门守卫，下设各门司马。宫掖门，每门设司马一人，下各有卫士，数十人、百十人不等。《后汉书·百官志二》："宫掖门，每门司马一人，比千石。本注曰：南宫南屯司马，主平城门；宫门苍龙司马，主东门；玄武司马，主玄武门；北屯司马，主北门；北宫朱爵司马，主南掖门；东明司马，主东门；朔平司马，主北门：凡七门。凡居宫中者，皆有口籍于门之所属。宫名两字，为铁印文符，案省符乃内之。"颇疑此处

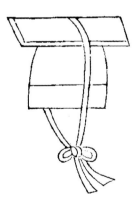

图3-137 樊哙冠
宋聂崇义绘制（引自《新定三礼图》）

图3-138 彩绘帛画中守护天门的阍者
（湖南长沙马王堆1号汉墓出土）

---

① 沈从文：《中国古代服饰研究》，上海书店出版社，2002，第174页。
② 孙机：《中国古舆服论丛（增订本）》，文物出版社，2001，第418页。
③ 黄能馥、陈娟娟、黄钢：《服饰中华——中华服饰七千年》，清华大学出版社，2011，第183页。

文字有颠倒，"司马殿门大难卫士"几不成句，"殿门司马"方可与"大难卫士"相对应。《太平御览》引董巴《汉舆服志》、聂崇义《新定三礼图》引《后汉志》均作"司马殿门卫士"，并没有"大难"二字。

5. **大难卫士**："大难"即"大傩"。岁末禳祭，以驱除瘟疫。《吕氏春秋·季冬》："命有司大傩，旁磔，出土牛，以送寒气。"高诱注："大傩，逐尽阴气，为阳导也。今人腊岁前一日击鼓驱疫，谓之逐除，是也。"张衡《东京赋》："尔乃卒岁大傩，驱除群厉。"大难卫士，应是指腊日前一日举行大傩时司马阙门外的骑士。《后汉书·礼仪志五》："持炬火，送疫出端门；门外驺骑传炬出宫，司马阙门门外五营骑士传火弃洛水中。"刘昭注："《东京赋》注曰：'卫士千人在端门外，五营千骑在卫士外，为三部，更送至洛水，凡三辈，逐鬼投洛水中。仍上天池，绝其桥梁，使不复度还。'"

术氏冠[1]，前圆，吴制，差池[2]逦迤[3]四重。赵武灵王好服之。今不施用，官有其图注。[4]

【注释】

1. **术氏冠**：《太平御览·服章部一》引董巴《汉舆服志》："术氏冠有五彩，衣青玄，裳前员，其制差池四重。赵武灵王好服之，今不施用也。"蔡邕《独断》："术氏冠，前圆，吴制，逦迤四重，赵武灵王好服之。今者不用，其说未闻。"聂崇义《新定三礼图》："术氏冠，即鹬冠也，《前汉书·五行志》注云：'鹬知天将雨之鸟也，故司天文者冠鹬冠。'吴制差池四重，高下取术，画鹬羽为饰，绀色。又注云：'此术氏冠，即鹬冠也。'新《图》误题术士冠。"但也有不同意见，《格致镜原·冠服》："《礼图》以鹬冠为术士冠，此又以述与术音相近而误。《汉志》自有术氏冠，赵武灵好服之，汉不施用，非鹬冠也。"聂崇义构拟有术氏冠的形制（图3-139）。

2. **差池**：参差不齐的样子。《诗经·邶风·燕燕》："燕燕于飞，差池其羽。"马瑞辰通释："差池，义与参差同，皆不齐貌。"《左传·襄公二十二年》："谓我敝邑，迩在晋国，譬诸草木，吾臭味也，而何敢差池？"杜预注："差池，不齐一。"

3. **逦迤**：连绵曲折的样子。《文选·吴质〈答东阿王书〉》："夫登东岳者，然后知众山之逦迤也。"刘良注："逦迤，小而相连貌。"

4. 一说认为术氏冠乃"楚庄王复仇冠是也"。刘昭注："《淮南子》曰：'楚庄王所服雏冠者也'。蔡邕曰：'其说未闻'。"《晋书·舆服志》也采用此说。

图3-139　术氏冠　宋聂崇义绘制（引自《新定三礼图》）

诸冠皆有缨蕤，执事[1]及武吏皆缩缨，垂五寸。

【注释】

1. 执事： 有职守之人；主管其事的官员。《书·盘庚下》："呜呼！邦伯师长百执事之人，尚有隐哉。"孔颖达疏："其百执事谓大夫以下，诸有职事之官皆是也。"《汉书·王莽传下》："朝之执事，亡非同类。"

武冠，俗谓之大冠，环缨无蕤，以青[1]系为绲[2]，加双鹖尾，竖左右，为鹖冠云。[3]五官、左右虎贲、羽林、五中郎将、羽林左右监[4]皆冠鹖冠，纱縠单衣。虎贲[5]将虎文绔，白虎文剑佩刀。虎贲武骑皆鹖冠[6]，虎文单衣。襄邑岁献织成虎文云。鹖者，勇雉也，其斗对一死乃止，故赵武灵王以表武士，秦施之焉。

【注释】

1. 青： 深蓝色。《荀子·劝学》："青，取之于蓝而青于蓝。"南朝梁刘勰《文心雕龙·通变》："夫青生于蓝，绛生于蒨，虽逾本色不能复化。"有时也指绿色。北魏贾思勰《齐民要术·耕田》："秋耕"原注："比至冬月，青草复生者，其美与小豆同也。"也可以指黑色。《书·禹贡》："〔梁州〕厥土青黎。厥田惟下上。"汉孔安国传："色青黑而沃壤。"孔颖达疏引王肃曰："青，黑色。"

2. 绲： 编织的带子。《说文解字·糸部》："绲，织带也。"段玉裁注改"织带"为"织成带"，并指出"凡不待剪裁者曰织成"。《后汉书·南匈奴传》："童子佩刀，绲带各一。"李贤注："绲，织成带也。"章炳麟《新方言·释器》："凡织带皆可以为衣服缘边，故今称缘边为绲边，俗误书作'滚'。"

3. 刘昭注："《庄子》曰'缦胡之缨，武士之服'是也。"

4. "五官、左右虎贲、羽林、五中郎将、羽林左右监"疑句读有误。按《后汉书·百官志二》记载光禄勋下"自五官将至羽林右监，凡七署"属于武官，依次是五官中郎将、左中郎将、右中郎将、虎贲中郎将，羽林中郎将、羽林左监、羽林右监。《汉书·百官公卿表上》："中郎有五官、左、右三将，秩皆比二千石。"《后汉书·百官志二》："凡郎官皆主更直执戟，宿卫诸殿门，出充车骑。"从文献记载来看并没有"左右虎贲"和"五中郎将"之职，因此应断作"五官、左、右、虎贲、羽林，五中郎将，羽林左、右监"，共计七类，与《后汉书·百官志二》所记的"七署"相同。

5. 虎贲： 又作"虎奔"。职官名。《后汉书·百官志二》："虎贲中郎将，比二千石。本注曰：主虎贲宿卫。"刘昭注："虎贲旧作'虎奔'，言如虎之奔也，王莽以古有勇士孟贲，故名焉。孔安国曰'若虎贲兽'，言其甚猛。"沈从文称："虎贲骑士即必头戴鹖尾，穿虎文锦袴。"[①]

6. 鹖冠： 鹖好斗，斗至死方休，戴此冠以示勇敢。刘昭注："徐广曰：'鹖似黑雉，出于上党。'荀绰《晋百官表注》曰：'冠插两鹖，鸷鸟之暴疏者也。每所攫撮，应爪摧衄，天子武骑故以冠焉。'《傅玄赋注》曰：'羽骑，骑者戴鹖。'"《太平御览·服章部二》引应劭《汉官仪》曰："虎贲冠插鹖尾。鹖，鸷鸟中之果劲者也，每所攫撮，应爪摧碎。尾，上党所贡。"又引董巴《汉舆服志》曰："武冠加双鹖尾为鹖冠，羽林虎贲冠之。鹖鸡勇，斗死乃止，故赵武灵王以表武士。秦施用之。"曹操《鹖鸡赋序》："鹖鸡猛气，其斗终无负，期于必死，令人以鹖为冠，像此也。"《古禽经》："鹖冠，武士服之，像其勇也。"《后汉书·崔寔传》："钧时为虎贲中郎将，服武弁，戴鹖尾，狼狈而走。"鹖冠较早便已经

---

① 沈从文：《中国古代服饰研究》，上海书店出版社，2002，第 90 页。

存在，到了汉代成为制度，并实际应用。[①]"鹖冠在洛阳金村出土的错金银狩猎纹镜的图像中已经出现，其鹖尾其实是插在弁上的（图3-140）。西汉空心砖上也有这种鹖冠（图3-141），不过这里的弁上加刻出许多网眼，说明其质地已是绒布、纚纱之类。以上两例在插鹖尾的弁下都未衬帻，而河南邓县出土的东汉画像砖上的人物（图3-142），却在正规的衬平上帻的武弁大冠上插双鹖尾，这就是《续汉志》所说的鹖冠。邓县鹖冠所插羽毛中有清晰的横向纹理，故此时之所谓鹖似是一种雉。""鹖冠除竖插一对鹖尾的类型以外，还有将鹖鸟的全形装饰在冠上的。《史记·仲尼弟子列传》：'子路性鄙，好勇力，志伉直，冠雄鸡，佩豭豚。'武氏祠画像石中的子路像，冠上饰有鸡形。"[②]（图3-143）

图3-140　鹖冠（河南洛阳金村出土）

图3-141　西汉空心砖

图3-142　东汉鹖冠画像（河南邓县出土）

图3-143　东汉武氏祠画像石
《孔子弟子图》中子路所戴鹖冠

① 沈从文：《中国古代服饰研究》，上海书店出版社，2002，第90页。
② 孙机：《中国古舆服论丛（增订本）》，文物出版社，2001，第177-178页。

安帝[1]立皇太子，太子谒高祖[2]庙、世祖庙，门大夫[3]从，冠两梁进贤；洗马[4]冠高山。罢庙，侍御史任方奏请非乘从时，皆冠一梁，不宜以为常服。事下有司。尚书陈忠[5]奏："门大夫职如谏大夫[6]，洗马职如谒者，故皆服其服，先帝之旧也。方言可寝。"奏可。谒者，古者一名洗马。[7]

【注释】

1. 安帝：刘祜（94—125 年），汉章帝刘炟之孙，清河孝王刘庆之子，东汉第六位皇帝，在位 19 年，见《后汉书·孝安帝纪》。

2. 高祖：汉高祖刘邦。《汉书·高帝纪上》："高祖，沛丰邑中阳里人也。"颜师古注引张晏曰："《礼》谥法无'高'，以为功最高而为汉帝之太祖，故特起名焉。"

3. 门大夫：太子少傅属官。职责是执戟值班宿卫，出行则充当车骑随从。《汉书·百官公卿表上》："太子太傅、少傅，古官。属官有太子门大夫、庶子、先马、舍人。"《后汉书·百官志四》："太子门大夫，六百石。本注曰：旧注云职比郎将。旧有左右户将，别主左右户直郎，建武以来省之。"刘昭注："《汉官》曰：'门大夫二人，选四府掾属。'"

4. 洗马：官名。秦时始置，也称先马，为太子少傅属官。职责如谒者，太子出则为前导。《汉书·百官公卿表》："属官有太子门大夫、庶子、先马、舍人。"颜师古注引如淳曰："《国语》曰：勾践亲为夫差先马。先或作洗也。"

5. 陈忠：字伯始。陈宠之子。汉永初间为廷尉属官，后任尚书。承父志，修改当朝法律。延光三年（124 年）任司隶校尉，遭宠臣、外戚、幕僚等人弹劾，次年改任江夏太守，未及成行，留任尚书令。卒于任上。《后汉书》有《陈忠传》附于其父陈宠后。

6. 谏大夫：郎中令（武帝后称光禄勋）的属官，掌管论议。《汉书·百官公卿表上》："郎中令……武帝太初元年更名光禄勋。……大夫掌论议，有太中大夫、中大夫、谏大夫，皆无员，多至数十人。武帝元狩五年初置谏大夫，秩比八百石。"

7. 刘昭注："《古今注》曰：'建武十三年，初令令长皆小冠。'《独断》曰：'公卿侍中尚书衣皂而朝者曰朝臣。诸营校尉将大夫以下，不为朝臣。'"

古者有冠无帻，其戴也，加首有頍[1]，所以安物。故《诗》曰"有頍者弁[2]"，此之谓也。三代之世，法制滋彰，下至战国，文武并用。秦雄诸侯，乃加其武将首饰为绛袙[3]，以表贵贱，其后稍稍作颜题[4]。汉兴，续其颜，却摞[5]之，施巾连题，却覆之，今丧帻是其制也。名之曰帻[6]。帻者，赜[7]也，头首严赜也。至孝文[8]乃高颜题，续之为耳，崇其巾为屋，合后施收[9]，上下群臣贵贱皆服之。文者长耳，武者短耳，称其冠也。尚书帻收，方三寸，名曰纳言[10]，示以忠正，显近职也。迎气五郊，各如其色，从章服[11]也。皂衣群吏春服青帻[12]，立夏乃止，助微顺气，尊其方也。武吏常赤帻，成其威也。未冠童子帻无屋者，示未成人也。入学小童帻也句卷屋者，示尚幼少，未远冒也。丧帻却摞，反本礼也。升数如冠，与冠偕也。期丧起耳有收，素帻亦如之，礼轻重有制，变除从渐，文也。[13]

【注释】

1. 頍： 用来固定冠弁的一种带圈。古人戴冠弁时，必先在头上加頍以固定冠。《诗经·小雅·頍弁》："有頍者弁，实维在首。"《仪礼·士冠礼》："缁布冠缺项，青组缨属于缺"，郑玄注："缺，读如'有頍者弁'之頍。缁布冠无笄者，着頍围发际，结项中，隅为四缀，以固冠也。"《释名·释首饰》："簂，恢也，恢廓覆发上也。鲁人曰頍。頍，倾也，着之倾近前也。"宋代学者拟定过一些頍的样式（图3-144、图3-145）。妇好墓的发掘报告、黄能馥和陈娟娟等①都认为妇好墓出土的玉人所戴即頍。孙机认为秦始皇兵马俑所戴的冠下面部分即是頍（图3-146）。②

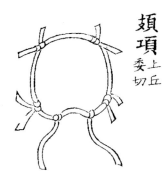

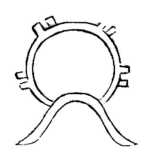

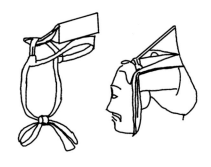

图3-144 頍项 宋聂崇义绘制　　图3-145 頍 宋杨甲绘制　　图3-146 秦代兵马俑头饰
　　　　（引自《新定三礼图》）　　　（引自《六经图考》）

---

① 黄能馥、陈娟娟、黄钢：《服饰中华——中华服饰七千年》，清华大学出版社，2011，第65页。
② 孙机：《中国古舆服论丛（增订本）》，文物出版社，2001，第164页。

2. **弁**：字形本作"覍"，是贵族的一种冠帽。《说文解字·皃部》："覍，冕也。"《周礼·夏官·序官》"弁师"贾公彦疏："弁亦冕也，即是六冕皆得称弁。"也有训为冠的。《广韵·线韵》："弁，周冠名。"《诗经·齐风·甫田》："突而弁兮"，毛传："弁，冠也。"《左传·昭公九年》："岂如弁髦"，孔颖达疏："弁，亦冠也。"《周礼·夏官·弁师》"弁师"，郑玄注："弁者，古冠之大称。"孙诒让认为弁、冕统言没有区别。《周礼·夏官·序官》"弁师"孙诒让正义："析言之，古首服有冕、弁、冠，三者制别；通言之，则冕、弁皆为冠，冕、冠亦得言弁，故此官兼掌冕、弁而特以弁为名也。"弁又分为皮弁、韦弁、爵弁。《诗经·小雅·頍弁》："有頍者弁。"毛传："弁，皮弁也。"《周礼·春官·司服》："凡兵事，韦弁服。"《礼记·杂记上》："大夫冕而祭于公，弁而祭于己。"郑玄注："弁，爵弁也。"关于皮弁与韦弁的形制，历来没有什么争论。一般认为二者都是用皮制成的，造型相同，区别在于皮弁以白鹿皮为之，韦弁以赤色皮制成。但爵弁的形制却更像旒冕。宋人构拟过弁的图像，上文已经罗列了皮弁和爵弁，这里所列为周弁和韦弁（图3-147～图3-149）。孙机指出始皇陵兵马俑坑出土之骑兵俑所戴者可以被认为是弁；而咸阳杨家湾西汉墓葬坑中出土的甲士俑所戴的弁，虽与上述骑兵俑所戴者完全一致，但有的底下衬着帻，就是汉代的武弁（图3-150、图3-151）。[①]

3. **绛袙**："袙"即"帕"，一种深红色头巾。

4. **颜题**：秦汉时，帻上表明贵贱之标识。颜，前额；题，标识。

5. **摞**：理也。《玉篇·手部》："摞，理也。"

6. **帻**：包扎发髻的巾。《急就篇》卷三："冠帻簪簧结发纽。"颜师古注："帻者，韬发之巾，所以整嫧发也。常在冠下，或但单着之。"《说文解字·巾部》："帻，发有巾曰帻。"蔡邕《独断》下："帻者，古之卑贱执事不冠者之所服也……元帝额有壮发，不欲使人见，始进帻服之，群臣皆随焉，然尚无巾，如今半头帻而已。"高承《事物纪原·冠冕首饰·帻》："《隋·礼仪志》曰：帻，按董巴云：'起于秦人，施于武将，初为绛帕，以表贵贱。汉文帝时加以高顶。'孝元额有壮发，不欲人见，乃始进帻。又董偃绿帻，《东观记》云赐段颎赤帻，故知自上下通服之，皆乌也。厨人绿，驭人赤，舆辇人黄，驾五辂人逐车色。其承远游、进贤者，施以掌导，谓之介帻；承武弁者，施以笄导，谓之平巾。"秦始皇陵兵马俑1号坑发掘报告将"形状犹如圆丘，顶部略偏右侧凸起成圆锥形，下部好似覆钵"的冠帽称作帻。其大小，前至发际，后至脑后，左右至耳根，基本上把头发和髻全部罩在帻内。帻的后缘上大都开有一个三角形的叉口，叉口的两侧各有一条组带，两条组带互相绾结，使帻紧束头上。帻的质地轻软，犹如单层布帛作成似的。帻上原来均涂彩，出土时

---

① 黄能馥、陈娟娟、黄钢：《服饰中华——中华服饰七千年》，清华大学出版社，2011，第65页。

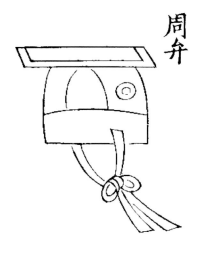

图3-147　周弁　宋杨甲绘制
（引自《六经图考》）

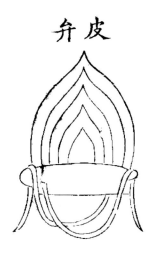

图3-148　皮弁　宋聂崇义绘制
（引自《新定三礼图》）

图3-149　周弁　宋聂崇义绘制
（引自《新定三礼图》）

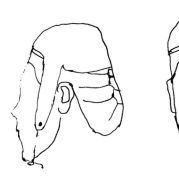

图3-150　秦始皇陵骑兵俑所戴弁

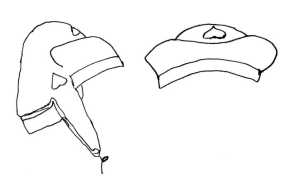

图3-151　汉代杨家湾甲士俑所戴弁

彩色基本上已脱落。据现存的颜色残迹可知，帻大都为朱红色，只有一例为黑色（图3-152）。[①]
孙机详细分析了汉代平上帻的发展演变，认为单独戴平上帻者如山东汶上孙家村出土的画像石中之执戟的士兵（图3-153），其帻顶虽然都比较低平，但轮廓齐整，好像已经把以前的软巾缝得固定了，也有的平上帻顶部中央稍稍隆起，顶部或已经制成硬壳。至东汉晚期，平上帻的后部逐渐加高。如一件传世的东汉中期灰陶执盾俑（图3-154），帻的后部已略高。望都2号墓所出土的石雕骑俑之帻（图3-155），前低后高的造型愈加明显。[②]

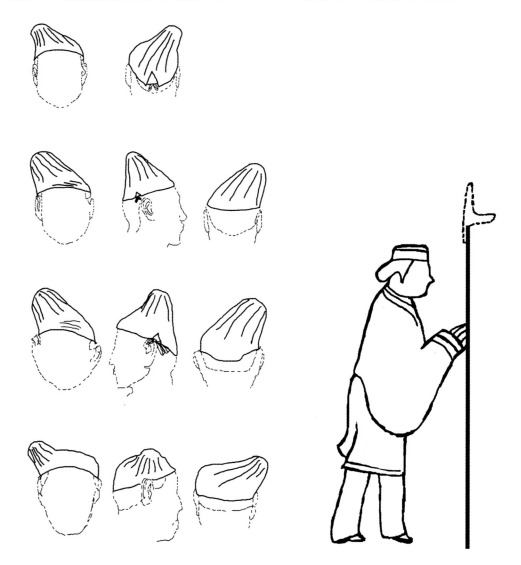

图3-152　秦代介帻（陕西西安秦始皇陵兵马俑坑1号坑出土）　图3-153　山东汶上孙家村东汉画像石中的平上帻

---

① 陕西考古研究所、始皇陵秦俑坑考古发掘队：《秦始皇陵兵马俑一号坑发掘报告：1974—1984（上）》，文物出版社，1988，第114页。
② 孙机：《中国古舆服论丛（增订本）》，文物出版社，2001，第170-171页。

周锡保认为望都壁画中的户伯所戴即是赤帻（图3-156），望都壁画榜题"下游激"的图像中的人物戴赤帻，有二耳，耳较短（图3-157），四川出土的持畚（畬）箕俑（图3-158）、陶畚土俑（图3-159）、武士俑（图3-160）所戴者均为帻。山东沂南中室南壁东段上的一个画像，头上戴帻（图3-161）。成都天回山出土的东汉庖厨人像，戴帻，其侧面像自顶至袖间有长条，当系合模相接处的缝（图3-162）。①

图3-154　东汉灰陶执盾俑

图3-155　石雕骑俑（河北望都2号东汉墓出土）

（孙机认为以上二例代表从平上帻向平巾帻的过渡型）

图3-156　望都壁画中的户伯

图3-157　望都壁画中榜题"下游激"的人物图像

图3-158　持畚（畬）箕俑　　　　图3-159　陶畚土俑　　　图3-160　武士俑

① 周锡保：《中国古代服饰史》，中国戏剧出版社，1984，第94-97页。

7. **赜**：深奥；幽深玄妙。《周易·系辞上》："圣人有以见天下之赜。"

8. **孝文**：即汉文帝。刘恒（前203年—前157年），西汉第五位皇帝（前180年—前157年在位）。

9. 周锡保认为四川省博物馆所藏的东汉俑戴的为帻，惟脑后有结状者（图3-163）。与此处"崇其巾为屋，合后施收"相近，其脑后之方结状，或即所谓收。余亦为帻式。重庆化龙桥出土的东汉庖厨人像的帻旁作二小耳（图3-164）。①

图3-161　山东沂南中室　　　　　　　图3-162　东汉庖厨人像（四川成都天回山出土）
南壁东段上的人物画像

  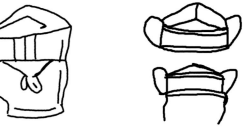

图3-163　东汉俑（四川省博物馆藏）　　　　　　图3-164　耳的样式
　　　　　　　　　　　　　　　　　　　　　　（根据《中国古代服饰史》临摹）

10. **纳言**：官名。职责本是出纳王命。《尚书·舜典》："命汝作纳言，夙夜出纳朕命，惟允。"孔安国传："纳言，喉舌之官，听下言纳于上，受上言宣于下，必以信。"王莽时改大司农曰纳言，改太常曰秩宗。纳言秩宗皆文职，但王莽也使其将兵征伐，"令七公六卿号皆兼称将军"，故又称纳言将军、秩宗将军（见《汉书·王莽传》）。《后汉书·隗嚣传》："纳言严尤，秩宗陈茂，举众外降。"《后汉书·光武帝纪》："伯升又破王莽纳言将军严尤、秩宗将军陈茂于淯阳。"

11. **章服**：古代官吏所服之礼服。后专指以日月星辰等十二章为纹饰的礼服，亦借指官服。《史记·孝文本纪》："盖闻有虞氏之时，画衣冠异章服以为僇，而民不犯。"

12. **青帻**：汉代郡国、县、道官吏迎春祭服。《后汉书·礼仪志》记载，立春日，郡国县道官下至斗食令史皆服青帻，立青幡，施土牛耕人于门外，以示兆民，至立夏。

---

① 周锡保：《中国古代服饰史》，中国戏剧出版社，1984，第97、99页。

13. 刘昭注：《独断》曰："帻，古者卑贱执事不冠者之所服也。董仲舒《止雨书》曰：'执事者皆赤帻'，知不冠者之所服也。元帝额有壮发，不欲使人见，始进帻服之，群臣皆随焉。然尚无巾，故言'王莽秃，帻施屋'。冠进贤者宜长耳，冠惠文者宜短耳，各随其宜。"《汉旧仪》曰："凡斋，绀帻；耕，青帻；秋貙刘，服绯帻。"

‖ 第三节　佩饰 ‖

古者君臣佩玉，尊卑有度；上有韨[1]，贵贱有殊。佩，所以章德，服之衷也。韨，所以执事，礼之共也。故礼有其度，威仪之制，三代同之。五霸迭兴，战兵不息，佩非战器，韨非兵旗，于是解去韨佩，留其系璲[2]，以为章表。故《诗》曰"鞙鞙佩璲"[3]，此之谓也。韨佩既废，秦乃以采组连结于璲，光明章表，转相结受，故谓之绶[4]。汉承秦制，用而弗改，故加之以双印佩刀之饰。至孝明皇帝[5]，乃为大佩[6]，冲牙[7]双瑀[8]璜[9]，皆以白玉。[10]乘舆落以白珠，公卿诸侯以采丝，其玉视冕旒，为祭服云。

【注释】

1. 韨：一说指祭服的蔽膝，用熟皮制成。刘昭注引徐广曰："韨如今蔽膝。"《礼记·玉藻》："一命缊韨幽衡，再命赤韨幽衡，三命赤韨葱衡。"郑玄注："此玄冕爵弁服之韠，尊祭服，异其名耳。韨之言亦蔽也。"孔颖达疏："他服称韠，祭服称韨。"《礼记·明堂位》："有虞氏服韨。"郑玄注："韨，冕服之韠也。舜始作之，以尊祭服。"《汉书·王莽传上》："于是莽稽首再拜，受绿韨衮冕衣裳。"颜师古注："此韨谓蔽膝也。"西周时期的两件玉人有个共同的特点就是腰下腹前各系一片斧形的装饰品，应该就是韨，后来叫做蔽膝。事实上就是形制不同的围裙，制作得特别精美，附以政治意义而已（图3-165、图3-166）。[①]宋人聂崇义、陈祥道都构拟过韨的样式，陈祥道还细分为天子、诸侯、大夫、士之韨（图3-167、图3-168）。目前出土形象中还没有发现汉代的韨。

一说通"绂"，指系印章或佩玉用的丝带。《汉书·游侠传·陈遵》："轻辱爵位，羞污印韨，恶不可忍闻。"颜师古注："此韨谓印之组也。"《汉书·诸侯王表》："奉上玺韨。"

---

① 沈从文：《中国古代服饰研究》，上海书店出版社，2002，第40页。

图3-165 西周佩韨玉人
（洛阳东郊出土）

图3-166 西周佩韨玉人
（天津历史博物馆藏）

图3-167 韨
宋聂崇义绘制（引自《新定三礼图》）

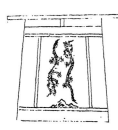

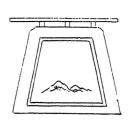

图3-168 天子、诸侯、大夫、士之韨
宋陈祥道绘制（引自《礼书》）

2. 璲：通"繸"，贯穿佩玉的丝条。刘昭注引徐广曰："今名'璲'为'繸'。"一说，
为贵族佩戴的一种瑞玉。《诗经·小雅·大东》："鞙鞙佩璲，不以其长。"毛传："璲，
瑞也。"郑玄笺："佩璲者，以瑞玉为佩。佩之鞙鞙然，居其官职，非其才之所长也，徒
美其佩而无其德。"

3. 语出《诗经·小雅·大东》。刘昭注："鞙鞙，佩玉貌。璲，瑞也。郑玄笺曰：'佩璲
者，以瑞玉为佩，佩之鞙鞙然。'"

4. 绶：丝带，多用来系印、环。《礼记·玉藻》："天子佩白玉而玄组绶，公侯佩山玄玉
而朱组绶，大夫佩水苍玉而纯组绶，世子佩瑜玉而綦组绶，士佩瓀玟而缊组绶，孔子佩象
环五寸而綦组绶。"郑玄注："绶者，所以贯佩玉相承受者也。"《说文解字·系部》："绶，

韍维也。"《史记·蔡泽列传》:"怀黄金之印,结紫绶于腰。"《太平御览·仪式部三》引应劭《汉官仪》:"绶者,有所授,以别尊卑,彰有德也。""绶长一丈二尺,法十二月;阔三尺,法天地人。"卫宏《汉官旧仪》:"秦以前民皆佩绶,以金玉银铜犀象为方寸玺,各服所好。"宋人陈祥道描绘过绶的形制(图3-169)。沈从文认为"组、绶同属丝织带子类织物,组多用来系腰,是一条较窄狭具实用意义的丝绦,绶则约二指宽织有丙丁纹的丝绦,用不同颜色和绪头多少分别等级,和官印一同由朝廷颁发,通称'印绶'(或称'玺绶')。印分玉、金、银、铜,绶有长短及不同颜色。照法律规定,退职或死亡,应一同缴还。关于组绶制度,《汉官仪》《后汉书·舆服志》《汉百官志》《董巴舆服志》均有记载。由于时间有先后,前后情形不尽相同。以《汉官仪》记载比较详尽具体。因记载长短宽窄不一律,帝王有长过二丈的,短的也到一丈七八尺。当时如何佩带,文献上说不清楚,从画刻上反映,才比较明确。原来挂在右腰一侧。除本图所见(图2-219),山东嘉祥武氏祠石刻和其他石刻,也常可发现,惟不如本图明确具体。汉尺约当市尺六寸半,以一丈八计,事实上不过市尺一丈左右,是把它打一大回环让剩余部分下垂的。贮绶有绶囊,平时佩于腰间,用皮革作成的叫'鞶囊'。画虎头形象叫'虎头鞶囊'。图中所见为惟一形象,其他画刻少见。"[①]

图3-169 组绶 宋陈祥道绘制(引自《礼书》)

① 沈从文:《中国古代服饰研究》,上海书店出版社,2002,第153-155页。

5. 孝明皇帝： 刘庄（28—75 年），本名刘阳，字子丽，东汉王朝第二位皇帝（57—75 年在位）。

6．大佩： 组玉佩，通常称杂佩。一般说来，由珩、璩、璜、冲牙、琚和瑀等再加上其他一些配件组成。《诗经·郑风·有女同车》："将翱将翔，佩玉琼琚……将翱将翔，佩玉将将。"孔颖达正义曰："然其将翱将翔之时，所佩之玉是琼琚之玉，言其玉声和谐行步中节也。此解锵锵之意，将动而玉已鸣。"《康熙字典》"琚"字下解释说："佩有珩者，佩之上横者也。下垂三道，贯以蠙珠。璜如半璧，系于两旁之下端。琚如圭而正方，在珩璜之中，瑀如大珠，在中央之中，别以珠贯，下系于璜，而交贯于瑀，复上系于珩之两端。冲牙如牙，两端皆锐，横系于瑀下，与璜齐，行则冲璜出声也。"宋代以来，对佩玉考证者很多，做出过一些设想图（图3-170～图3-173）。信阳战国楚墓出土的彩绘木俑标本 2-154 的胸、腹部绘有成组的饰物，如珠、璜，彩结和彩环等。珠、璜白色，彩结红色，绳纽和彩环橙黄色。饰物的串连方法：上部用交叉的锦带穿系彩结和彩环，下分左右两串，每串从上向下各穿五珠，并用彩结和彩环穿连玉璜，璜下再穿三珠、彩结和彩环（图3-174）。标本 2-168 和 2-147 胸前串饰是由彩带、彩结、彩环和珠、璜组成的（图3-175、图3-176）。[①] 关于先秦的组玉佩可以参看孙机的《周代的组玉佩》一文[②]。西汉南越王墓出土的几组玉佩可以反映出汉代大佩的情形。在前室殉人的棺板灰痕位置内，有一套组玉佩饰，由 3 璧、2 璜、2 环和 1 个鎏金的铜环组成，串系各饰件的组带已朽无痕，但各饰件的出土位置在纵长 90 厘米的距离内，方向由北而南，器件由小而大排列成行，组合有序（图3-177）。在主棺室玉衣上，从胸部至腹下发现有透雕的玉璧、玉璜、玉人和金、玉、玻璃珠饰等许多小件，分布范围南北长约 85 厘米、东西宽约 50 厘米。有的器件上面还有丝绢的组带残留，表明这是一串大型的组玉佩饰，覆置于组玉璧之上。出土时饰物已散乱，发掘者对其进行了复原（图3-178）。[③] 埋葬殉夫人的东侧室出土了七组玉佩：A 组由连体双龙珮 1 件、玉环 2 件、三凤涡纹璧 1 件、玉璜 5 件、玻璃珠 1 粒、金珠 10 粒组成。应该属右夫人所有。这组 9 件玉饰，除连体双龙珮呈黄白色有光泽，玉质坚致之外，其余均为灰白或玳白色，玉佩雕工精细（图3-179）。

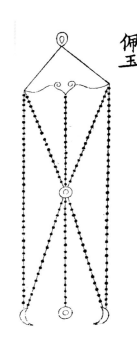

图3-170　佩玉
宋聂崇义（引自《新定三礼图》）

① 河南省文物研究所：《信阳楚墓》，文物出版社，1986，第 114 页。
② 孙机：《周代的组玉佩》，《文物》，1998 年第 4 期，第 4-14 页。
③ 广州市文物管理委员会、中国社会科学院考古研究所、广东省博物馆：《西汉南越王墓（上册）》，文物出版社，1991，第 33、199 页。

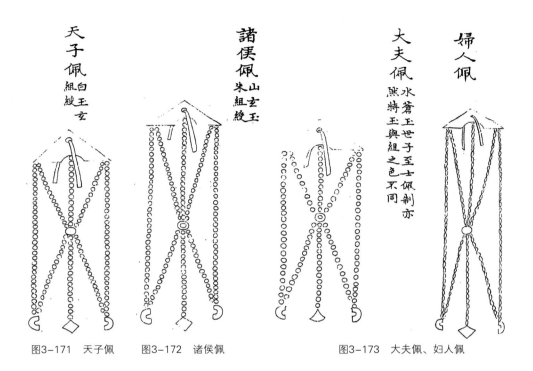

图3-171　天子佩　　图3-172　诸侯佩　　　　图3-173　大夫佩、妇人佩

宋陈祥道绘制（图3-171～图3-173引自《礼书》）

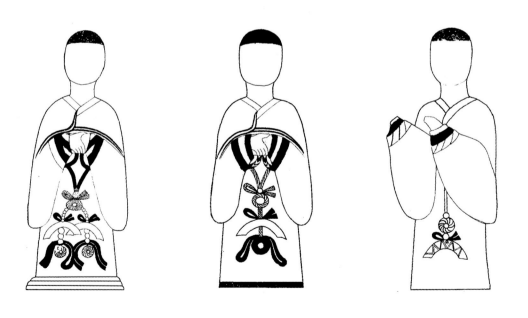

图3-174　标本2-154　　　　图3-175　标本2-168　　　　图3-176　标本2-147

（图3-174～图3-176均为河南信阳楚墓出土的战国彩绘木俑）

B 组出土于右夫人棺位西侧，计有玉环、玉璜、玉管各 2 件，玉舞人 1 件。此组佩饰玉质坚硬，质料较 A 组好（图 3-180）。C 组出土于"左夫人印"鎏金铜印附近，由玉璧 1 件、玉璜 3 件、玉片 1 件、玉佩 1 件、花蕾形玉饰 1 件组成（图 3-181）。D 组出土于"泰夫人印"鎏金铜印旁，由玉玦、透雕龙凤纹璧、玉璧、玉璜各 1 件组成（图 3-182）。E 组出土于"（部）夫人印"鎏金铜印附近，由玉璧、玉舞人、玉璜各一件和玉觿 2 件所组成（图 3-183）。F 组出土于室内西北部，由玉璜 1 件、玉璧 3 件组成（图 3-184）。G 组出土于室内北部，在 F 组的东南边，由玉璧 1 件、玉佩 1 件、玉璜 3 件所组成（图 3-185）。[①]

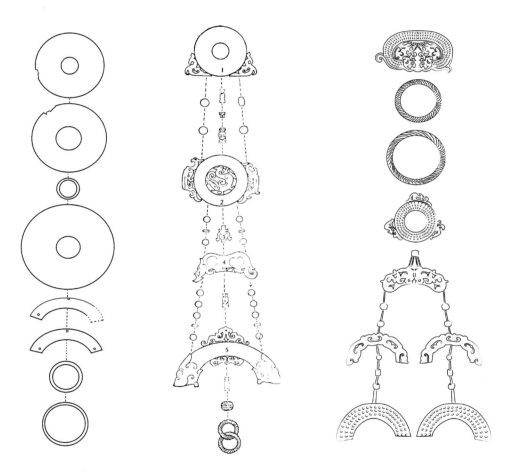

图3-177　南越王墓前室组玉佩复原图　　　图3-178　南越王墓主棺室组玉佩复原图　　　图3-179　南越王墓东侧室A组玉佩复原图

---

① 广州市文物管理委员会、中国社会科学院考古研究所、广东省博物馆：《西汉南越王墓（上册）》，文物出版社，1991，第 240-247 页。

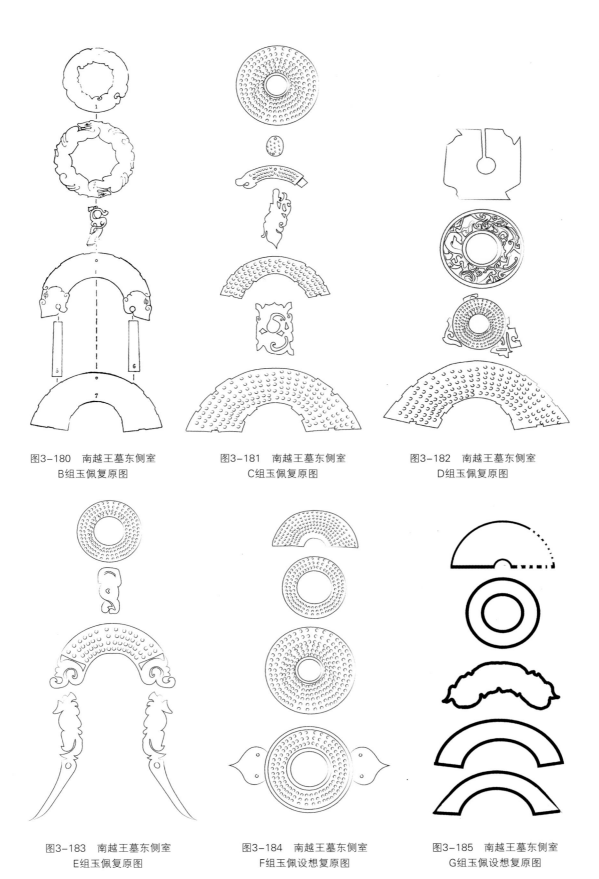

图3-180　南越王墓东侧室　　　　图3-181　南越王墓东侧室　　　　图3-182　南越王墓东侧室
B组玉佩复原图　　　　　　　　C组玉佩复原图　　　　　　　　D组玉佩复原图

图3-183　南越王墓东侧室　　　　图3-184　南越王墓东侧室　　　　图3-185　南越王墓东侧室
E组玉佩复原图　　　　　　　　F组玉佩设想复原图　　　　　　G组玉佩设想复原图

7. 冲牙：周代佩玉部件之一。也有观点认为冲和牙是两种不同部件。一般认为居于玉佩中央。《礼记·王藻》："佩玉有冲牙。"郑玄注："居中央以前后触也。"孔颖达疏："凡佩玉必上系于衡（珩），衡下垂三道穿以蠙珠，下端前后，以悬于璜中央，下端系以冲牙。动则前后触璜而为声，所触之玉，其形似牙，故曰冲牙。皇氏谓，冲居中央，牙是外畔两边之璜，以冲牙为二物。若如皇说，郑何得云牙居中央，以为前后触也。"出土玉佩中很难确认何为冲牙，宋人陈祥道构拟过其形制（图3-186）。近人郭宝钧曾拟定过战国佩玉图，其中将冲和牙处理为二（图3-187）。[①]

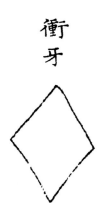

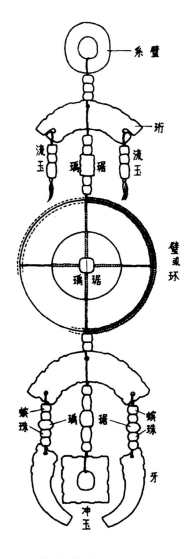

图3-186　冲牙　宋陈祥道绘制（引自《礼书》）　　　图3-187　郭宝钧绘制战国时代佩玉复原图

8. 瑀：似玉的美石。也是佩玉部件之一。《诗经·郑风·女曰鸡鸣》："杂佩以赠之。"毛传："杂佩者，珩、璜、琚、瑀、冲牙之类。"郑玄笺："瑀，石次玉也。"一说为大珠。朱熹《集传》："杂佩者，左右佩玉也。上横曰珩，下系三组，贯以蠙珠。中组之半贯一大珠，曰瑀。末悬一玉，两端皆锐，曰冲牙。"俞樾《〈诗〉名物证古》："《续汉舆服志》：'孝明皇帝，乃为大佩，冲牙双瑀璜，皆以白玉。'汉人近古，当有所据。知瑀必以玉为之，且有双瑀，朱子谓中组贯大珠曰瑀，未必然也。"《说文解字·玉部》："瑀，石之似玉者。"徐铉注："按诗传佩玉琚瑀以纳其间。"《周礼·天官·玉府》："共王之服玉、佩玉、珠玉。"贾公彦疏："案《毛诗》传，衡璜之外，别有琚瑀，其琚瑀所置，当于悬冲牙组之中央。"宋人陈祥道拟定过琚瑀的形象（图3-188）。

---

① 郭宝钧：《古玉新铨》，载《中研院历史语言研究所集刊论文类编：考古编（一）》，中华书局，2009，第245页。

9. 璜: 半璧形的玉。也是组玉佩上的部件。《说文解字·玉部》:"璜,半璧也。"《康熙字典》"璜":"《诗·郑风·杂佩以赠之传》'杂佩,珩璜琚瑀冲牙之类。'《释文》:'半璧曰璜。佩上有衡,下有二璜,作牙形于其中,以前冲之,使关而相击也。璜为佩下之饰,有穿孔胃系之处。'"《周礼·春官·大宗伯》:"以玄璜礼北方。"郑玄注:"半璧曰璜,象冬闭藏,地上无物,唯天半见。"《楚辞·招魂》:"纂组绮缟,结琦璜些。"王逸注:"璜,玉名也……玉璜为帷帐之饰也。"宋人陈祥道根据"半璧曰璜"的说法将璜构拟成半璧形(图3-189)。但是在出土发掘时,很多弧形玉、石器,多被称作璜。新蔡葛陵楚墓出土一件完整玉璜,呈淡绿色,质地较纯净,弧形,双面饰双线勾连纹。其中上部有一小圆形穿孔,孔径0.3～0.32厘米。通长27.0厘米,宽4.0厘米,厚0.5厘米(图3-190)。[①]汉代玉璜可以从南越王墓出土的组玉佩上看到(见图3-177～图3-185)。

10. 刘昭注:《诗》云:"杂佩以赠之。"毛苌曰:"珩、璜、琚、瑀,冲牙之类。"《月令章句》曰:"佩上有双衡,下有双璜,琚瑀以杂之,冲牙蠙珠以纳其间。"《玉藻》曰:"右征角,左宫羽,进则揖之,退则扬之,然后玉锵鸣焉。"《纂要》曰:"琚瑀所以纳间,在玉之间,今白珠也。"

图3-188 琚瑀
宋陈祥道绘制(引自《礼书》)

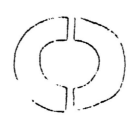

图3-189 璜
宋陈祥道绘制(引自《礼书》)

图3-190 玉璜(河南新蔡葛陵楚墓出土)

---

① 河南省文物考古研究所:《新蔡葛陵楚墓》,大象出版社,2003,第137页。

佩刀[1]，乘舆黄金通身貂错[2]，半鲛鱼鳞，金漆错，雌黄[3]室，五色罽隐室华。[4]诸侯王黄金错，环挟半鲛[5]，黑室。公卿百官皆纯黑，不半鲛。小黄门雌黄室，中黄门朱室，童子皆虎爪文，虎贲黄室虎文，其将白虎文，[6]皆以白珠鲛为鐕[7]口之饰。乘舆者，加翡翠山，纡婴其侧。[8]

【注释】

1. 佩刀： 刀的出现很早，但早期的刀多是短刀。河南安阳殷墟花园庄东地商代 M54 墓出土过五把商代铜刀，长度都是 30 厘米上下，刀身宽 3 厘米上下。[①]（图 3-191）战国末年，骑兵作为独立的兵种出现，促使长刀这种劈砍式的武器逐渐成为流行的武器。到了秦末汉初，成建制地大量使用骑兵作战，长刀的使用更为普及。汉代的刀多是环首刀，也就是刀柄末端制成扁圆的环状（图 3-192），材质多用铁，甚至钢。从目前出土的情况看有短刀，也有长刀。河北满城 2 号汉墓出土过两束短刀，一束 39 件，一束 8 件，刀首扁圆，一种作首尾相连的环曲兽形（图 3-193），一种作单纯的扁圆环形。带鞘长度在 15 ～ 18 厘米，最

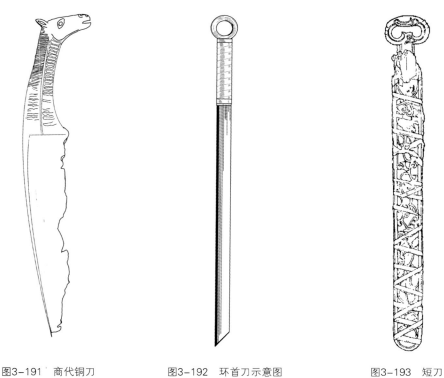

图3-191　商代铜刀　　　　　图3-192　环首刀示意图　　　　图3-193　短刀
（河南安阳殷墟花园庄东地商代　　　　　　　　　　　　　　　（河北满城2号汉墓出土）
M54墓出土）

① 中国社会科学院考古研究所：《安阳殷墟花园庄东地商代墓葬》，科学出版社，2007，第165页。

短 11 厘米，最长 21.5 厘米。[1] 仪征新集螃蟹地 7 号西汉晚期墓出土的铁刀，斜锋，直背直刃，长 39 厘米、宽 2.8 厘米（图 3-194）。[2] 山东徐家营 218 号汉墓出土的环首铁刀，完整的通长 43 厘米。[3] 长刀又称大刀。1974 年，山东临沂苍山征集到东汉永初六年（112 年）铁刀一件，刀全长 111.5 厘米，刀身宽 3 厘米，刀背厚 1 厘米。环首呈椭圆形，环内径 2 ～ 3.5 厘米，刀身有金错火焰纹和隶书铭文："永初六年五月丙午造卅涷大刀吉羊"十五字（图 3-195）。湖南资兴东汉墓出土环首刀六件，背直，刀末斜刃，椭圆形环或扁环内卷。有的环上尚残留麻布和细丝绢，刀把上粘有朽木，刀身亦粘有朽木和残绢，可见原装木把和刀鞘。长度为 68.5 ～ 74.5 厘米（图 3-196）。[4] 陆锡兴认为短刀可以分为两种长度：一种长 22 ～ 23 厘米，合汉尺一尺左右，即所谓"尺刀"；另一类长 40 ～ 50 厘米，合汉尺二尺左右，即《东观汉记》记赐邓遵的"尺八佩刀"。汉代初期，环首短刀也是佩刀，文武均可使用，文吏用其作书刀，

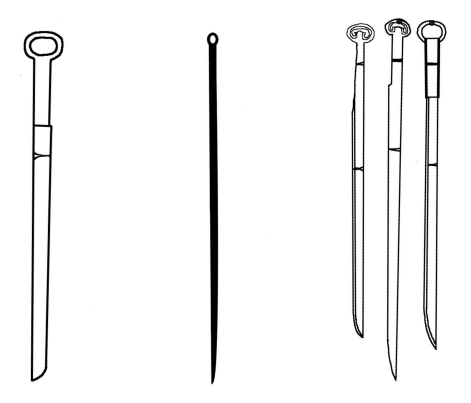

图3-194　短刀　　　　　图3-195　东汉永初六年铁刀　　　　图3-196　东汉环首刀
（江苏仪征新集螃蟹地七号墓出土）　　　　　　　　　　　　　　　　（湖南资兴东汉墓出土）

---

① 中国社会科学院考古研究所、河北省文物管理处：《满城汉墓发掘报告（上）》，文物出版社，1980，第 277-279 页。
② 仪征市博物馆：《仪征新集螃蟹地七号汉墓发掘简报》，《东南文化》，2009 年第 4 期，第 48 页。
③ 山东省文物考古研究所：《鲁中南汉墓》，文物出版社，2009，第 502、513 页。
④ 湖南省博物馆：《湖南资兴东汉墓》，《考古学报》，1984 年第 1 期，第 95 页。

武吏用其防身。同时认为汉代环首刀是长短搭配使用的，在沂南白庄东汉画像石中充分显示了长短刀的不同用法，前者短刀佩于身，后者大刀扛于肩（图3-197），（作者未列图像，根据所述内容看应是临沂白庄汉墓出土画像石）两者并行不废。① 从出土实物来看，长刀也可以佩带，如满城1号汉墓出土的铁刀，刀身细长，刀背平直，断面呈楔形。刀茎略窄于刀身，断面亦呈楔形，茎外夹以木片，用麻缠紧，涂以褐漆，其外自下而上绕以0.3厘米粗的丝缑。环首上用0.4厘米宽的长带状金片包缠。在离鞘口11.5厘米处突起一长方形座，出土时，座上附一金带鐍，应作佩刀之用。残长62.7厘米、刀身残长46.8厘米、宽4.2厘米、柄宽3.7厘米、环径6.4厘米（图3-198）。② 河南陕县刘家渠出土的长刀，长度为108～114厘米，都出土在死者腰际。其中一件出土于死者腰左侧，小带钩系佩着（图3-199）。③ 山东滕县西户口画像石上有佩带长刀的形象（图3-200）。④

2. 错： 用金涂饰，镶嵌。《说文解字·金部》："错，金涂也。今所谓镀金。俗字作镀。"

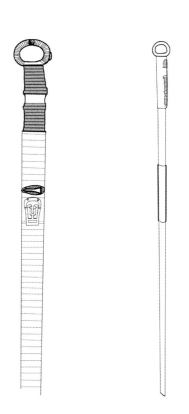

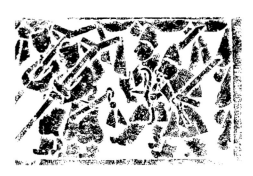

图3-197　汉画像石（山东临沂白庄汉墓出土）

图3-198　铁刀　　　　图3-199　铁刀　　　　图3-200　山东滕县西户口画像石
（河北满城1号汉墓出土）　河南陕县刘家渠出土

① 陆锡兴：《论汉代环首刀》，《南方文物》，2013年第4期，第74-77页。
② 中国社会科学院考古研究所、河北省文物管理处：《满城汉墓发掘报告（上）》，文物出版社，1980，第105页。
③ 黄河水库考古工作队：《河南陕县刘家渠汉墓》，《考古学报》，1965年第1期，第157-158页。
④ 山东省博物馆、山东省文物考古研究所：《山东汉画像石选集》，齐鲁书社，1982，第145页。

段玉裁注："谓以金措其上也。或借为措字。措者，置也。"《国语·晋语八》："而能金玉其车，文错其服，能行诸侯之贿。"韦昭注："错，错镂。"满城2号汉墓出土的铁短刀，"刀、鞘已锈蚀在一起，经X光透视，发现刀身与首部均错金，纹样为流云纹"。[1]河北定县43号汉墓出土的铁刀，长105厘米，镡部以上刀背及两侧有精美的错金涡纹和流云纹图案。[2]定县43号墓被认为是东汉中山王刘畅的墓，杨泓认为其所出土的错金铁刀符合"诸侯王黄金错"的规定。[3]2011年，中国国家博物馆征集到一把东汉错金钢刀，刀长79.8厘米，环首，上有嵌金几何形卷纹饰，镡部以上、刀背两侧有错金流云纹图案，间有羽饰。研究者认为应当为专供皇帝使用之物。[4]

3. 雌黄： 矿物名。即三硫化二砷，半透明，柠檬黄色，有毒，能杀菌灭虫。《史记·司马相如列传》："其土则丹青赭垩，雌黄白附，锡碧金银，众色炫耀，照烂龙鳞。"张守节正义："雌黄出武都山谷，与雄黄同山。"《汉书·西域传下·姑墨国》："〔姑墨国〕出铜、铁、雌黄。"

4. 室： 刀、剑的鞘；也可以指印匣。《史记·刺客列传》："秦王惊，自引而起，袖绝。拔剑，剑长，操其室。"司马贞索隐："室谓鞘也。"《西京杂记》卷四："以武都紫泥为玺室，加绿绨其上。"汉代刀鞘多是竹木制成，外缠各色丝麻。满城1号汉墓长刀刀鞘保存较好，是用两木片挖槽弥合而成。鞘外先缠以麻，再裹多层丝织品，最后髹朱红色漆，外表似绦带缠绕状。满城2号汉墓出土的铁短刀，双层鞘，外鞘以象牙制成，雕镂十分精美，正面透雕勾连卷云纹，背面平素无纹饰。鞘外用丝带交叉缠绕，并涂漆加固（见图3-193）。内鞘为木质，经X光透视，木鞘正面贴有金片，组成云纹图样。单层鞘为木鞘，鞘里衬一层皮革，鞘外用丝线或粗纱之类加以缠绕加固，鞘口用革类紧箍，以防破裂，最后涂漆。[5]

5. 环挟半鲛： 孙机在《中国古代的禽兽纹刀环及其对海东的影响》一文中将此句断作："诸侯王黄金错环、挟，半鲛墨室。"同时指出："挟通夹，即刀柄。"[6]鲛通"蛟"，是一种龙。《礼记·中庸》："今夫水，一勺之多，及其不测，鼋鼍鲛龙鱼鳖生焉，货财殖焉。"陆德明释文："鲛，本又作蛟。"陆锡兴指出汉代刀环表面包金、错金，一体式环刀常做成瑞兽佳禽等形象。[7]从出土情况看，满城2号汉墓铁短刀刀首作"卷曲兽

① 中国社会科学院考古研究所、河北省文物管理处：《满城汉墓发掘报告（上）》，文物出版社，1980，第277–279页。
② 定县博物馆：《河北定县43号汉墓发掘简报》，《文物》，1973年第11期，第10页。
③ 杨泓：《中国古兵器论丛（增订本）》，文物出版社，1985，第125页。
④ 田率：《对东汉永寿二年错金钢刀的初步认识》，《中国国家博物馆馆刊》，2013年第2期，第65–72页。
⑤ 中国社会科学院考古研究所、河北省文物管理处：《满城汉墓发掘报告（上）》，文物出版社，1980，第105、277、279页。
⑥ 孙机：《中国古代的禽兽纹刀环及其对海东的影响》，载巫鸿主编《汉唐之间文化艺术的互动与交融》，文物出版社，2001，第547页。
⑦ 陆锡兴：《论汉代环首刀》，《南方文物》，2013年第4期，第78页。

形"（见图 3-193），盱眙大云山西汉江都王陵 2 号墓出土的铁刀（发掘者认为是铁削）已经腐朽，只留下环首，环首为鎏金龙形铜首，身体卷曲合成环形（图 3-201）。[①] 样式与满城 2 号汉墓出土者相近。

6. 孙机指出山东滕县西户口画像石中佩刀者之刀鞘饰以斑条纹（见图 3-200），似即《续

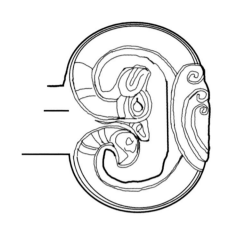

图3-201　铁刀环首（江苏盱眙大云山西汉江都王陵2号墓出土）

汉书·舆服志》所称，佩刀"虎贲黄室虎文，其将白虎文"之虎纹刀室。[②]

7. 鐛：或写作"镖"。刀锋。刘昭注引《通俗文》曰："刀锋曰鐛。"《类篇·金部》："刀锋曰鐛，或省作镖。"

8. 刘昭注：《左传》曰："藻繂鞞鞛。"杜预曰："鞞，佩刀削上饰。鞛，下饰也。"郑玄《诗》笺曰："既爵命赏赐，而加赐容刀有饰，显其能制断也。"《春秋繁露》曰："剑之在左，青龙之象也。刀之在右，白虎之象也。韨之在前，朱鸟之象也。冠之在首，玄武之象也。四者，人之盛饰也。"臣昭案：自天子至于庶人，咸皆带剑。剑之与刀，形制不同，名称各异，故萧何剑履上殿，不称为刀，而此志言不及剑，如为未备。

杨泓指出西汉时期自皇帝至百官，上朝和一些礼仪场合无不佩剑，但平时常常带刀，尤其是军队中的将领更是如此。到了东汉初年，皇帝常在赐给臣子剑的同时赐给佩刀。随着刀的流行，佩刀也已成为封建王朝规定的一种舆服制度，因此《舆服志》中特别对佩刀的制度重点叙述一番。[③]

---

① 南京博物院、盱眙县文广新局：《江苏盱眙大云山江都王陵二号墓发掘简报》，《文物》，2013 年第 1 期，第 34 页。

② 孙机：《汉代物质文化资料图说》，文物出版社，1991，第 135 页。

③ 杨泓：《中国古兵器论丛（增订本）》，文物出版社，1985，第 125 页。

佩双印[1]，长寸二分，方六分。乘舆、诸侯王、公、列侯以白玉，中二千石以下至四百石皆以黑犀，二百石以至私学弟子皆以象牙。上合丝，乘舆以縢[2]贯白珠，赤罽蕤，诸侯王以下以綟[3]赤丝蕤，縢、綟各如其印质。刻书文曰："正月刚卯既决，灵殳四方，赤青白黄，四色是当。帝令祝融，以教夔龙，庶疫刚瘅，莫我敢当。疾日严卯，帝令夔化，慎尔周伏，化兹灵殳。既正既直，既觚既方，庶疫刚瘅，莫我敢当。"凡六十六字。[4]

【注释】

1. 双印： 刚卯与严卯的合称。汉代人用以辟邪的佩饰，其上刻有辟邪内容的文字。《汉书·王莽传中》："正月刚卯，金刀之利，皆不得行。"颜师古注："服虔曰：'刚卯，以正月卯日作佩之，长三寸，广一寸，四方；或用玉，或用金，或用桃，著革带佩之。今有玉在者，铭其一面曰：正月刚卯。'晋灼曰：'刚卯长一寸，广五分，四方。当中央从穿作孔，以采丝葺其底，如冠缨头蕤。刻其上面，作两行书。文曰：正月刚卯既央，灵殳四方，赤青白黄，四色是当。帝令祝融，以教夔龙，庶疫刚瘅，莫我敢当。其一铭曰：疾日严卯，帝令夔化，顺尔固伏，化兹灵殳。既正既直，既觚既方，庶疫刚瘅，莫我敢当。'今往往有土中得玉刚卯者，案大小及文，服说是也。"从颜师古注引之文可见，尺寸方面《舆服志》所记与晋灼所言相差不大，与服虔相差较多。安徽亳州凤凰台1号汉墓出土刚卯两件，玉质阳白，长方形，中有穿孔，可以佩带，形体很小，高约2.2厘米，面1厘米见方。每件分四面，每面有字二行，行四字，唯第一件第一行六字，故第一件34字，第二件32字。文字与《舆服志》记载相差不大（图3-202）。①

图3-202　刚卯、严卯　安徽亳县汉墓出土

---

① 亳县博物馆：《亳县凤凰台一号汉墓清理简报》，《考古》，1974年第3期，第190页。

2. **滕**：绳索。《诗经·鲁颂·閟宫》："公车千乘，朱英绿滕。"毛传："滕，绳也。"《庄子·胠箧》："将为胠箧、探囊、发匮之盗而为守备，则必摄缄滕，固扃鐍。"成玄英疏："缄，结。滕，绳。"《礼记·少仪》："甲不组滕。"郑玄注："组滕，以组饰之，及紟带也。"

3. **綬**：佩挂印章的丝带。《类篇·系部》："綬，佩印系。"《集韵·莫韵》："綬，佩印系。"

4. 刘昭注引《前书》（《汉书》）注云："以正月卯日作。"

乘舆黄赤绶，四采，黄赤缥[1]绀[2]，淳黄圭，长丈九尺九寸，五百首[3]。

【注释】

1. **缥**：青白色。《说文解字·系部》："缥，帛白青色也。"段玉裁注："缥，《礼记正义》谓之碧。《释名》曰：缥犹漂。漂，浅青色也。有碧缥，有天缥，有骨缥，各以其色所象言之也。"

2. **绀**：深青透红之色。比缬色要浅。《说文解字·系部》："绀，深青而扬赤色也。"《释名·释采帛》："绀，合也。青而含赤色也。"《论语·乡党》："君子不以绀缬饰。"

3. **首**：绶、组的计数单位。《说文解字·系部》："絩，绮丝之数也。《汉律》曰：绮丝数谓之絩，布谓之緫，绶、组谓之首。"

刘昭注：《汉旧仪》曰："玺皆白玉螭虎纽，文曰'皇帝行玺''皇帝之玺''皇帝信玺''天子行玺''天子之玺''天子信玺'，凡六玺。皇帝行玺，凡封之玺赐诸侯王书；信玺，发兵征大臣；天子行玺，策拜外国，事天地鬼神。玺皆以武都紫泥封，青囊白素里，两端无缝，尺一板中约署。皇帝带绶，黄地六采，不佩玺。玺以金银滕组，侍中组负以从。秦以前民皆佩绶，金、玉、银、铜、犀、象为方寸玺，各服所好。奉玺书使者乘驰传。其驿骑也，三骑行，昼夜千里为程。"《吴书》曰："汉室之乱，天子北诣河上，六玺不自随，掌玺者投井中。孙坚北讨董卓，顿军城南，官署有井，每旦有五色气从井出。坚使人浚得传国玺。其文曰'受命于天，既寿永昌'。方围四寸，上有组文盘五龙，瑎七寸管，龙上一角缺。"《献帝起居注》曰："时六玺不自随，及还，于阁上得。"《晋阳秋》曰："冉闵大将军蒋干以传国玺付河南太守戴施，施献之，百僚皆贺。玺光照洞彻，上蟠螭文隐起，书曰'（旻）〔昊〕天之命，皇帝寿昌'。秦旧玺也。"徐广曰："传国玺文曰'受天之命，皇帝寿昌。'"

诸侯王赤绶，[1] 四采，赤黄缥绀，淳赤圭，长二丈一尺，三百首。[2]

【注释】

1. 刘昭注引徐广曰："太子及诸王金印，龟纽，纁朱绶。"
2. 刘昭注引荀绰《晋百官表注》曰："皇太子朱绶，三百二十首。"

太皇太后、皇太后，其绶皆与乘舆同，皇后亦如之。[1]

【注释】

1. 王先谦集解引惠栋曰："《独断》曰：'皇后赤绶。'徐广曰：'皇后金玺。'"

长公主[1]、天子贵人[2]与诸侯王同绶者，加特[3]也。

【注释】

1. **长公主：** 汉代皇帝的姊妹或皇女之尊崇者的封号，仪服同藩王。《汉书·昭帝纪》："帝姊鄂邑公主益汤沐邑，为长公主，共养省中。"《后汉书·皇后纪下》："汉制，皇女皆封县公主，仪服同列侯。其尊崇者，加号长公主，仪服同蕃王。"
2. **贵人：** 东汉光武帝始置，地位次于皇后。《后汉书·皇后纪序》："及光武中兴，斫雕为朴，六宫称号，唯皇后、贵人。贵人金印紫绶，奉不过粟数十斛。"
3. **加特：** 加是增加，特是特许。加特在这里意指给予特殊的恩宠。

诸国贵人、相国皆绿绶，三采，绿紫绀，淳绿圭，长二丈一尺，二百四十首。[1]

【注释】

1. 刘昭注：《前书（汉书）》曰："相国、丞相皆秦官，金印紫绶。高帝相国绿绶。"徐广曰："金印绿緺绶。"緺音戾，草名也。以染似绿，又云似紫。紫绶名綟绶，綟音瓜，其色青紫。緺字亦鼇，音同也，传写者误作'綟'。公加殊礼，皆服之。何承天云："綟音娲。青紫色绶。緺，紫色也。"

汉代，汉高祖即位时设置丞相，后来改为相国。《汉书·百官公卿表上》："高帝即位，置一丞相，十一年更名相国，绿绶。"汉代，各王国、侯国也都设有相。《后汉书·百官志五》："皇子封王，其郡为国，每置傅一人，相一人，皆二千石。本注曰：……相如太守。"又："列侯，所食县为侯国。……每国置相一人，其秩各如本县。"

公、侯、将军紫绶，二采，紫白，淳紫圭，长丈七尺，百八十首。[1] 公主封君服紫绶。[2]

【注释】

1. 刘昭注：《前书》曰："太尉金印紫绶。御史大夫位上卿，银印青绶，成帝更名大司空，金印紫绶。将军亦金印。"《汉官仪》曰："马防为车骑将军，银印青绶，在卿上，绝席。和帝以窦宪为车骑将军，始加金紫，次司空。"

班固的记载与此相近。《汉书·百官公卿表上》："相国、丞相……皆金印紫绶。""太尉，秦官，金印紫绶，掌武事。……成帝绥和元年赐大司马金印紫绶。""太傅……金印紫绶。""太师、太保……金印紫绶。""前后左右将军……金印紫绶。"

2. 王先谦集解引惠栋曰："《汉官仪》曰：'丞相、御史大夫，匈奴亦同。'"

九卿、中二千石、二千石青绶[1]，三采，青白红，淳青圭，长丈七尺，百二十首。自青绶以上，綖皆长三尺二寸，与绶同采而首半之。綖者，古佩璲也。佩绶相迎受，故曰綖。紫绶以上，綖绶之间得施玉环鐍[2]云。

【注释】

1. **青绶**：王先谦集解引惠栋曰："《博物志》曰：'光武嫌二千石绶不青而细，朱浮议更用青羽。'"刘昭注："一号青绀绶。"班固的记载与此相同。《汉书·百官公卿表上》："凡吏秩比二千石以上，皆银印青绶，光禄大夫无。""御史大夫……银印青绶。"

2. **环鐍**：类似今天的皮带套环。刘昭注："《通俗文》曰：'缺环曰鐍。'《汉旧仪》曰'其断狱者印为章'也。"《说文解字·角部》："觼，环之有舌者。鐍，觼或从金、矞。"早期的鐍舌为固定的，如西沟畔战国墓葬中出土的带鐍，一端为圆环形，带有外向钩，一端为方形钮（图3-203）。[①]战国以来逐渐出现了活舌，如满城1号汉墓出土金、银带銙各一件，略呈长方形，一端较大作圆角。中心镂空，其上作钮安钎。大端有小孔四对，当用于穿线缝著在带上（图3-204）。[②]关于带扣，参看孙机的论文《东周、汉、晋腰带用金银带扣》[③]。

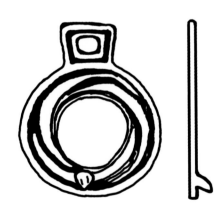

图3-203 带鐍（内蒙古西沟畔战国墓出土）

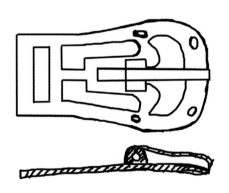

图3-204 银带銙（河北满城1号汉墓出土）

① 伊克昭盟文物工作站、内蒙古文物工作队：《西沟畔匈奴墓》，《文物》，1980年第7期，第5页。
② 中国社会科学院考古研究所、河北省文物管理处：《满城汉墓发掘报告（上）》，文物出版社，1980，第117页。
③ 孙机：《中国圣火：中国古文物与东西文化交流中的若干问题》，辽宁教育出版社，1996，第64—86页。

千石、六百石黑绶[1]，三采，青赤绀，淳青圭，长丈六尺，八十首。四百石、三百石长同。

【注释】

1. **黑绶**：刘昭注引《汉官》曰："尚书仆射，铜印青绶。"班固的记载不包括千石。《汉书·百官公卿表上》："秩比六百石以上，皆铜印黑绶……绥和元年，长、相皆黑绶。"

四百石、三百石、二百石黄绶[1]，一采，淳黄圭，长丈五尺，六十首。自黑绶以下，继绶皆长三尺，与绶同采而首半之。

【注释】

1. **黄绶**：《汉书·百官公卿表上》："凡吏秩比二千石以上，皆银印青绶……比二百石以上，皆铜印黄绶。"《汉书》卷八十三《朱博传》："欲言县丞尉者，刺史不察黄绶，各自诣郡。"颜师古注："丞尉职卑皆黄绶。"

百石青绀绶[1]，一采，宛转缪织圭，长丈二尺[2]。

【注释】

1. **青绀绶**：又称青纶。为有秩啬夫所佩青丝绶。《后汉书·仲长统传》："豪人货殖，馆舍布于州郡，田亩连于方国，身无半通青纶之命，而窃三辰龙章之服。"李贤注引《十三州志》曰："有秩啬夫，得假半章印。"又引郑玄注《礼记》曰："纶，今有秩啬夫所佩也。"

2. 刘昭注：丁孚《汉仪》载太仆、太中大夫襄言："乘舆绶，黄地冒白羽，青绛绿五采，四百首，长二丈三尺。诏所下王绶，冒亦五采，上下无差。诸王绶四采，绛地冒白羽，青黄去缘，二百六十首，长二丈一尺。公主绶如王。侯，绛地，绀缥三采，百二十首，长丈八尺。二千石绶，羽青地，桃华缥三采，百二十首，长丈八尺。黑绶，羽青地，绛二采，八十首，长一丈七尺。黄绶一采，八十首，长丈七尺。以为例程。民织绶不如式，没入官，犯者为不敬。二千石绶以上，禁民无得织以粉组。"皇太后诏可，王绶如所下。

凡先合单纺为一系，四系为一扶，五扶为一首，五首成一文，文采淳为一圭。首多者系细，少者系粗，皆广尺六寸。[1]

【注释】

1. 刘昭注引《东观书》曰："建武元年，复设诸侯王金玺綟绶，公侯金印紫绶。九卿、执金吾、河南尹秩皆中二千石，大长秋、将作大匠、度辽诸将军、郡太守、国傅相皆秩二千石，校尉、中郎将、诸郡都尉、诸国行相、中尉、内史、中护军、司直秩皆二千石，以上皆银印青绶。中外官尚书令、御史中丞、治书侍御史、公将军长史、中二千石丞、正、平、诸司马、中宫王家仆、雒阳令秩皆千石，尚书、中谒者、谒者、黄门冗从、四仆射、诸都监、中外诸都官令、都候、司农部丞、郡国长史、丞、候、司马、千人秩皆六百石，家令、侍、仆秩皆六百石，雒阳市长秩四百石，主家长秩皆四百石，以上皆铜印黑绶。诸署长楫棹丞秩三百石，诸秩千石者，其丞、尉皆秩四百石，秩六百石者，丞、尉秩三百石，四百石者，其丞、尉秩二百石，县国丞、尉亦如之，县、国三百石长相，丞、尉亦二百石，明堂、灵台丞、诸陵校长秩二百石，丞、尉、校长以上皆铜印黄绶。县国守宫令、相或千石或六百石，长相或四百石或三百石，长相皆以铜印黄绶。而有秩者侍中、中常侍、光禄大夫秩皆二千石，太中大夫秩皆比二千石，尚书、谏议大夫、侍御史、博士皆六百石，议郎、中谒者秩皆比六百石，小黄门、黄门侍郎、中黄门秩皆比四百石，郎中秩皆比三百石，太子舍人秩二百石。"

孙机认为"一首合 20 系；皇帝的绶为 500 首，得 10000 系。绶的幅宽为 1.6 汉尺，合 36.8 厘米，则每厘米有经系 271.7 根。这个数字很大，因为现代普通棉布每厘米仅有经纱 25.2 根，所以绶的织法应为多重组织，即是包含若干层里经的提花织物。"① 这里孙机的引文和解释中"系"均"糸"，可能是将"凡先合单纺为一系"理解为"将丝线合成一糸"，但未见其论证。

---

① 孙机：《中国古舆服论丛（增订本）》，文物出版社，2001，第 189 页。

|| 第四节　后夫人服饰及其他 ||

　　太皇太后、皇太后入庙服，绀上皂下，蚕，青上缥下，皆深衣制，[1] 隐领袖缘以绦 [2,3]。翦牦蔮 [4]，簪珥。珥，耳珰垂珠也。簪以玳瑁 [5] 为擿 [6]，长一尺，端为华胜 [7]，上为凤皇爵，以翡翠为毛羽，下有白珠，垂黄金镊 [8]。左右一横簪之，以安蔮结。诸簪珥皆同制，其擿有等级焉。

【注释】

1. 刘昭注引徐广曰："即单衣。"

2. 隐领袖缘以绦： 马山楚墓出土的一件袍服，在领缘、袖缘与袍面交界处，又压一道针织物花边为过渡装饰。沈从文认为与《后汉书·舆服志》述皇太后、皇后庙服"皆深衣制，隐领袖缘以绦"作饰的法度颇相一致。所谓的"隐领"，即可能是此种附加的衬领。[①]

3. 绦： 装饰衣物用的一种丝绳；丝带。1972 年，长沙马王堆 1 号汉墓出土的衣物中有两种绦，一种叫"千金绦"，一种为"繻缓绦"。千金绦上织有篆书的"千金"二字，而饰有这种绦的三副手套，简二六八、二六七、二六八称之为"千金绦饰"，故名。手套上的千金绦较窄，绦面分成三行，各宽 0.3 厘米，阴阳纹交替，每 5.8 厘米、6.2 厘米或 6.5 厘米一个反复。阴纹者，中行在白地上织出绛红色的细线和两处白文"千金"字样，"千金"字样的上下和中间大体等距；两边则是在绛红色地上织出白色的细线和两个雷纹，雷纹与"千金"字样左右相应。阳纹者，与此正好相反。阳纹和阳纹的中行，除织出"千金"字样外，又有黑线织成的波折纹（图 3-205a）。棺内包裹尸体的灰色麻布上所饰"千金绦"较宽，达 2.7 厘米。绦面也分三行，各宽 0.9 厘米，阴阳纹交替，每 4.5 厘米一个反复。织纹与较窄的一种基本相同（图 3-205b）。另一种绦，宽 1.6 厘米。绦面分成三行，各宽 0.5 厘米许，每 5.25 厘米一个反复。一段的两侧，在白地上织出黑色细线，中行在绛红色地上织出黑线组成的波折纹，波折纹上又有两处并列的三条白色横杠。一段的两侧，在白地上织出绛红色细线，中行在白地上织出黑线组成的波折纹，波折纹上又有两处并列的三条绛红色横杠。棺内包裹尸体的"信期绣"罗绮绵袍残片上饰有这种绦，包裹九子漆奁的"信期绣"绢夹袱，则这种绦与"千金绦"并用，简二五六提到该夹袱时称之为"繻缓绦饰"（图 3-205c）。[②]

---

① 沈从文：《中国古代服饰研究》，上海书店出版社，2002，第 104 页。
② 湖南省博物馆、中国科学院考古研究所：《长沙马王堆一号汉墓（上）》，文物出版社，1973，第 51-52 页。

《周礼·春官·巾车》："革路、龙勒，条缨五就"。郑玄注："条读为绦，其樊及缨，皆以绦丝饰之。"孙诒让正义："《诗经·齐风·著》孔疏引王基《毛诗驳》云：'纮，今之绦，色不杂不成为绦。'然则绦盖织色丝为之。"

4. 蔮： 即帼，古代妇女的发饰，覆在头发上用来固冠。用硬的材料扎成一个框架，然后再覆以布帛或编以毛发等，其形状类似后世钵盂形的头盔，其上可以再安插各类首饰。详见孙晨阳《巾帼小考》[①]。

5. 玳瑁： 亦写作"毒冒""瑇瑁"。亦称文甲，爬行纲海龟科动物，甲片可做装饰品。《淮南子·泰族训》："瑶碧玉珠，翡翠玳瑁，文彩明朗，润泽若濡。"《汉书·西域传赞》："自是之后，明珠文甲、通犀、翠羽之珍，盈于后宫。"颜师古注引如淳曰："文甲，即瑇瑁也。"《汉书·地理志下》："粤地……处近海，多犀、象、毒冒、珠玑、银、铜、果、布之凑。"《玉篇》："俗以瑇瑁作玳。"《后汉书·王符传·潜夫论·浮侈》："犀象珠玉，虎魄瑇瑁。"李贤注："《吴录》曰：瑇瑁似龟而大，出南海。"马王堆 1 号汉墓出土的玳瑁笄长 19.5 厘米、宽 2 厘米、厚约 1 厘米（图 3-206）。[②]

6. 擿： 簪股。通称搔头。钱大昕《廿二史考异·续汉书二·舆服志》："擿，即揥字，所以擿发，《诗》所谓象揥也。"《广雅·释诂二》："擿，搔也。"王念孙疏证："《鄘风·君子偕老》篇：象之揥也。毛传云：揥，所以摘发也。《释文》：摘，本又作擿。《正义》云：以象骨搔首，因以为饰，故云所以擿发。擿、摘、揥声近义同。"宋人陈祥道构拟过象揥（图 3-207）。

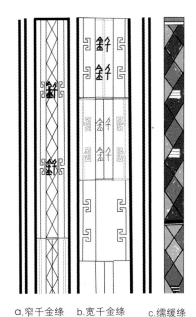

a.窄千金绦　　b.宽千金绦　　c.缥缓绦

图3-205　绦的纹样
（湖南长沙马王堆1号汉墓出土）

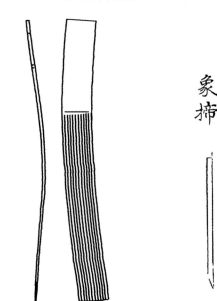

图3-206　玳瑁笄　　　　　　图3-207　象揥
（湖南长沙马王堆1号汉墓出土）　宋陈祥道绘制（引自《礼书》）

---

① 　孙晨阳：《巾帼小考》，文汇报，2020 年 6 月 20 日第 8 版。
② 　湖南省博物馆、中国科学院考古研究所：《长沙马王堆一号汉墓（上）》，文物出版社，1973，第 28 页。

7. 华胜： 也称"花胜"，简称"胜"，妇女用五色绸做成的花朵、花枝以为饰物。《释名·释首饰》曰："华，象草木华也。胜，言人形容正等，一人著之则胜。蔽发前为饰也。"《汉书·司马相如传下》："戴胜而穴处兮。"颜师古注："胜，妇人首饰也；汉代谓之华胜。"在讨论新石器时代的纺织时，沈从文指出滕（即胜）本是织机卷经轴两端的木片，作挡板和搬手之用，大概在河姆渡文化时期前后，定形为一种典型的标识纹样，成为纺织的象征，进而演化为妇女的首饰，寓意男耕女织的分工。这一织机部件用作妇女首饰的形象，可以从沂南汉墓画像西王母头上看到具体样式（图3-208）。[①]

8. 镊： 古以竹制，故字又作"笰"。拔除毛或夹取细小物的用具，可挂于簪端作垂饰。《周礼·夏官·司弓矢》："如数并夹"，郑玄注："并夹，矢笰也。"《释名·释首饰》："镊，摄取发也。"《西京杂记》卷一："上设九金龙，皆衔九子金铃，五色流苏，带以绿文紫绶，金银花镊。"马王堆1号汉墓出土角镊一件，镊片可以随意取下和装上，柄制作精细，并刻有几何纹，长17.2厘米（图3-209）。[②] 马王堆3号汉墓出土角镊1件，一头为尖锥形，一头为可以随意取下和安上的镊片，中间部分为执手的柄，似为可兼作锥与镊的器物。锥与柄相接处雕成鸟头状，柄上刻多种几何纹饰。全长19.9厘米（图3-210）。[③]

图3-208　西王母戴胜图（沂南汉墓画像）　　图3-209　角镊　　　　　图3-210　角镊

（湖南长沙马王堆1号汉墓出土）（湖南长沙马王堆3号汉墓出土）

[①] 沈从文：《中国古代服饰研究》，上海书店出版社，2002，第26页。

[②] 湖南省博物馆、中国科学院考古研究所：《长沙马王堆一号汉墓（上）》，文物出版社，1973，第128页。

[③] 湖南省博物馆、湖南省文物考古研究所：《长沙马王堆二、三号汉墓·第一卷：田野考古发掘报告》，文物出版社，2004，第233页。

皇后谒庙服，绀上皁下，蚕，青上缥下，皆深衣制，隐领袖缘以绦。假结[1]，步摇[2]，簪珥。步摇以黄金为山题，贯白珠为桂枝相缪，一爵九华，熊、虎、赤黑、天鹿、辟邪、南山丰大特六兽，诗所谓"副笄六珈"者。[3]诸爵兽皆以翡翠为毛羽。金题，白珠珰绕以翡翠为华云。

【注释】

1. **假结：** 亦作假紒，紒、髻、结，古字通用，又称作"髢""副"，用以装饰或代真发的发髻。《广雅·释器》："假结谓之髢。"《集韵》："髢，髻。或从富，通作副。"《周礼·天官·追师》："掌王后之首服，为副、编次、追、衡、笄。"郑玄注："编，编列发为之，其遗象若今假紒矣。"《后汉书·东平宪王苍传》："今送光烈皇后假紒帛巾各一。"马王堆1号汉墓女主人，真发下半部缀连假发，作盘髻形（图3-211）。①

图3-211 马王堆1号汉墓女主人发式

2. **步摇：** 附于簪、钗上的一种金玉装饰，制作华丽，行走时摇动，故称。王先谦集解引陈祥道曰："汉之步摇，以金为凤，下有邸，前有笄，缀五采玉以垂下，行则动摇。"《后汉书·乌桓传》："妇人至嫁时，乃养发分为髻，着句决，饰以金碧，犹中国有簂步摇。"《释名·释首饰》："步摇，上有垂珠，步则摇也。"

3. 刘昭注：《毛诗传》曰："副者，后夫人之首饰，编发为之。笄，衡笄也。珈，笄饰之最盛者，所以别尊卑。"郑玄曰："珈之言加也。副既笄而加饰，如今步摇上饰，古之制所未闻。"

近年在讨论汉朱鲔墓石刻时，沈从文提出"至如妇女花钗式样，用花钗制，和汉墓砖石刻及出土彩绘比证，多有相似处，可知也是东汉以来一般格式。实多本于周代应用

① 湖南省博物馆、中国科学院考古研究所：《长沙马王堆一号汉墓（上）》，文物出版社，1973，第28页。

'六笄''六珈'制度而来"。论及密县打虎亭东汉晚期画像石时说："东汉画像石刻，妇女一般照古代'六笄''六珈'制度，使用六钗，具有统治阶级尊贵象征。"① （图 3-212、图 3-213）

图3-212　朱鲔墓女性发钗　　　　　　　图3-213　密县打虎亭女性发钗

> 　　皇贵人助蚕服，纯缥上下，深衣制。大手结[1]，墨玳瑁，又加簪珥。长公主见会衣服，加步摇，公主大手结，皆有簪珥，衣服同制。自公主封君[2]以上皆带绶，以采组为绲带，各如其绶色。黄金辟邪[3]，首为带鐍，饰以白珠。

【注释】

1. 大手结： 王先谦集解："惠栋曰：'晋《先蚕仪注》曰：皇后十二镈步摇，大手髻即大手结，亦作紒也。'郑玄云：大手结谓露紒也，以发为大紒，如今妇人露紒其象也。聂崇义云：大手结者谓不用他发为髲，同合己发絜为紒者也。"

2. 封君： 受有封邑的贵族。秦汉以后，妇女也有受封邑者。《韩非子·和氏》："昔者吴起教楚悼王以楚国之俗曰：'大臣太重，封君太众，若此则上逼主而下虐民，此贫国弱兵之道也。'"《汉书·食货志下》："封君皆氐首仰给焉。"颜师古注："封君，受封邑者，谓公主及列侯之属也。"

3. 辟邪： 古代传说中的神兽。据说似鹿而长尾，有两角。《急就篇》卷三："射魅辟邪除群凶。"颜师古注："射魅，辟邪，皆神兽名……辟邪，言能辟御妖邪也。"《汉书·西域传上·乌弋山离国》："有桃拔、师子、犀牛"，颜师古注引孟康曰："桃拔一名符拔，似鹿，长尾，一角者或为天鹿，两角者或为辟邪。"

---

① 沈从文：《中国古代服饰研究》，上海书店出版社，2002，第 175、185 页。

公、卿、列侯、中二千石、二千石夫人，绀缯蔮，黄金龙首衔白珠，鱼须[1]
擿，长一尺，为簪珥。入庙佐祭者皂绢上下，助蚕者缥绢上下，皆深衣制，缘。
自二千石夫人以上至皇后，皆以蚕衣[2]为朝服。

【注释】

1. **鱼须：**指鲨鱼的须。《尚书大传》卷一下："东海：鱼须、鱼目。"郑玄注："所贡物，
鱼须，今以为簪。"《文选·司马相如〈子虚赋〉》："靡鱼须之桡旃，曳明月之珠旗。"
郭璞注引张揖曰："以鱼须为旃柄。"

2. **蚕衣：**皇后、贵夫人亲蚕时所着之衣。亦指丝绸制成的衣服。《晋书·舆服志》："自
二千石夫人以上至皇后，皆以蚕衣为朝服。"

公主、贵人、妃以上，嫁娶得服锦绮罗縠缯，采十二色，重缘袍。特进、列
侯以上锦缯，采十二色。六百石以上重练，采九色，禁丹紫绀。三百石以上五色采，
青绛黄红绿。二百石以上四采，青黄红绿。贾人，缃[1]缥而已。

【注释】

1. **缃：**赤黄色。刘昭注引《博物记》曰："交州南有虫，长减一寸，形似白英，不知其名，
视之无色，在阴地多缃色，则赤黄之色也。"

公、列侯以下皆单缘襈[1]，制文绣为祭服。自皇后以下，皆不得服诸古丽圭襂
闺缘加上之服[2]。建武、永平[3]禁绝之，建初[4]、永元[5]又复中重，于是世莫能有制
其裁者，乃遂绝矣。[6]

【注释】

1. **襈：** 衣裙之缘饰。《释衣·释衣服》："襈，撰也，撰青绛为之缘。"

2. 刘昭注："司马相如《大人赋》曰：'垂旬始以为幓。'注云：'葆下旒也。'则幓之容如旌旒也。"清代学者林颐山认为是一种尊贵的衣服，《经述》卷二："圭衣为妇人上服，丽圭幓尤为圭衣中上服。"西汉有一种服饰，衣裾用交输法裁制成三角，上广下狭，形同刀圭，被称之为"袿衣"。高春明认为从晋顾恺之《列女图》中尚可见到这种衣式：整件服装上下连属，下摆部分被裁成三角，上广下狭，制为数层，穿着时几片叠压相交，绕体一周，宛如燕尾（图 3-214）。[①] 丽圭幓或许和袿衣相近。

3. **永平：** 公元 58 年至公元 75 年，东汉汉明帝刘庄的年号。

4. **建初：** 公元 76 年至公元 84 年，东汉汉章帝刘炟的第一个年号。

5. **永元：** 公元 89 年至公元 105 年，东汉汉和帝刘肇的第一个年号。

6. 刘昭注："蔡邕《表志》曰：'永平初，诏书下车服制度，中宫皇太子亲服重缯厚练，浣已复御，率下以俭化起机。诸侯王以下至于士庶，嫁娶被服，各有秩品。当传万世，扬光圣德。臣以为宜集旧事仪注本奏，以成志也。'"

图3-214　顾恺之《列女图中人物》

---

① 高春明：《中国服饰名物考》，上海文化出版社，2001，第 526 页。

凡冠衣诸服，旒冕、长冠、委貌、皮弁、爵弁、建华、方山、巧士，衣裳文绣，赤舄，服絇履，大佩，皆为祭服，其余悉为常用朝服。唯长冠，诸王国谒者以为常朝服云。宗庙以下，祠祀皆冠长冠，皂缯袍单衣，绛缘领袖中衣，绛绔袜，五郊各从其色焉。

赞曰：车辂各庸，旌旂异局。冠服致美，佩纷玺玉。敬敬报情，尊尊下欲。孰夸华文，匪豪丽缛。

参考文献

参考文献

一、工具书

[1]　（民国）丁福保.说文解字诂林 [M].北京：中华书局，1988.

[2]　（南朝·梁）顾野王.玉篇 [M].北京：中国书店，1983.

[3]　（宋）戴侗.六书故 [M].上海：上海社会科学出版社，2006.

[4]　汉语大词典编纂处.汉语大词典（缩印本）[M].上海：上海辞书出版社，2007.

[5]　汉语大字典编辑委员会.汉语大字典（缩印本）[M].武汉：湖北辞书出版社、成都：四川辞书出版社，1992.

[6]　何九盈，王宁，董琨，商务印书馆编辑部.辞源（第 3 版）[M].北京：商务印书馆，2015.

[7]　商务印书馆辞书研究中心.古代汉语词典（第 2 版）[M].北京：商务印书馆，2014.

[8]　王力.王力古汉语字典 [M].北京：中华书局，2000.

[9]　吴山.中国工艺美术大辞典 [M].南京：江苏美术出版社，2010.

[10]　吴山.中国历代服装、染织、刺绣辞典 [M].南京：江苏美术出版社，2011.

[11]　余廼永.新校互注宋本广韵：定稿本 [M].上海：上海人民出版社，2008.

[12]　张渭源，王传铭.服饰辞典 [M].北京：中国纺织出版社，2011.

[13]　张玉书.康熙字典 [M].上海：上海书店，1985.

[14]　赵振铎.集韵校本 [M].上海：上海辞书出版社，2012.

[15]　中国大百科全书编委会.中国大百科全书：纺织 [M].北京：中国大百科全书出版社，1998.

[16]　周汛，高春明.中国衣冠服饰大辞典 [M].上海：上海辞书出版社，1996.

[17]　宗福邦，陈世铙，萧海波.故训汇纂 [M].北京：商务印书馆，2004.

二、专著

[1]　班固.汉书 [M].北京：中华书局，1962.

[2]　贾谊.（清）卢文昭.新书 [M].载于二十二子 [M].上海：上海古籍出版社，1986.

[3]　孔安国，（唐）孔颖达，黄怀信.尚书正义 [M].上海：上海古籍出版社，2007.

[4]　刘熙，（清）毕沅，（清）王先谦.释名疏证补 [M].北京：中华书局，2008.

[5] 司马迁 . 史记 [M]. 北京：中华书局，1982.

[6] 许慎、（清）段玉裁 . 说文解字注 [M]. 上海：上海古籍出版社，1988

[7] 郑玄等 . 十三经古注 [M]. 北京：中华书局，2014.

[8] 陈寿 .（南朝·宋）裴松之 . 三国志 .[M]. 北京：中华书局，1959.

[9] 崔豹 . 牟华林 .《古今注》校笺 [M]. 北京：线装书局，2014.

[10] 沈约 . 宋书 [M]. 北京：中华书局，1974.

[11] 范晔 . 后汉书 [M]. 北京：中华书局，1965.

[12] 萧统 .（唐）李善 . 文选 [M]. 北京：中华书局，1977.

[13] 房玄龄 . 晋书 [M]. 北京：中华书局，1974.

[14] 魏徵 . 隋书 [M]. 北京：中华书局，1973.

[15] 姚思廉 . 梁书 [M]. 北京：中华书局，1973.

[16] 马缟 . 中华古今注 [M]. 上海：商务印书馆，1939.

[17] 陈振孙 . 直斋书录解题 [M]. 上海：上海古籍出版社，1987.

[18] 高承 .（明）李果 . 事物纪原 [M]. 北京：中华书局，1989.

[19] 李昉 . 太平御览 [M]. 北京：中华书局，1960.

[20] 聂崇义 . 丁鼎点校解说 . 新定三礼图 [M]. 北京：清华大学出版社，2006.

[21] 司马光 .（元）胡三省 . 资治通鉴 [M]. 北京：中华书局，1956.

[22] 王钦若 . 册府元龟 [M]. 北京：中华书局，1982.

[23] 陈祥道 . 礼书 [M]. 四库全书本 .

[24] 杨甲 . 六经图考 [M]. 礼耕堂康熙元年重订 .

[25] 戴震 . 戴震文集 [M]. 北京：中华书局，1980.

[26] 戴震 . 方言疏证 [M]. 上海：上海古籍出版社，2017.

[27] 段玉裁 . 说文解字注 [M]. 上海：上海古籍出版社，1988.

[28] 桂馥 . 说文解字义证 [M]. 北京：中华书局，1987.

[29] 郝懿行 . 尔雅义疏 [M]. 上海：上海古籍出版社，1983.

[30] 胡克家 . 文选考异 [M]. 清嘉庆十四年刻本 .

[31] 马瑞辰 . 毛诗传笺通释 [M]. 北京：中华书局，1989.

[32] 钱大昕 . 十驾斋养新录 [M]. 上海：上海书店，1983.

[33] 钱绎 . 方言笺疏 [M]. 北京：中华书局，1999.

[34] 阮元 . 十三经注疏 [M]. 北京：中华书局，1980.

[35] 宋绵初 . 释服 [M]. 载于续修四库全书 [M]. 上海：上海古籍出版社，2002.

[36] 孙希旦 . 礼记集解 [M]. 北京：中华书局，1989.

[37] 孙星衍，陈抗，盛冬铃．尚书今古文注疏 [M]．北京：中华书局，1986．

[38] 孙诒让．周礼正义 [M]．北京：中华书局，1987．

[39] 王念孙．读书杂志 [M]．上海：上海古籍出版社，2015．

[40] 王念孙．广雅疏证 [M]．北京：中华书局，2004．

[41] 赵尔巽．清史稿 [M]．北京：中华书局，1977．

[42] 朱彬．饶钦农点校．礼记训纂（上）[M]．北京：中华书局，1996．

[43] 朱骏声．说文通训定声 [M]．北京：中华书局，1984．

[44] 王筠．说文解字句读 [M]．北京：中华书局，1988．

[45] 安作璋，熊铁基．秦汉官制史稿（下册）[M]．济南：齐鲁书社，1984．

[46] 包铭新．中国染织服饰史文献导读 [M]．上海：东华大学出版社，2006．

[47] 戴蕃豫．范晔与其《后汉书》[M]．北京：商务印书馆，1933．

[48] 高春明．中国服饰名物考 [M]．上海：上海文化出版社，2001．

[49] 高亨．高亨著作集林 [M]．北京：清华大学出版社，2004．

[50] 龚廷万，龚玉，戴嘉陵．巴蜀汉代画像集 [M]．北京：文物出版社，1998．

[51] 广州市文物管理委员会，中国社会科学院考古研究所，广东省博物馆．西汉南越王墓 [M] 北京：文物出版社，1991．

[52] 河南省文物局．淅川东沟长岭楚汉墓 [M]．北京：科学出版社，2011．

[53] 河南省文物考古研究所．新蔡葛陵楚墓 [M]．郑州：大象出版社，2003．

[54] 河南省文物研究所．信阳楚墓 [M]．北京：文物出版社，1986．

[55] 湖北省博物馆．曾侯乙墓 [M]．北京：文物出版社，1989．

[56] 湖北省荆沙铁路考古队．包山楚墓 [M]．北京：文物出版社，1991．

[57] 湖北省荆州博物馆．荆州高台秦汉墓：宜黄公路荆州段田野考古报告之一 [M]．北京：科学出版社，2000．

[58] 湖北省荆州地区博物馆．江陵马山 1 号楚墓 [M]．北京：文物出版社，1985．

[59] 湖北省文物考古研究所．江陵望山沙冢楚墓 [M]．北京：文物出版社，1996．

[60] 湖南省博物馆，湖南省文物考古研究所．长沙马王堆二、三号汉墓．第一卷：田野考古发掘报告 [M]．北京：文物出版社，2004．

[61] 湖南省博物馆，中国科学院考古研究所．长沙马王堆一号汉墓 [M]．北京：文物出版社，1973．

[62] 黄能馥，陈娟娟，黄钢．服饰中华——中华服饰七千年 [M]．北京：清华大学出版社，2011．

[63] 黄能馥，陈娟娟．中国服装史 [M]．北京：中国旅游出版社，1995．

[64] 黄寿祺，张善文 . 周易译注 [M]. 上海：上海古籍出版社，2004.

[65] 李建平 . 中国古建筑名词图解辞典 [M]. 太原：山西科学技术出版社，2011.

[66] 李缙云，于炳文 . 文物收藏图解辞典 [M]. 杭州：浙江人民出版社，2004.

[67] 历史语言研究所集刊（第 2 册）[M]. 北京：中华书局，1987.

[68] 林幹 . 匈奴史论文集 [M]. 北京：中华书局，1983.

[69] 刘兴均 .《周礼》名物词研究 [M]. 成都：巴蜀书社，2001.

[70] 刘永华 . 中国古代车舆马具 [M]. 上海：上海辞书出版社，2002.

[71] 刘永华 . 中国古代军戎服饰 [M]. 上海：上海古籍出版社，2003.

[72] 骆崇骐 . 中国历代鞋履研究与鉴赏 [M]. 上海：东华大学出版社，2007.

[73] 骆崇骐 . 中国鞋文化史 [M]. 上海：上海科学技术出版社，2001.

[74] 潘鼐 . 中国古天文图录 [M]. 上海：上海科技教育出版社，2009.

[75] 彭浩 . 楚人的纺织与服饰 [M]. 武汉：湖北教育出版社，1995.

[76] 钱穆 . 论语新解 [M]. 成都：巴蜀书社，1985.

[77] 钱玄，钱兴奇 . 三礼辞典 [M]. 南京：江苏古籍出版社，1998.

[78] 钱玄 . 三礼通论 [M]. 南京：南京师范大学出版社，1996.

[79] 秦始皇兵马俑博物馆 . 秦始皇帝陵兵马俑辞典 [M]. 上海：文汇出版社，1994.

[80] 山东省博物馆，山东省文物考古研究所 . 山东汉画像石选集 [M]. 济南：齐鲁书社，1982.

[81] 山东省文物考古研究所 . 鲁中南汉墓 [M]. 北京：文物出版社，2009.

[82] 陕西省考古研究所，始皇陵秦俑坑考古发掘队 . 秦始皇陵兵马俑坑一号坑发掘报告：1974—1984[M]. 北京：文物出版社，1988.

[83] 沈从文 . 中国古代服饰研究 [M]. 上海：上海书店出版社，2002

[84] 孙机 . 汉代物质文化资料图说 [M]. 北京：文物出版社，1991.

[85] 孙机 . 中国古舆服论丛（增订本）[M]. 北京：文物出版社，2001.

[86] 孙机 . 中国圣火：中国古文物与东西文化交流中的若干问题 [M]. 沈阳：辽宁教育出版社，1996.

[87] 汪少华 . 中国古代车舆名物考辨 [M]. 北京：商务印书馆，2005.

[88] 王振铎，李强 . 东汉车制复原研究 [M] 北京：科学出版社，1997.

[89] 吴山 . 中国纹样全集 [M]. 济南：山东美术出版社，2009.

[90] 徐州博物馆，南京大学历史学系考古专业 . 徐州北洞山西汉楚王墓 [M]. 北京：文物出版社，2003.

[91] 扬之水 . 古诗文名物新证 [M]. 北京：紫禁城出版社，2004.

[92]　扬之水 . 诗经名物新证 [M]. 北京：北京古籍出版社，2000.

[93]　扬之水 . 终朝采蓝：古名物寻微 [M]. 北京：三联书社，2008.

[94]　杨伯峻 . 春秋左传注 [M]. 北京：中华书局，1990.

[95]　杨泓 . 中国古兵器论丛（增订本）[M]. 北京：文物出版社，1985.

[96]　张舜徽 . 说文解字约注 [M]. 武汉：华中师范大学出版社，2009

[97]　赵丰 . 中国丝绸通史 [M]. 苏州：苏州大学出版社，2005.

[98]　赵丰 . 中国丝绸艺术史 [M]. 北京：文物出版社，2005.

[99]　赵翰生 . 中国古代纺织与印染 [M]. 北京：商务印书馆，1997.

[100]　中国画像石全集编辑委员会 . 中国画像石全集 [M]. 济南：山东美术出版社，郑州：河南美术出版社，2000.

[101]　中国科学院考古研究所 . 沣西发掘报告：1955—1957 年陕西长安县沣西乡考古发掘资料 [M]. 北京：文物出版社，1963.

[102]　中国科学院考古研究所 . 洛阳烧沟汉墓 [M]. 北京：科学出版社，1959.

[103]　中国社会科学院考古研究所、河北省文物管理处 . 满城汉墓发掘报告 [M]. 北京：文物出版社，1980.

[104]　中国社会科学院考古研究所 . 安阳殷墟郭家庄商代墓葬 :1982 年—1992 年考古发掘报告 [M]. 北京：中国大百科全书出版社，1998.

[105]　中国社会科学院考古研究所 . 安阳殷墟花园庄东地商代墓葬 [M]. 北京：科学出版社，2007.

[106]　中国社会科学院考古研究所 . 殷墟妇好墓 [M]. 北京：文物出版社，1980.

[107]　中研院历史语言研究所集刊论文类编：考古编（一）[M]. 北京：中华书局，2009.

[108]　周锡保 . 中国古代服饰史 [M]. 北京：中国戏剧出版社，1984.

[109]　朱锡禄 . 武氏祠汉画像石 [M]. 济南：山东美术出版社，1986.

[110]　崔圭顺 . 中国历代帝王冕服研究 [M]. 上海：东华大学出版社，2007.

三、论文

[1]　包铭新 .《中国古代服饰史》补正 [J]. 读书，1987:（4）.

[2]　陈碧芬 .《后汉书·舆服志》服饰语汇研究 [D]. 重庆：重庆师范大学，2014.

[3]　代明先 . 汉代佩剑制度研究 [D]. 郑州：郑州大学，2013.

[4]　单锴 . 汉画像人物服饰的审美研究 [D]. 徐州：江苏师范大学，2013.

[5]　党士学 ."甬钟"正名 [J]. 文博，1986（3）.

[6]　定县博物馆.河北定县 43 号汉墓发掘简报 [J]. 文物，1973（11）.

[7]　董楚涵.南阳汉画像石艺术中的汉代服装样式探微 [J]. 现代丝绸科学与技术，2011（2）.

[8]　方建国.论东周秦汉铜钲 [J]. 中国音乐，1993（1）.

[9]　甘肃省博物馆.武威磨咀子三座汉墓发掘简报 [J]. 文物，1972（12）.

[10]　高含颖.南阳汉代画像石人物服饰艺术研究 [D]. 西安：西安工程大学，2016.

[11]　葛明宇，邱永生，白荣金.徐州狮子山西汉楚王陵出土铁甲胄的清理与复原研究 [J]. 考古学报，2008（1）.

[12]　亳县博物馆.亳县凤凰台一号汉墓清理简报 [J]. 考古，1974（3）.

[13]　河北省文化局文物工作队.河北定县北庄汉墓发掘报告 [J]. 考古学报,1964(2).

[14]　湖南省博物馆.长沙浏城桥 1 号墓 [J]. 考古学报，1972（1）.

[15]　湖南省博物馆.湖南资兴东汉墓 [J]. 考古学报，1984（1）.

[16]　黄河水库考古工作队.河南陕县刘家渠汉墓 [J]. 考古学报，1965（1）.

[17]　黄永飞.汉代墓葬艺术中的车马出行图像研究 [D]. 北京：中央美术学院，2009.

[18]　吉林省文物工作队，长春市文管会，榆树县博物馆.吉林榆树县老河深鲜卑墓群部分墓葬发掘简报 [J]. 文物，1985（2）.

[19]　李纯一.无者俞器为钲说 [J]. 考古，1986（4）.

[20]　林维民.《诗经》服饰二考 [J]. 温州师范学院学报(哲学社会科学版),1997:(1).

[21]　刘瑞.左纛位置的文献考索 [J]. 文献，2000（4）.

[22]　刘尊志，赵海洲.试析徐州地区汉代墓葬的车马陪葬 [J]. 江汉考古,2005（3）.

[23]　陆锡兴.论汉代环首刀 [J]. 南方文物，2013（4）.

[24]　罗小华.战国简册所见车马及相关问题研究 [D]. 武汉：武汉大学，2011.

[25]　马骁.东汉服饰制度考略 [D]. 长春：吉林大学，2009.

[26]　马秀月.中原地区汉代墓室壁画服饰解读 [D]. 郑州：郑州大学，2014.

[27]　南京博物院，盱眙县文广新局.江苏盱眙大云山江都王陵 2 号墓发掘简报 [J]. 文物，2013（1）.

[28]　南京博物院.江苏盱眙东阳汉墓 [J]. 考古，1979（5）.

[29]　内蒙古文物工作队，内蒙古博物馆.和林格尔发现一座重要的东汉壁画墓 [J]. 文物，1974（1）.

[30]　濮阳市文物管理委员会，濮阳市博物馆，濮阳市文物工作队.河南濮阳西水坡遗址发掘简报 [J]. 文物，1988（3）.

[31]　山东省淄博市博物馆，临淄区文管所，中国社会科学院考古研究所技术室.西汉齐王铁甲胄的复原 [J]. 考古，1987（11）.

[32] 山东省淄博市博物馆.西汉齐王墓随葬器物坑 [J]. 考古学报，1985（2）.

[33] 陕西秦俑考古队.秦始皇陵一号铜车马清理简报 [J]. 文物，1991（1）.

[34] 狮子山楚王陵考古工作队.徐州狮子山西汉楚王陵发掘简报 [J]. 文物，1998(8).

[35] 孙机.步摇、步摇冠与摇叶饰片 [J]. 文物，1991（11）.

[36] 孙机.从胸式系驾法到鞍套式系驾法——我国古代车制略说 [J]. 考古，1980(5).

[37] 孙机.几种汉代的图案纹饰 [J]. 文物，1982（3）.

[38] 孙机.始皇陵2号铜车马对车制研究的新启示 [J]. 文物，1983（7）.

[39] 孙机.周代的组玉佩 [J]. 文物，1998（4）.

[40] 田率.对东汉永寿二年错金钢刀的初步认识 [J]. 中国国家博物馆馆刊，2013(2).

[41] 王彦.从武氏祠汉画像石看汉代冠饰 [J]. 饰，2004（1）.

[42] 温乐平.制度安排与身份认同：秦汉舆服消费研究 [J]. 江西师范大学学报（哲学社会科学版），2012（6）.

[43] 夏鼐.新疆新发现的古代丝织品——绮、锦和刺绣 [J]. 考古学报，1963（1）.

[44] 萧圣中.曾侯乙墓竹简释文补正暨车马制度研究 [D]. 武汉：武汉大学，2005.

[45] 新疆维吾尔自治区博物馆.新疆民丰县北大沙漠中古遗址墓葬区东汉合葬墓清理简报 [J]. 文物，1960（6）.

[46] 信立祥.汉代画像中的车马出行图考 [J]. 东南文化，1999（1）.

[47] 邢义田.汉代简牍的体积、重量和使用——以中研院史语所藏居延汉简为例 [J]. 古今论衡，2007（17）.

[48] 扬之水.关于"名物新证" [J]. 南方文物，2007（3）.

[49] 扬之水.以"常识"打底的专深之研究——读孙机著作散记 [J]. 南方文物，2010（3）.

[50] 扬之水.以"常识"打底的专深之研究——孙机治学散记 [J]. 美术观察，2016(9).

[51] 杨泓.战车与车战二论 [J]. 故宫博物院院刊，2000（3）.

[52] 杨泓.战车与车战——中国古代军事装备札记之一 [J]. 文物，1977（5）.

[53] 杨泓.中国古代的甲胄（上篇）[J]. 考古学报，1976（1）.

[54] 杨泓.中国古代甲胄续论 [J]. 故宫博物院院刊，2001（6）.

[55] 杨艳芳.《后汉书·舆服志》探析 [D]. 新乡：河南师范大学，2011.

[56] 姚垒.襄城县出土新莽天凤四年铜钲 [J]. 中原文物，1981（2）.

[57] 姚鹏飞.汉代墓室中的车马出行图研究 [D]. 长春：东北师范大学，2012.

[58] 伊克昭盟文物工作站，内蒙古文物工作队.西沟畔匈奴墓 [J]. 文物，1980（7）.

[59] 仪征市博物馆.仪征新集螃蟹地七号汉墓发掘简报 [J]. 东南文化，2009（4）.

[60]　余闻荣.释免——兼说冕兜一冃弁 [J].中国历史博物馆馆刊，1993（01）.

[61]　袁建平.中国古代服饰中的深衣研究 [J].求索，2000（2）.

[62]　张鹤泉.东汉五郊迎气祭祀考 [J].人文杂志，2011（3）.

[63]　张英丽.两京地区汉墓壁画车马图像研究 [D].郑州：郑州大学，2014.

[64]　赵海洲.东周秦汉时期车马埋葬研究 [D].郑州：郑州大学，2007.

[65]　赵新平.汉马图像形式研究 [D].西安：西安美术学院，2010.

[66]　浙江省文物管理委员会，浙江省博物馆.河姆渡遗址第一期发掘报告 [J].考古学报，1978（1）.

[67]　浙江省文物管理委员会.吴兴钱山漾遗址第一、二次发掘报告 [J].考古学报，1960（2）.

[68]　郑州市文物研究所，荥阳市文物保护管理所.河南荥阳苌村汉代壁画墓调查 [J].文物，1996（3）.

[69]　中国社会科学院考古研究所技术室，广州市文物管理委员会.广州西汉南越王墓出土铁铠甲的复原 [J].考古，1987（9）.

后 记

汉代历史文化对我来说是一段遥远而又相对熟悉的领域。因此，包铭新先生、李薇先生让我加入"《舆服志》图释"研究的团队时，我主动选择了这一部分。

"如果我看得更远一点的话，是因为我站在巨人的肩膀上。"据说，这句名言其实并不是牛顿第一个说的。比它更早的是一个拉丁语版本，是法国沙特尔宗教学校的校长伯纳德说的，中文可以译作："我们都是蹲坐在巨人肩膀上的侏儒。"比起牛顿的那句，我更偏爱伯纳德的这句。因为我站在了巨人的肩上，但这并不意味着我能看得更远。在包铭新先生的引领下，我偶入染织服饰史研究领域，可谓一开始便站在了巨人的肩上。而后发现在这个领域中，还有沈从文、夏鼐、周锡保、孙机、黄能馥、赵丰、高春明、扬之水等前辈学者，早就建立了一座又一座丰碑，这些成果不断地开拓着我的视野。本书就是在这些研究的基础上完成，但是这并不意味着后出转精，我依然在巨人的庇护中，还有很长的路。

书稿的完成得到了很多的帮助，在这里特别感谢包铭新先生、李薇先生让我加入"《舆服志》图释"研究的团队，并在各方面给予我指导和鼓励；感谢李晓燕不吝赐教，分享了很多观点；感谢东华大学马文娟女士，为本书的出版耗费了诸多心力；感谢家人朋友们，在各方面给予我支持和鼓励。

当我自己思考的时候，我觉得很充实、很合理；当我的思考形成语言文字时却显得干瘪且不乏谬误。我还是鼓起勇气把它们写了下来，接受大家的检验，期待行家里手，不吝赐教。

孙晨阳

2022 年 8 月 28 日于上海第二工业大学